Farming

GAOZHI GAOZHUAN
XUMU SHOUYI LEI ZHUANYE
XILIE JIAOCAI

高职高专
畜牧兽医类专业
系列教材

宠物饲养与保健美容

CHONGWU SIYANG YU BAOJIAN MEIRONG

主　编　李文艺　陈　琼
副主编　宋清华　田清武　冯　力

重庆大学出版社

内容提要

本教材阐述了常规饲养宠物的品种、习性、饲养、护理、繁育、训练、美容与保健等方面的关键技术，主要以宠物犬、宠物猫、观赏鸟、温带淡水观赏鱼为对象，图文并茂，内容简明扼要，文字简练易懂，体现实用、够用，注重实践，但又不失教材的科学性、先进性，突出了高等职业技术教育的特点。本书可作为高职高专宠物专业、畜牧兽医专业学生用书，同时可供宠物饲养爱好者参考使用。

图书在版编目(CIP)数据

宠物饲养与保健美容/李文艺，陈琼主编．—重庆：重庆大学出版社，2011.5(2021.1 重印)
高职高专畜牧兽医类专业系列教材
ISBN 978-7-5624-5816-6

Ⅰ.①宠…　Ⅱ.①李…　②陈…　Ⅲ.①观赏动物—饲养管理—高等学校：技术学校—教材②观赏动物—动物疾病—防治—高等学校：技术学校—教材③观赏动物—美容—高等学校：技术学校—教材　Ⅳ.①S865.3②S858.93

中国版本图书馆 CIP 数据核字(2010)第 234444 号

高职高专畜牧兽医类专业系列教材
宠物饲养与保健美容
主　编　李文艺　陈　琼
副主编　宋清华　田清武　冯　力
主　审　贺宋文　彭融生
责任编辑：沈　静　　版式设计：沈　静
责任校对：任卓惠　　责任印制：赵　晟
*
重庆大学出版社出版发行
出版人：饶帮华
社址：重庆市沙坪坝区大学城西路 21 号
邮编：401331
电话：(023) 88617190　88617185(中小学)
传真：(023) 88617186　88617166
网址：http://www.cqup.com.cn
邮箱：fxk@cqup.com.cn (营销中心)
全国新华书店经销
POD：重庆新生代彩印技术有限公司
*
开本：787mm×1092mm　1/16　印张：14.75　字数：368 千
2011 年 5 月第 1 版　　2021 年 1 月第 4 次印刷
ISBN 978-7-5624-5816-6　定价：39.00 元

Farming

GAOZHI GAOZHUAN
XUMU SHOUYI LEI ZHUANYE
XILIE JIAOCAI

高职高专畜牧兽医类专业
系列教材

编委会

序

高等职业教育是我国近年高等教育发展的重点。随着我国经济建设的快速发展,对技能型人才的需求日益增大。社会主义新农村建设为农业高等职业教育开辟了新的发展阶段。培养新型的高质量的应用型技能人才,也是高等教育的重要任务。

畜牧兽医不仅在农村经济发展中具有重要地位,而且畜禽疾病与人类安全也有密切关系。因此,对新型畜牧兽医人才的培养已迫在眉睫。高等职业教育的目标是培养应用型技能人才。本套教材是根据这一特定目标,坚持理论与实践结合,突出实用性的原则,组织了一批有实践经验的中青年学者编写。我相信,这套教材对推动畜牧兽医高等职业教育的发展,推动我国现代化养殖业的发展将起到很好的作用,特为之序。

中国工程院院士

2007 年 1 月于重庆

第2版编者序

随着我国畜牧兽医职业教育的迅速发展,有关院校对具有畜牧兽医职业教育特色教材的需求也日益迫切,根据国发〔2005〕35号《国务院关于大力发展职业教育的决定》和教育部《普通高等学校高职高专教育指导性专业目录专业简介》,重庆大学出版社针对畜牧兽医类专业的发展与相关教材的现状,在2006年3月召集了全国开设畜牧兽医类专业精品专业的高职院校教师以及行业专家,组成这套“高职高专畜牧兽医类专业系列教材”编委会,经各方努力,这套“以人才市场需求为导向,以技能培养为核心,以职业教育人才培养必需知识体系为要素,统一规范并符合我国畜牧兽医行业发展需要”的高职高专畜牧兽医类专业系列教材得以顺利出版。

几年的使用已充分证实了它的必要性和社会效益。2010年4月重庆大学出版社再次组织教材编委会,增加了参编单位及人员,使教材编委会的组成更加全面和具有新气息,参编院校的教师以及行业专家针对这套“高职高专畜牧兽医类专业系列教材”在使用中存在的问题以及近几年我国畜牧兽医业快速发展的需要进行了充分的研讨,并对教材编写的架构设计进行统一,明确了统稿、总纂及审阅。通过这次研讨与交流,教材编写的教师将这几年的一些好的经验以及最新的技术融入到了这套再版教材中。可以说,本套教材内容新颖,思路创新,实用性强,是目前国内畜牧兽医领域不可多得的实用性实训教材。本套教材既可作为高职高专院校畜牧兽医类专业的综合实训教材,也可作为相关企事业单位人员的实务操作培训教材和参考书、工具书。本套再版教材的主要特点有:

第一,结构清晰,内容充实。本教材在内容体系上较以往同类教材有所调整,在学习内容的设置、选择上力求内容丰富、技术新颖。同时,能够充分激发学生的学习兴趣,加深他们的理解力,强调对学生动手能力的培养。

第二,案例选择与实训引导并用。本书尽可能地采用最新的案例,同时针对目前我国畜牧兽医业存在的实际问题,使学生对畜牧兽医业生产中的实际问题有明确和深刻的理解和认识。

第三,实训内容规范,注重其实践操作性。本套教材主要在模板和样例的选择中,注

意集系统性、工具性于一体，具有“拿来即用”“改了能用”“易于套用”等特点，大大提高了实训的可操作性，使读者耳目一新，同时也能给业界人士一些启迪。

值这套教材的再版之际，感谢本套教材全体编写老师的辛勤劳作，同时，也感谢重庆大学出版社的专家、编辑及工作人员为本书的顺利出版所付出的努力！

高职高专畜牧兽医类专业系列教材编委会
2010 年 10 月

第1版编者序

我国作为一个农业大国,农业、农村和农民问题是关系到改革开放和现代化建设全局的重大问题,因此,党中央提出了建设社会主义新农村的世纪目标。如何增加经济收入,对于农村稳定乃至全国稳定至关重要,而发展畜牧业是最佳的途径之一。目前,我国畜牧业发展迅速,畜牧业产值占农业总产值的32%,从事畜牧业生产的劳动力就达1亿多人,已逐步发展成为最具活力的国家支柱产业之一。然而,在我国广大地区,从事畜牧业生产的专业技术人员严重缺乏,这与我国畜牧兽医职业技术教育的滞后有关。

随着职业教育的发展,特别是在周济部长于2004年四川泸州发表"倡导发展职业教育"的讲话以后,各院校畜牧兽医专业的招生规模不断扩大,截至2006年底,已有100多所院校开设了该专业,年招生规模近两万人。然而,在兼顾各地院校办学特色的基础上,明显地反映出了职业技术教育在规范课程设置和专业教材建设中一系列亟待解决的问题。

虽然自2000年以来,国内几家出版社已经相继出版了一些畜牧兽医专业的单本或系列教材,但由于教学大纲不统一,编者视角各异,许多高职院校在畜牧兽医类教材选用中颇感困惑,有些职业院校的老师仍然找不到适合的教材,有的只能选用本科教材,由于理论深奥,艰涩难懂,导致教学效果不甚令人满意,这严重制约了畜牧兽医类高职高专的专业教学发展。

2004年底教育部出台了《普通高等学校高职高专教育指导性专业目录专业简介》,其中明确提出了高职高专层次的教材宜坚持"理论够用为度,突出实用性"的原则,鼓励各大出版社多出有特色的、专业性的、实用性较强的教材,以繁荣高职高专层次的教材市场,促进我国职业教育的发展。

2004年以来,重庆大学出版社的编辑同志们,针对畜牧兽医类专业的发展与相关教材市场的现状,咨询专家,进行了多次调研论证,于2006年3月召集了全国以开设畜牧兽医专业为精品专业的高职院校,邀请众多长期在教学第一线的资深教师和行业专家组成编委会,召开了"高职高专畜牧兽医类专业系列教材"建设研讨会,多方讨论,群策群力,推出了本套高职高专畜牧兽医类专业系列教材。

本系列教材的指导思想是适应我国市场经济、农村经济及产业结构的变化、现代化养殖业的出现以及畜禽饲养方式等引起疾病发生的改变的实践需要，为培养适应我国现代化养殖业发展的新型畜牧兽医专业技术人才。

本系列教材的编写原则是力求新颖、简练，结合相关科研成果和生产实践，注重对学生的启发性教育和培养解决问题的能力，使之能具备相应的理论基础和较强的实践动手能力。在本系列教材的编写过程中，我们特别强调了以下几个方面：

第一，考虑高职高专培养应用型人才的目标，坚持以"理论够用为度，突出实用性"的原则。

第二，遵循市场的认知规律，在广泛征询和了解学生和生产单位的共同需要，吸收众多学者和院校意见的基础之上，组织专家对教学大纲进行了充分的研讨，使系列教材具有较强的系统性和针对性。

第三，考虑高等职业教学计划和课时安排，结合各地高等院校该专业的开设情况和差异性，将基本理论讲解与实例分析相结合，突出实用性，并在每章中安排了导读、学习要点、复习思考题、实训和案例等，编写的难度适宜、结构合理、实用性强。

第四，按主编负责制进行编写、审核，再经过专家审稿、修改，经过一系列较为严格的过程，保证了整套书的严谨和规范。

本套系列教材的出版希望能给开办畜牧兽医类专业的广大高职院校提供尽可能适宜的教学用书，但需要不断地进行修改和逐步完善，使其为我国社会主义建设培养更多更好的有用人才服务。

高职高专畜牧兽医类专业系列教材编委会

2006年12月

Preface 前言

根据《国务院关于大力发展职业教育的决定》的总体要求，以就业为导向、以能力为本位的职业教育改革与发展的方向已成为全社会的共识，高职高专教育已成为我国高等教育的重要组成部分，加强高职高专教材建设是发展职业教育的重要环节。随着社会的发展，宠物的饲养成为普遍现象，宠物行业将需要大量的专业技术人才，不少的高职高专院校也开设了与宠物相关的专业，为了适应即将兴起的宠物行业需要，我们编写了本教材。

本书包括绪论、宠物犬、观赏鸟、淡水观赏鱼、宠物保健美容器具与用品、宠物保健与美容共7章。在编写过程中，注重新技术、新方法的引用。本书结构紧凑、图文并茂，内容简明扼要，以必需、够用为度，表述精练，以讲清概念、强化技能应用为目标，充分体现了高职高专教材的特点。本书的每章前附有导读，章节后有小结和复习思考题，教材后附有实训内容，便于学生学习和巩固。

本书由湘西民族职业技术学院李文艺、湖南生物机电职业技术学院陈琼任主编，湘西民族职业技术学院宋清华、田清武和成都农业科技职业学院冯力任副主编。具体编写分工如下：河北旅游职业学院王珍珊，湘西民族职业技术学院田清武，湘西吉首爱心宠物医院田青共同编写绪论与第1章；湘西民族职业技术学院李文艺，成都农业科技职业学院冯力共同编写第2章与第3章；河南信阳农业高等专科学校陈培荣，深圳鹏辉宠物医院汪文斌共同编写第4章；湖南生物机电职业技术学院陈琼，湘西民族职业技术学院宋清华、王晓平，柳州畜牧兽医学校李友昌，深圳贝贝动物医院陆燕霞共同编写第5章、第6章和第7章。各自完成相关章节实训内容的编写。本书承蒙湖南农业大学动物医学院李文平教授，湘西民族职业技术学院贺宋文教授审稿，并对编写工作给予了大力支持，在此表示衷心感谢。

本书参考和引用了国内外许多作者的观点和相关资料，在此谨向相关作者表示深切的谢意。在本书的编写过程中，得到了湖南农业大学动物医学院同行专家的关心、帮助和指导，在此一并表示感谢。

鉴于编写者的学术水平、编写能力所限，疏漏和不妥之处在所难免，恳请有关专家、同仁及广大读者批评指正。

编　者

2010年10月

Directory

目录

第二编　宠物的保健美容

实训

0 绪 论

本章导读：本章对宠物饲养历史、宠物饲养的重要意义、宠物的概念和分类、宠物行业的现状、存在问题和发展对策作了简要阐述，让读者对这些内容有初步了解。

0.1 宠物的饲养历史

据科学家考证，犬（狗）是最早被人类驯化的动物。人类对犬的驯化大约在新石器时代，距今1.5万年左右。犬与人类共同生活的历史可以追溯到1.2万年以前。而如今通过人类的不断培养，犬的品种已经超过300种，从大型犬（体重超过100 kg）到小型迷你犬（体重不超过2 kg），品种繁多，应有尽有，形成了现代家犬的庞大家族。犬广泛分布于世界各地，我国更是养犬大国，把犬作为宠物来饲养有着非常悠久的历史。在古书中有记载，古时把犬作为六畜之一。据《史记》记载，在秦代时就出现了宫廷养犬。而今犬成为宠物早已走进寻常百姓家。据统计，现在全世界约有6.5亿只犬，我国大约有1.5亿只。我国有着珍贵的犬种资源，如松狮、藏獒、蝴蝶犬、贵宾犬、萨摩耶、德国牧羊犬、北京犬、沙皮犬、八（巴）哥犬等深受爱犬人士的喜爱。其主要作用有狩猎、牧羊、导盲、救助、刑侦、看门、拉雪橇、玩赏等，目前在许多地区又出现了犬医生。

0.2 饲养宠物的重要意义

随着经济的发展和生活水平的提高，人们越来越注重生活的情趣，犬、猫、鸟、鱼等各类动物不再只是扮演看门、捉鼠及宰杀消费的对象，而是作为宠物进入千家万户。犬在主人的调教下可以表演跳圈、打滚等动作；猫活泼可爱，善察人意；鸟的叫声婉转动听，听之着迷；鱼的体态艳丽多姿，给人们的生活增添了极大的乐趣。生活在高楼林立的现代都市中的人们，可以将宠物当作人和自然之间的媒介，进行相互间的沟通，从而产生一种回归自然的感觉。现代人的物质生活水平提高了，但精神生活相对匮乏，人际关系较为紧张，饲养宠物可以作为感情的寄托。随着现代社会工作效率的提高、生活节奏的加快，人们在工作中注意力过分集中，精神高度紧张，饲养宠物成为紧张生活的一种调剂方式。随时间的推移，宠物的饲养范围将越来越广，宠物经济也必将越来越多地影响人们的生活。

0.3 宠物的概念和分类

宠物是人们用于观赏、做伴、舒缓精神压力而豢养的动物。宠物种类繁多,按照动物分类学方法分为以下几类:

①哺乳类:主要有狗,猫,啮齿动物(包括小白鼠、仓鼠、沙鼠、金花鼠、八齿鼠等),兔,貂,刺猬,小型的猪、猴、鹿、大象(泰国人的宠物)等具有高度适应能力、胎生、哺乳类动物。

②鸟类:主要有鹦鹉、金丝雀、百灵、画眉、信鸽、斗鸡等已经驯服的适宜家庭饲养的鸟类。

③爬行类:主要有蜥蜴、蛇、蝎子等。

④两栖类:主要有蛙、蟾蜍、鲵等。

⑤鱼类:包括金鱼、锦鲤、热带鱼等。

⑥昆虫类:常见的有蚂蚁、蟋蟀、蜘蛛、蝴蝶、蜻蜓等。

0.4 宠物行业的现状、存在问题和发展对策

0.4.1 宠物行业的现状

在发达国家,宠物行业已经有一两百年的历史,并已形成了涵盖宠物繁育、训练、用品用具、医疗、保险、贸易的完整产业链,并逐步规范化、标准化和国际化。目前,全球宠物的饲养量已达4亿,宠物行业已形成一个庞大的产业。美国每年仅宠物保险业收入就高达40亿美元;瑞典有57%的养狗者为自己的爱犬购买了宠物保险;德国国民收入的17%来自犬业;澳大利亚宠物行业拥有3万多名员工,他们创造出近6%的国内生产总值。

中国宠物行业起步较晚,但是发展迅速。自2000年宠物行业进入国内市场,很快便风靡全国。随着近几年的发展,爱宠物者也以每年超过百万的速度递增,宠物已经不仅是人们的一个玩物,而是成为家庭中的一员,越来越多的人愿意为宠物消费。2007年,中国宠物市场的整体效益达到55亿;2008年宠物市场的消费量比2007年同期增幅超过40%。保守估算,我国目前至少有宠物1亿只。宠物需求快速增长的主要原因在于:人口老龄化和生活独立性的增强,使得人们对宠物的需求不断增加。购买能力的增强,又为宠物饲养提供了物质保障。未来5年,持续的经济增长将促使宠物行业的数量平均增长率超过20%,"宠物热"如此兴旺,由饲养宠物而派生出来的"宠物经济"自然十分兴旺。

0.4.2 宠物行业存在的问题

1)宠物产业相应的政策法规不规范

据了解,我国目前还没有一部比较系统的关于宠物饲养方面的法律法规。宠物产业需要相关的政策法规来保驾护航,如果政府的工作滞后将会给宠物产业的发展带来阻

碍,其发展的渠道不畅通,势必会导致宠物产业的畸形发育,给政府以后的管理工作带来很多不便。

2)宠物交易市场不规范

目前我国还没有比较规范的宠物交易市场,具备销售许可证的宠物经营单位不多,很多小城市甚至没有正规固定的宠物交易市场,宠物的交易基本上处于地下交易的方式。这样的交易不仅使国家税收流失,同时也很难对宠物的疫病流行和防治加以有效地控制。

3)宠物对环境和健康的危害日益突出

宠物的随地大小便和叫声给邻居和城市环保带来不小的影响,由此带来的市容、卫生防疫等方面的问题不容忽视。另外,宠物对饲养者和他人造成的伤害也时有发生,因此而产生的官司和争议也不少见。同时,由于卫生知识普及率低导致人畜共患病的发病率增加。

4)宠物用品没有统一标准

宠物用品包括食品、用具、玩具、宠物医疗器具等。如果这些用具标准不统一,不但会出现价格上的差异,而且还会出现因用品质量问题造成对宠物的危害,甚至还会出现用具生产、销售与使用者之间的纠纷。随着宠物饲养数量的不断增加,这类问题肯定会影响到宠物产业的健康发展。

5)专业人才缺乏

宠物产业的健康有序发展需要专业技能的人才。以犬为例,国内训犬、繁殖方面的人才缺乏。前者造成很多犬只缺乏训练管教,引发了如犬只伤人、扰民等问题;后者则使得犬只素质偏差,军犬和警犬基地每年都不得不动用外汇从国外进口犬只,而一只纯种犬的价格相当于数吨粮食。专业人才的缺乏也影响了我国宠物产业在国际上的地位和声誉,许多原产中国的宠物品种,评价标准却由外国制定。

0.4.3 宠物行业发展的对策

1)制定和完善宠物产业的法律法规

一个产业的发展需要法律、法规和政策的正确引导。我国目前虽有对于养殖业和野生动物保护方面有比较详细的规定,但关于宠物饲养经营方面的法律法规还不完善。畜牧兽医行业的主管部门、工商、税务、环保、环卫等单位应联合制定统一的宠物医院、宠物饲养环境污染治理、宠物交易市场管理、宠物服务行业管理等方面的条例,制定宠物用品国家标准、行业标准和地方标准,使宠物产业管理有章可循。

2)制定宠物管理办法

随着宠物市场的不断发展和完善,宠物的饲养已经不是饲养正确与否、管理规范与否之间的矛盾;因此制定一部完整的宠物管理办法已成为当务之急。一个完整规范的宠物管理办法不仅是完善健康发展宠物市场的基石,而且是带动宠物产业健康发展的保障。

3)制定宠物饲养人行为规范

宠物的行为直接受到饲养人的行为制约,宠物饲养人的行为规范已经直接或间接地影响到社会环境。由于宠物的行为可能导致邻居之间产生矛盾,对公共卫生造成破坏,对游人造成伤害和惊吓等,诸多因宠物行为所造成的社会问题,都是因为宠物饲养人对宠物的监管力度不到位造成的,因此,应加强宠物饲养人的行为规范,提高饲养宠物人员的素质,进行社会公德教育,从而避免宠物对环境的污染、处理好邻里关系、保障人身安全、避免宠物对人伤害。

4)制定宠物用品标准

目前市场上的宠物用品种类繁多,如宠物咬胶、宠物玩具、宠物图书、宠物服装、清洁美容用品、食具水具、宠物床窝、颈带牵带等。为使宠物产业健康发展,制定宠物用品国家标准是当务之急。

5)培养宠物行业专业人才

改变以传统家畜养殖和疾病防治为主的学科设置和课程设置,建立执业兽医师制度的培养方案,增加有关宠物的饲养、防疫、训练、经营、美容、摄影等有巨大发展潜力并与社会发展衔接的课程。同时,应在畜牧兽医有关部门牵头的基础上利用社会资金开办宠物美容培训班、宠物摄影培训班等对社会人员开放的技术培训班,提高宠物从业人员的专业技能,并通过合格证书的形式控制培训质量。

Farming

第一编

宠物的饲养

第1章 宠物犬

本章导读：犬是人类最早驯养的动物，是目前国内外饲养最多的宠物，犬忠于职守，责任心强，对主人温顺，善解人意，是人类最忠实的朋友。

本章以国际国内常见的宠物犬和工作犬为学习对象，介绍了宠物犬的品种类型、选种、饲养管理、繁殖等方面的知识和技能。

1.1 犬的生物学特性

1.1.1 分类与分布

犬又称狗，属于脊椎动物、哺乳纲、食肉目、犬科，与狼、狐、貉、豺同科，是人类最早驯养的动物之一，犬是以肉食为主的杂食性动物，家养时，素食也可维持它的生命。人类养犬历史悠久，在驯养过程中，人们根据自己的意志和犬的特点，对犬进行了一系列的繁殖和选育，培育出服务于人类的各种犬种。据了解，目前世界公认的犬就有300多个品种。按体形可以分为：超小型犬（吉娃娃犬、博美犬），小型犬（西施犬、可卡犬），中型犬（沙皮犬、松狮犬），大型犬（阿拉斯加雪橇犬、大麦町犬），超大型犬（大丹犬、圣伯纳犬）；按照用途和繁殖目的可以分为：狩猎犬（阿富汗猎犬、德国猎犬），枪猎犬（可卡犬、日本狮子犬），梗犬（威尔斯梗、斗牛梗），工作犬（萨摩耶犬、圣伯纳犬），玩赏犬（蝴蝶犬、吉娃娃犬）和家庭犬（秋田犬、大丹犬）。

1.1.2 形态解剖及生理学特点

犬的品种繁多，体态各异，大小也不一样。它的外形一般由头、躯干、四肢及尾巴等组成。由前肢和后肢支撑，使身体高离地面，有利于奔跑、跳跃。背胸部有心肺器官，腰腹部内有消化器官和部分泌尿生殖器官，荐部下为骨盆，容纳着消化器官及排泄生殖器官的后段。胸腹部下有乳头，一般为4~5对。第一对在胸部，其余3~4对以一定间距排列在腹部。犬的腹部非常紧凑，向上收缩，俗称上卷腹，有利于奔跑、跳跃和追捕。犬的前肢以肩、臂与胸部相连，后肢与腰荐部相连，相连处肌肉发达，构成臀部—背部平直而又宽阔，胸廓呈椭圆形，容量大，而且还具活动性。腰部短而宽，肌肉相当发达，微凸起。尾部是犬品种的特征标志，有卷尾、鼠尾、钩状尾、螺旋尾、直立尾、旗状尾、丛状尾和镰状尾等。犬的被毛由绒毛和长毛组成，遍布全身，仅鼻端、趾枕和乳头皮肤上无毛。短毛犬则没有被毛，仅以稀疏、柔软或呈线条状的短毛沿颈上部和背部分布。犬体表的汗腺很少，只有在趾垫间、鼻端等少数地方可分泌汗液，因此犬很难通过汗腺散发体热，在炎热季节，犬之所以常要张开大嘴，伸长舌头，其目的就是为了尽快散发自己体内的热量。

犬的寿命一般都在10年以上，但如果对犬的生活环境和生活条件比较注意的话，犬的寿命为14～15年，有些可达20年以上，历史上有记载最高年龄为34年。

1）犬的骨骼

犬全身骨约有300枚，其中中轴骨为123～126枚，附肢骨176枚，阴茎骨1枚。以支持犬的体型，构成犬体坚固的支撑系统，保护内脏器官，供肌肉附着，并为疾速奔跑打下了基础。中轴骨包括颅骨、脊椎、肋骨和胸骨4部分。由于犬脑的发达和嗅觉器官的扩大，包容其脑的颅骨相应变大和扩张。犬的各部分脊椎骨分化程度很高，已分为颈椎、胸椎、腰椎、荐椎和尾椎5部分，每一个胸椎都与一对肋骨相连，犬共有12对肋骨。附肢骨由肩骨、腰骨、前肢骨、后肢骨组成。

2）犬的肌肉

犬的全身肌肉发达、强壮。根据其形态、机能和位置的不同分为横纹肌、平滑肌和心肌。平滑肌主要分布于内脏和血管，活动不受意识支配，属不随意肌；心肌分布于心脏，活动不受意识支配，属不随意肌；骨骼肌主要附着在骨骼上，收缩能力强，受意识支配，所以又称为随意肌。

3）犬的呼吸系统

犬的呼吸系统由呼吸道和肺两部分组成。呼吸道是传送气体的通道，包括鼻、咽、喉、气管和支气管。肺是气体交换的场所，分左右两叶，左叶分为3叶，有尖叶、心叶和隔叶；右叶较大，分为4叶，有尖叶、心叶、隔叶和中间叶。正常犬的呼吸频率和深度，随着机体内外环境条件的变化而改变。

4）犬的循环系统

犬的循环系统包括心脏、血管系统和淋巴系统。循环系统为封闭的管道系统。心脏是血液循环的中枢器官，它的作用是使血液按一定的方向周而复始地循环流动。血管系统可分为动脉、静脉和毛细血管3种。通过血液循环将犬体摄取的营养物质和氧分输送到机体各器官组织，并将各器官的代谢产物运送到肺和肾排出体外。淋巴系统由淋巴管、淋巴结和淋巴（淋巴液）组成，是心血管系统的补充部分。淋巴系统是生成淋巴细胞、输送淋巴的器官。

5）犬的消化器官

犬的上下颌各有一对尖锐的犬齿，其功能以撕肉和搏斗为主，体现撕咬猎物的特点；门齿有6对，尖锐、强健，能切断食物，啃咬骨头时上下齿之间的压力很大，可达165 kg。胃呈不正梨形，胃液中盐酸含量为0.4%～0.6%，在家畜中居首位，盐酸能使蛋白质膨胀变性，便于分解消化，食物排空仅需5～7小时，比草食动物要快得多。肠管较短，一般只有体长的

3～4倍。小肠壁厚,肌肉发达,肠腔小,吸收能力强,结肠短,是典型的肉食动物特点,而且肠管不具有发酵能力,对纤维的消化力差,因此,给犬喂蔬菜时应切碎、煮熟。肝脏体积较大,相当于体重的3%。唾液腺发达,能分泌大量唾液,湿润口腔和饲料,便于咀嚼和吞咽。唾液中含有溶菌酶,具有杀菌作用,同时依靠唾液中水分蒸发散热,调节体温。

6)犬的感觉器官

(1)嗅觉灵敏

犬嗅觉的灵敏度位于各种家畜之首,特别是对酸性物质的嗅觉灵敏度要高于人类的几万倍。犬的嗅觉器官是嗅黏膜,位于鼻腔,表面有许多皱褶,其面积为人的4倍,嗅黏膜的嗅细胞是嗅觉感受器,嗅细胞表面有许多粗而密的绒毛,扩大了细胞的表面积,增加了与气味物质接触的面积。气味物质吸入到嗅黏膜,嗅细胞产生兴奋,由嗅神经传到嗅觉中枢产生嗅觉。但犬嗅觉记忆易消失,约保持6周。

(2)听觉灵敏

犬额部两侧有耳朵一对。耳由软骨构成,柔软而有弹性,能随音波的方向转动。犬的机灵与听觉的灵敏有关,犬能够辨别极为细小的高频率声音,而且对声音有极强的判断能力,有人测试它的听觉是人的16倍。不同品种的犬,耳廓有不同的形状,这也是各品种犬的特征之一,有直立耳、半直立耳、垂耳、蝙蝠耳、纽扣耳、蔷薇耳、断形耳等,竖耳犬的听觉比垂耳犬更为灵敏。

(3)视觉较差

犬的视觉调节能力是人的1/5～1/3,但视野比人的大。犬对物体的感知能力决定于该物体所处的状态。固定目标,犬可以看清50 m以内的物体。对运动目标,可达到825 m的距离,所以,犬常通过转动眼球来观察不动的物体。犬是色盲,在犬的眼里只有黑白亮度的不同,而无法辨别色彩的变化。犬的夜视能力强,能在微弱的光线下辨别物体,这是因为犬的祖先是夜行性动物。

(4)味觉迟钝

犬的味觉感受器在舌上,很迟钝。犬很少咀嚼食物,而是通过嗅觉感受食物的味道,所以在配制饲料时要特别注意食物气味的调理。

7)犬的生理指标

(1)体温

犬是恒温动物,也与年龄和所测的时间不同而略有变动,通常测皮温或测直肠温度,一般情况下,上午的体温略低于下午的温度,幼犬的体温稍高于成年犬的体温(约高0.5 ℃)。直肠温度:幼犬38.5～39 ℃,成犬37.5～38.5 ℃。

(2)呼吸

犬正常的呼吸频率为10～30次/分钟。当睡觉时,呼吸均匀而深;运动后、天气闷热、母犬产后缺钙、肺功能差或炎症时,犬喘息,呼吸浅而快。

(3)心跳

犬正常的心跳次数为60～120次/分钟(幼犬60～80次/分钟,成犬80～120次/分钟)。运动后、腹痛、炎症等病症时心跳次数增加,心功能异常时心脏搏动的节律会改变;

严重疾病，如休克时，心跳弱而快。

(4)血液成分

犬的总血量为体重的7.7%，血液由红细胞、白细胞、血小板等有形成分和液体成分的血浆两大部分组成，血细胞占30%～40%，相对黏度为4.7，相对密度为1.051～1.062。血浆中水量含为91%～92%，只有8%～9%的固体物质。

1.1.3 生活习性

1)睡眠

睡眠是恢复体力、保持健康所必不可少的休息方式。犬在野生时期是夜行性动物，白天睡觉，晚上活动。被人类驯养后与人的起居基本保持一致，改为白天活动，晚上睡觉。但与人不同的是，犬不会从晚上一直睡到早晨，而且睡觉时始终保持着警觉状态。有人认为，犬在睡觉时对于味道的反应完全停止，而对声音却特别敏感。另外，犬睡觉的姿势也总是将头朝向外面，如睡在庭院中，它的头始终向着大门方向，这便于它观察外面发生的各种情况变化，也是犬自卫的一种本能。犬每天需要14～15小时的睡眠时间，睡眠时间分成好几段进行。

2)等级习性

犬生性好群居，但在群体中有着明显的等级制度。级别高或资格老的头犬允许自己而不允许对方检查其他犬的生殖器官；不准对方向另一只犬排过尿的地方排尿；对方可在头犬面前摇头、摆尾，要顽皮，或退走、坐下或躺下，当头犬离开时，方可站住；等级优势明确后，敌对状态消除，开始成为朋友。

3)好与人交往

与人交往是犬天生的习性，但其程度常取决于3～7周龄时与人接触的程度。如果犬出生的头两个月只和它的父母或其他犬在一起，而不与人在一起，或没有真正了解人，则其一生就会远离人，并难以训练。如果生下来就受到人的抚爱，这就使它认识到人是朋友，是能与它玩耍的伙伴，并熟悉人的气味，与人和善，容易接受训练。

4)嗅闻外生殖器的习性

犬最重要的感觉是嗅觉，它们通过互相嗅闻最能反映情感的外生殖器部位就可辨别该犬的性别、年龄、身体状况。一条年长的犬或头犬有权检查年龄小及地位次于它的公犬、母犬、幼犬的外生殖器。两只犬接触时都有一定的程序，即先互相嗅闻，再接触肩部被毛，最后检查外生殖器。除互相嗅闻外，无论公犬、母犬，都有经常检查自己外生殖器和细心用舌舔以保持清洁的习性。

5)爬跨

各种年龄、性别的犬都有爬跨的行为，但其目的和表现都不一样。幼犬的爬跨是高兴和顽皮的表现，尤其是主人离开一段时间返回时，常有这一动作。两只小公犬玩耍时也常有爬跨动作，这是高兴的表现。成年公犬表现爬跨时有两种情况：一种情况是为了与发情母犬交配；另一种情况是企图确立自己的优势。母犬通常只是在发情高潮时允许公犬爬跨。

6)犬的表情

(1)**高兴的表情**

犬高兴的时候摇头摆尾、跳跃。有时犬也会“笑”,表现为:鼻上堆满皱纹,上唇拉开,露出牙齿,目光温柔,耳朵向后伸,轻轻地张开嘴巴,鼻内发出哼哼声,身体柔和地扭曲,全身的被毛平滑没有竖起,尾巴轻摆,与亲人接近眼睛微闭,目光温柔,轻轻张口。

(2)**愤怒的表情**

犬在愤怒时脸部表情几乎和“笑”时的表现完全一样,鼻上提,上唇拉开,露出牙齿。不同的是,两眼圆睁,目光锐利,耳朵向斜后方向伸直。一般嘴巴不张开,发出呼呼威胁的声音,用力跺四脚,身体僵直,被毛竖立,尾巴直伸,与人保持一定距离。如果两前肢下伏,身体后坐,则表明即将向你发动进攻。

(3)**恐惧的表情**

两眼睁大,呆立不动,耳朵后伸,尾巴夹在后腿之间,试图躲藏起来。对鞭炮声、雷声、枪炮声等的声音特别敏感,烟火、灯光同样可使犬恐慌不安,此刻犬多吠叫,试图告知主人。

(4)**哀伤的表情**

犬有病或受到伤害时,两眼无光,向主人靠拢,并用祈求的目光望着主人,有时卧于一角,变得极为安静。

1.2 宠物犬的主要品种

1.2.1 我国的名犬

我国养犬历史悠久,曾培育出不少闻名遐迩的优良品种,在国际犬坛上享有很高的声誉,有很多国家从我国引进良种。现就我国的名犬品种介绍如下:

1)北京犬

北京犬又名宫廷狮子犬、北京袖犬,是一种著名的玩赏犬(如图1.1)。北京犬原产于北京,已有4 000多年历史,北京犬的体形较小,一般成年公犬体重大的可达6 kg,身高20~25 cm。汉代以来,该犬一直在宫廷内饲养,是皇家的御用犬,不准擅自流入民间。1860年英法联军侵入北京,英国人在皇宫内见到了北京犬,看其体形优美,活泼可爱,就把5只北京犬带回了英国,从此,北京犬就扬名在外了。

北京犬的主要特征:头大而宽,吻部平坦宽阔,黑鼻,鼻孔大,眼大而圆、突起,身体及四肢短,胸厚,背平,尾上扬、微卷曲,被毛长而茂密,外毛稍粗但柔软,内毛丰厚。毛色有多种,如红色、浅黄褐色、黑色、黄褐色、虎纹、白色等。北京犬气质高贵、聪慧、勇敢、性情温顺可爱,对主人极有感情,对陌生人则态度冷漠,是典型的公寓

图1.1 北京犬

图 1.2　西施犬

犬，现主要作为玩赏犬和伴侣犬。

2）西施犬

西施犬又名中国狮子犬、狮子犬（如图 1.2）。西施犬原产中国北京，其祖先源自西藏，可能与拉萨犬有关，是典型的室内伴侣犬。西施犬体形小，体重 4 ~7 kg，身高 20 ~26 cm。20 世纪 30 年代，引入英国和美国。

西施犬的主要特征：被毛长而且厚、柔顺、光滑、稍呈波浪，讨人喜欢的是前额和尾尖部有白斑纹。头宽，头顶和吻部长有长毛，黑鼻，眼大而圆，明亮有神。耳大、下垂，被厚长毛遮盖，形若雄狮。尾上卷至背腰，有放射状饰毛，身体背长而平直，胸宽。毛色有咖啡色、褐色、棕色、米黄色、灰色、白色等，以额头至鼻尖有白毛和尾尖有白毛为优良品种。该犬尊贵典雅，胆大心细，动作敏捷，忠诚可信。西施犬与北京犬很相似，其主要区别在于：西施犬的身体和头部均被长毛遮蔽，几乎见不到眼鼻，颚髭及颊髭也多，口无皱纹，头部较圆，尾尖指向上背部，而北京犬的口鼻露出较多，髭须也少，扁鼻大眼，眼也较为突出。

3）松狮犬

松狮犬又名巧巧犬、熊狮犬、中国食犬、三斑犬等，是世界上唯一的蓝色舌头犬种（如图 1.3）。松狮犬原产于中国，已有 2 000 多年历史，有资料介绍，它是由西藏獒犬与西摩犬杂交而成。体形中等，体重 25 ~30 kg，身高 50 ~55 cm。

松狮犬的主要特征：毛密而长且丰厚，双层，色泽光亮，蓬松、柔软，特别是头颈部被毛蓬松如狮毛，故有熊狮犬之称，颜色必须纯色，有奶油色、浅黄色、浅灰色、红色和黑色。头部颅骨宽而平直，吻部呈方形，鼻大、宽、黑色、鼻孔开张，眼暗褐色，深位而眼眶宽，中等大小、杏形，耳小、厚度适中、三角形，耳尖稍呈圆形，直竖，稍向前倾斜。尾巴往上卷起于背上，身体结实，比例匀称，胸部宽而厚。该犬自控性强，聪明但个性冷漠，机警、敏捷，对主人极富感情、忠诚，易驯服。松狮犬是狩猎、护卫、伴侣等多功能的犬。

图 1.3　松狮犬

图 1.4　巴哥犬

4）巴哥犬

巴哥犬又名八哥犬、哈巴犬、斧头犬、巴儿狗等，是优秀的伴侣犬和玩赏犬，又是很好的看护犬（如图 1.4）。巴哥犬原产于中国，由荷兰人带至欧洲，并在欧洲繁衍增多。该犬体形较小，体重仅 6 ~8 kg，身高 25 ~35 cm。

巴哥犬的主要特征：被毛细密，柔软，颜色有黄褐色、银灰色、金黄色、黑色等，头部毛色较深，脸、耳多为黑色。脸部皱纹多、大而深，前额有很深的皱褶，耳小柔软、下垂。眼球突起、深棕色，鼻扁，尾卷曲，以卷两圈为佳。劲短，粗壮，有褶皱；胸宽，肋部稍张，背短，腰部肌肉发达，丰满而结实，尾呈螺旋状卷向臀部，最好是两重卷；四肢短而壮，前肢直，后肢肌肉丰满、结实，强劲有力，站立姿势好。巴哥犬胆大、友善，对主人忠诚，服从训练，爱干净，怕热，且贪吃易胖，需限量饲喂。

5）沙皮犬

沙皮犬又名大沥犬、打犬，因其皮肤宽松多褶，酷似砂纸而称为沙皮犬（如图1.5）。沙皮犬原产于中国广东南梅县大沥镇。该犬体形中等，身高35～45 cm，体重15～17 kg，至今已有2 000年历史。

图1.5 沙皮犬

沙皮犬的外观较为奇特，长有葫芦头（额宽阔，鼻梁处稍窄），瓦筒嘴（嘴稍长、宽圆），蚬壳耳（耳小似蚬壳状，并覆在头顶两侧），狮子鼻（鼻长得又圆又大），蓝舌头（舌上有蓝色花纹），绉纱皮（头、颈、腿的皮肤松软，并有皱褶），短刷毛（被毛粗短、较硬），木桩腿（四肢端正、结实），金钱担杆禾镰尾（尾巴卷圆后似金钱，挺直时似担杆，弯曲时似禾镰）等特征。沙皮犬聪明机智，性格顽皮，勇猛善斗，对主人非常驯服忠诚，是优秀的伴侣犬。

此外，还有拉萨犬、中国冠毛犬、西藏狸等中国名犬。

1.2.2 国外名犬

1）博美犬

博美犬又名波美拉尼亚犬、波默拉尼亚狐狸犬和松鼠犬（如图1.6）。博美犬原产于德国博美地区，体高20～30 cm，公犬体重1.8～5 kg，母犬体重1.5～3 kg。

图1.6 博美犬

博美犬的主要特征：被毛长直，有白色、乳白色、黑色、褐色、棕色、灰色等色，富光泽，似毛球，其头部和吻部似从毛球中伸出，脸部和腿部的毛较短。体形娇小，头部似狐狸，眼睛为椭圆形，大小适中，深棕色。鼻小而圆，呈黑色或棕色，向鼻尖逐渐变细，口吻部大，尖端略微上扬，耳朵很小，竖立，稍尖，呈三角形，有软毛覆盖。颈部稍短，被覆丰满鬃毛。身体结实呈方形，胸深伸展度好，背短呈弓形，腹部适度上收，尾长并卷至背上，尾部饰毛丰富。四肢短而强健，直立有饰毛。性情温顺，忠心，高雅，举止端正，表情快乐，对主人忠心耿耿，对生人警觉性高。博美犬活泼好动，心情开朗，小巧玲珑，无体臭，少掉毛，是极理想的伴侣犬。

2)德国牧羊犬

德国牧羊犬又名德国狼犬、德国警犬、狼犬、警犬,原产德国(如图1.7)。

德国牧羊犬的主要特征:被毛为中等长度的最为理想,分双层,下层绒毛厚而外毛平坦,头部(包括耳内面和颜面部)以及腿和脚被覆短毛,而颈部毛则长而厚。毛色有黑棕色、黄色等,其中以黑色中伴有棕黄色最为流行。德国牧羊犬体格魁梧,骨骼粗壮,成年公犬体高60~65 cm,成年母犬体高55~60 cm。中等公犬体重35~40 kg,母犬29~32 kg。头颅骨较宽,匀称地逐渐变细,吻部尖而强壮,嘴唇薄,黑鼻,眼杏仁形、暗色、中等大小,耳高耸、耳尖竖立、低宽。躯干长,身体肌肉发达,胸厚,背部宽而直。尾巴至少下垂至跗关节,略弯曲。德国牧羊犬性情平稳,不易激动,神经控制良好,不怕枪声,具有看护家园、警卫、牧羊、军用、导盲和陪伴等保护畜群和人不受外敌攻击的能力。

图1.7 德国牧羊犬

图1.8 圣伯纳犬

3)圣伯纳犬

圣伯纳犬原产于瑞士(如图1.8)。成年公犬身高70 cm以上,成年母犬身高65 cm以上。成年公犬体重64~91 kg,成年母犬体重54~77 kg。

圣伯纳犬的主要特征:该犬体型高大魁梧,骨骼粗壮,被毛有长毛和短毛两种。长毛密生,笔直或波状。短毛坚硬而直,呈红、白、虎斑色等,但嘴周围、鼻、前额、颈圈、胸部、四肢及尾尖均为白色,眼眶、耳朵及颊部为黑色。头部宽大呈圆形,头盖骨突出,鼻梁直,吻长,眼深褐色,耳大小适中、平垂,耳有黑色毛。颈部强劲多肉,胸宽而深,背宽而直,腹部圆而微收,前肢粗壮,后肢肌肉发达,尾下垂、多饰毛。该犬性情温顺,极易与人亲近,是很称职的看家犬、救生犬。

4)大丹犬

图1.9 大丹犬

大丹犬原产德国(如图1.9)。

大丹犬的主要特征:毛色油亮、短毛。毛色种类有:虎纹色型,底色为金黄色,有人字形黑色横条纹;淡黄褐色型,毛色金黄色带黑色假面,眼边和眉目为黑色;蓝色型,应为纯钢蓝色;黑色型,为纯一带光泽黑色;花色型,底为纯白色,全身分布有黑色斑块。头部轮廓清晰,长颅骨扁平,面部清秀,有一条轻微的中央凹陷和明显的"眉毛"。眼睛中等大小、深陷、暗色,间以斑斓的色彩,其中有浅蓝色和奇特的色彩。耳根高,耳朵小,自然耳多为半直立,如剪彩耳则高耸竖立,耳尖朝前。尾巴有力。大丹犬忠诚勇敢,喜干净,被毛易于梳理。

5)萨摩耶犬

萨摩耶犬原产于俄罗斯北极区,属非兴奋性犬,为守卫犬、陪伴犬,也可作运输犬(如图1.10)。

萨摩耶犬的主要特征:成年公犬体高52.5 cm,母犬45.5 cm,被毛纯白色或淡褐色,上层毛直、不卷曲,中等长度,下层毛短而厚。头呈楔形,眼小呈卵圆形、深陷色暗,鼻端及嘴唇黑色,齿剪状吻合,耳小而直、耳端圆,胸宽而深,背部肌肉发达,腹不呈收缩状态,尾有很漂亮的饰毛,卷向背侧,四肢短而有力,足卵圆形。萨摩耶犬聪明、文雅、忠诚、适应性强、热衷于服务,友善但保守。

图1.10 萨摩耶犬

图1.11 吉娃娃犬

6)吉娃娃犬

吉娃娃犬又名齐娃娃犬、奇瓦瓦犬、芝娃娃犬,原产于墨西哥娃娃州(如图1.11)。该犬体型很小,身高仅15~20 cm,体重仅0.9~2.7 kg,是世界上最小的玩赏犬,也是美国爱犬者最受欢迎的品种。现分布于世界各地。吉娃娃犬分短毛和长毛两种,毛有淡褐、沙色、栗色、银色和多色混合。

吉娃娃犬的主要特征:头圆如苹果,额痕清晰,吻部长而尖,鼻短、稍尖,耳大直立,与颅骨构成一相当大的钝角。眼睛又圆又大,精灵有神。身体背脊线平直,胸厚,尾上翅、长短适中,常卷到背上或一侧。四肢直立,纤细。该犬聪明伶俐,顽皮可爱,易受惊。

7)马尔济斯犬

马尔济斯犬又名马耳他猎犬、马尔他犬等,原产于地中海的马尔济斯岛,是欧洲最古老品种(如图1.12)。

马尔济斯犬的主要特征:体形小巧,身高20~25 cm,体重1.8~2.7 kg,全身被毛纯雪白者最佳,也可呈乳白色,毛长约22 cm。头圆,头顶布满长的饰毛;额段明显,耳下垂;眼呈深棕色,椭圆、微凸,眼缘呈黑色;鼻孔微张,鼻端直呈黑色,口唇有长毛,形似胡须,

图1.12 马尔济斯犬

颈中等长，胸宽而深，背部平直，腹部微收，前肢短而直，后肢强健，脚呈圆形，爪黑色，有饰毛，整个身体结实，尾被毛茂密，卷曲于背部上方。马尔济斯犬很聪明，是著名的伴侣犬，有“犬中贵族”之称。

此外，还有贵宾犬、蝴蝶犬、腊肠犬、苏格兰犬等国外名犬。

1.3　犬的营养需要与饲料配合

犬的祖先以进食幼小动物为生，世代相传，形成了它的肉食特性，但经人类的长期饲养现已形成以杂食或素食为生。与其他家畜比，犬有着特别发达的犬齿，特别善于撕咬猎物和啃骨头，但不善于咀嚼，所以，犬在吃东西时，均表现为“狼吞虎咽”状。此外，犬的唾液腺特别发达，能分泌大量的唾液湿润口腔中的食物，唾液中还含有许多溶菌酶，具有杀菌作用。但犬对粗纤维的消化能力很差，因咀嚼不充分，肠管又较短（大约为体长的3～4倍），不具有发酵能力。为合理搭配饲料把犬饲养好，对有关犬的营养需要与饲料配合作下列几个方面的介绍：

1.3.1　犬的营养需要和饲料

1）犬的营养需要

（1）水

水在犬的体内具有重要的生理作用，是犬体内的重要营养物质之一，体内所有的生理活动和各种物质的新陈代谢都必须有水的参与才能顺利进行。如犬体内营养成分的消化和吸收，营养的运输和代谢产物的排出（大、小便），体温的调节，母犬的泌乳等，都需要有足量的水分参与。如犬的饮水不足，就会影响其体内的代谢过程，进而影响它的生长发育。实验证明，当犬体内水分减少8%时，会出现严重的干渴感觉，食欲降低，消化减缓，抵抗力降低；当犬体内失去10%的水分时，就会导致严重呕吐或腹泻等。长期饮水不足，将导致血液黏稠，造成循环障碍。当因缺水而使体重消耗20%时，可能导致死亡。因此，必须给犬提供充足的饮水。在正常情况下，成年犬每天每千克体重约需要100 ml水，幼犬每天每千克体重需要150 ml水。应全天给犬供给清洁干净的水，任其自由饮用。

（2）蛋白质

蛋白质是犬生命活动的物质基础，参与物质代谢的各种酶类及抗体都是由蛋白质组成的，犬在修复创伤，更替衰老、破坏的细胞组织，也需要蛋白质，机体组织的20%是由蛋白质组成，因此，没有蛋白质就没有生命。构成蛋白质的基本物质是氨基酸。食物中的蛋白质经消化而转变为氨基酸后才能被机体吸收利用。氨基酸可分为必需氨基酸和非必需氨基酸。必需氨基酸是指犬自身不能合成或合成不足的氨基酸，必须从食物中吸取。现已确定的犬必需的氨基酸有精氨酸、色氨酸、赖氨酸、组氨酸、蛋氨酸、缬氨酸、异亮氨酸、亮氨酸、苏氨酸、苯丙氨酸。非必需氨基酸是指可以从其他氨基酸转换而来的。在营养缺乏时，非必需氨基酸的合成要消耗必需氨基酸。所以，在配置食物时，要注意营养搭配。蛋白质缺乏，会使公犬精液品质下降，精子数量减少。母犬发情异常、不受孕，即使受孕，胎儿也常因发育不良而发生死胎或畸胎。但过量饲喂蛋白质不但会造成浪费，而且也会引起体内代谢紊乱，性机能下降，严重时发生酸中毒。一般情况下，成年犬每天每千克体重约需4.8 g蛋白质，而生长发育时期的幼犬约需9.6 g蛋白质。

(3)**脂肪**

脂肪是构成细胞、组织的主要成分，是能量的重要来源，同时还可增加食物的可口性，也是脂溶性维生素的溶剂，可促进脂溶性维生素的吸收与利用，贮于皮下的脂肪层则具有保温作用。脂肪进入体内逐渐降解为脂肪酸而被机体吸收，大部分脂肪酸在体内可以合成，但有一部分脂肪酸不能在机体内合成或合成量不足，必须从食物中补充，称为必需脂肪酸，如亚油酸、花生四烯酸等。当饲料中缺乏时，可引起严重的消化障碍，以及中枢神经系统的机能障碍，出现倦怠无力、被毛粗乱、缺乏性欲、睾丸发育不良或母犬发情异常等现象。但脂肪储存过多，会引起发胖，同样也会影响犬的正常生理机能，尤其对生殖活动的影响最大。幼犬日需脂肪量为每天每千克体重2.2 g，成年犬每日需要脂肪量按饲料干物质计算，以含12%～14%为宜。

(4)**碳水化合物**

碳水化合物在体内主要用来供给热量，维持体温，以及各种器官活动时和运动中能量的来源，多余的碳水化合物，在体内可转变为脂肪储存起来。当犬的碳水化合物不足时，就要运用体内的脂肪，甚至蛋白质来供应热量，犬因此会消瘦，不能进行正常的生长和繁殖。含碳水化合物较多的食物主要是植物性食物，如馒头、米饭、土豆、玉米和白薯等。成年犬每日需要的碳水化合物可占饲料的75%，幼犬每日需要碳水化合物约为每千克体重17.6 g。

(5)**维生素**

维生素是动物生长和保持健康所不可缺少的营养物质，其量虽极微，却担负着调节生理机能的重要作用。维生素可以增强神经系统、血管、肌肉及其他系统的功能，参与酶系统的组成。如果缺乏维生素，将使体内所需的酶无法合成，从而使整个代谢过程受到破坏，犬就会衰竭死亡。

维生素的种类很多，按其溶解性可分为两大类。能溶于脂肪不溶于水的维生素是脂溶性维生素，如维生素A、维生素D、维生素E和维生素K等；能溶于水而不能溶于脂肪的为水溶性维生素，如B族维生素、胆碱、肌醇和维生素C等。水溶性维生素不会发生过多症，即使过量摄取，多余的部分也会迅速排出体外，而脂溶性维生素，除维生素E之外，较易发生过多症，因此，在配合饲料时，应特别注意脂溶性维生素的供给量。

(6)**矿物质**

矿物质不产生能量，但它们是犬机体组织细胞特别是骨骼的主要成分，是维持酸碱平衡和渗透压的基础物质，并且还是许多酶、激素和维生素的主要成分，在促进新陈代谢、血液凝固、神经调节以及维持正常的活动中，都具有重要作用。如果矿物质供给不足，会引起发育不良等多种疾病，有些矿物质的严重缺乏，会直接导致死亡。当然，矿物质过多也会引起中毒，在饲养过程中，只要饲料不过分单调，犬就可获得机体所需的矿物质。

犬食物中的钙和磷比例非常重要，最合适的比例应为1：2～1.4：1。农副产品虽能提供丰富的钙，但磷缺乏，在单一饲料中，钙和磷不平衡的情况较多，所以添加时必须注意钙和磷之间的比例。钙和磷代谢与维生素D的关系密切，因钙和磷比例适当时，需要的维生素 D 最少。

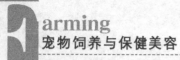

如每周让犬啃咬生骨头 2 ~ 3 次，这是给犬补钙、补磷的好方法。NRC(1985)建议的犬的营养需要如表 1.1 所示。

表 1.1　NRC(1985)建议的犬的营养需要

营养成分	单位	生长犬	成年犬
脂肪	g	2.7	1.0
亚油酸	mg	540	200
蛋白质精氨酸	mg	274	21
组氨酸	mg	98	22
异亮氨酸	mg	196	48
亮氨酸	mg	318	84
赖氨酸	mg	280	50
蛋氨酸 + 胱氨酸	mg	212	30
苯丙氨酸 + 络氨酸	mg	390	86
苏氨酸	mg	254	44
色氨酸	mg	82	13
缬氨酸	mg	210	60
非必需氨基酸	mg	3 414	1 266
矿物质钙	mg	320	119
磷	mg	240	89
钾	mg	240	89
硫	mg	30	11
氯	mg	46	17
镁	mg	22	8.2
铁	mg	1.74	0.65
铜	mg	0.16	0.06
锰	mg	0.28	0.10
锌	mg	1.94	0.72
碘	mg	0.032	0.012
硒	mg	6.0	2.2
维生素 A	IU	202	75
维生素 D	IU	22	8
维生素 E	IU	1.2	0.5
维生素 K	IU	—	—
硫铵素(维生素 B_1)	μg	54	20

续表

营养成分	单位	生长犬	成年犬
核黄素(维生素 B_2)	μg	100	50
泛酸	μg	400	200
烟酸	μg	450	225
吡哆醇	μg	60	22
叶酸	μg	8	4
生物素 B_{12}	μg	1.0	0.5
胆碱	mg	50	25

2)犬的饲料种类

(1)动物性饲料

动物性饲料是指来源于动物机体的一类饲料,包括畜禽的肉、内脏、血粉、骨粉、乳汁等。对犬来说,肉是最可口的饲料,它所含的蛋白质不但量多,而且氨基酸比较全面,易于消化。例如,猪肉、牛肉、羊肉、鸡肉、兔肉的蛋白质含量均在16%~22%,鱼肉中的蛋白质含量为13%~20%,鸡肉中的蛋白质含量约为12.6%。犬的饲料中必须要有一定量的动物性饲料,在日粮中配比中一般为10%~20%,占日粮蛋白质总量的30%,这样才能满足犬对蛋白质的需要。动物性饲料中还含有丰富的铁及B族维生素。用肉类喂犬成本费用较高,利用动物的内脏或屠宰场的下脚料,如肝、肺、脾、碎肉等,也完全可以满足犬对蛋白质的需要。值得注意的是,大多数下脚料因受污染,可能有寄生虫,所以下脚料必须经高温煮熟后方可使用。鱼肉、鱼骨几乎能被犬全部利用,也是比较理想的动物性饲料。但鱼肉易变质,有些鱼内还含有破坏B族维生素的酶。因此,鱼肉一定要新鲜,并且要煮熟,将酶破坏后再喂。

表1.2 肉及其副产品的营养物质含量表(g/100 g)

肉及其副产品	水	蛋白质	脂肪	钙	磷
猪肉	71.5	20.6	7.1	0.008	0.20
牛肉	74.0	20.3	4.6	0.007	0.18
羔羊肉	70.1	20.8	8.8	0.007	0.19
犊牛肉	74.9	21.1	2.7	0.008	0.26
鸡肉	74.4	20.6	4.3	0.001	0.20
兔肉	74.6	21.9	4.0	0.022	0.22
脂肪肺	73.1	17.2	5.0	0.01	0.19
脑	79.4	10.3	7.6	0.01	0.34
胃(猪)	79.1	11.6	8.7	0.03	0.11
脾	75.9	17.0	6.5	0.03	0.22
肾(肉牛)	76.8	15.7	2.6	0.02	0.25
心脏	70.1	14.3	15.5	0.02	0.18
肝	72.6	18.9	4.8	0.04	0.29

(2)植物性饲料

植物性饲料种类繁多,来源广泛,价格低廉,是犬的主要饲料,可占日粮的70%~80%。包括农作物的籽实及加工后的副产品等。小麦、大米、玉米、高粱等含有大量的碳水化合物,能提供能量,是主要的基础饲料,但是蛋白质含量低,氨基酸的种类少,无机盐和维生素的含量也不高。大豆、豆饼、花生饼、向日葵饼、芝麻饼等含有较高的蛋白质,可弥补前类饲料中蛋白质不足的缺点,但这些植物性蛋白质中必需氨基酸含量少,因此其营养价值远不如动物性蛋白质。

植物性饲料中含有较多的纤维素,犬进食后不易消化,营养价值也不高,但对犬的正常生理代谢却有重要意义,因纤维素在体内可刺激肠壁,有助于肠管蠕动,可促进粪便的形成,还可明显减少腹泻和便秘的发生。

(3)矿物质饲料

主要是指骨粉、石粉、磷酸钙、碳酸钙、磷酸氢钙、食盐和贝壳粉等,是保证犬生长发育不可缺少的饲料。

(4)添加剂饲料

为了提高饲料的适口性和营养价值,应常在犬的饲料中加入适量的添加剂,添加剂包括微量元素、维生素,必需氨基酸、促生长剂和驱虫抗菌保健剂等多种少量物质。这类添加剂具有防病保健、促生长、增食欲和防止饲料变质等作用。

1.3.2 犬的日粮配方

犬在一昼夜内采食各种饲料的总量称犬的日粮。犬虽是肉食类哺乳动物,但仍具有杂食的特点,所以在配料时就应当根据这一特征,用不同的原料配制一种全价饲料,以满足犬的营养需求。因犬的品种、年龄及个体大小不同,所需的饲料数量和营养也不相同。注重食物的适口性和可消化性,如粗饲料不易过多,满足其肉食特性和啃咬特点,降低饲养成本。

1)犬日粮配制需注意的问题

(1)营养均衡,区别对待

犬的饲料调制,要以营养齐全的饲料满足各种犬的需要,不能因某种营养的缺乏而影响犬的健康。区别对待是根据不同犬的发育情况和生理变化(如断奶前后的幼犬、断奶期的犬、生长犬、成年犬、怀孕犬、哺乳犬等)给予不同的质和量的配制饲料。

(2)保持犬饲料的相对稳定,并防止饲料单一化

犬饲料要保持相对的稳定,不能急剧变换,因为犬一旦熟悉某种饲料后,胃肠消化系统就会产生一种适应性,此时,如急剧变换截然不同的饲料,就易引发犬的消化不良。据有关资料显示,犬在幼年习惯进食某些饲料后,会终身喜欢,如突然改变饲料品种,会使犬食欲下降。但是,太单一的饲料,也会使犬产生厌食,因此,可选用2~3种相近性质的饲料配方,做到有所变化,但又相对稳定。

(3)注重卫生

配制饲料中要符合卫生要求。无论是动物性或植物性的饲料,通常都要经过清洗,然后进行加工、烹制，植物性饲料可磨成粉，再加入龟粉、骨粉、食盐等，蒸成糕、饼或窝头，也可煮成较稠的粥糊。动物性饲料，如肉、鱼、下脚料等，可洗净后切碎，加热煮熟，或煮成汤。饲喂时，可将蒸熟的糕饼或窝头搓碎，加入肉、龟、菜等煮成的汤，搅拌成粥状喂给，也可将粮食类饲料、骨粉、食盐等，加入到猪肉或块根的汤中，煮成粥糊。此外，绿叶蔬菜和各种添加剂加入锅中略烧即可，不能过度蒸煮，以免有效成分被破坏。若使用家中的剩菜、剩饭喂犬，可先用清水洗淘（可防食盐中毒），再高温煮沸，另加入其他饲料就可使用。总之，饲料要新鲜、清洁，切忌用腐败、霉变的饲料喂犬，以防食物中毒。

（4）提高饲料的适口性和消化率

在烧制饲料时，不宜将饲料烧糊，以防苦焦味影响犬的食欲，或引起犬的拒食。当然，也不可做成夹生的饲料，因夹生饲料在犬的胃肠内会异常发酵，并导致腹泻和呕吐。另外，在烧制时应加入适量调味剂，并适当多加一些适口性好的饲料，再用湿热的饲料进行喂养——饲料温度控制在40 ℃左右最为适宜，夏季可适量喂些凉食。

犬饲料还可经饲料生产厂加工成颗粒饲料。这是一种轻度膨化、熟化、干燥的配合型饲料，其特点是口感好，易消化。再因饲料的体积膨松，提高了犬胃肠壁的机械性刺激，进而提高消化率。如玉米、高粱在未进行膨化加工前，其消化窄仅为25% ~35%。经膨化加工后，其消化率就可提高至70%以上。此外，这种膨化饲料的保存、储藏、携带和投喂都很方便，还可不断调整配方，以满足各种犬在不同生长阶段的饲料需求。

2）犬饲料配方实例

下面介绍国内的几种犬饲料的配方，以供参考。

（1）幼犬料配方

①瘦猪肉或牛肉100 g，牛奶100 ml，鸡蛋1个，大米100 g，蔬菜100 g，食盐5 ~10 g，此外，还可适当添喂鱼肝油、钙片或骨粉。

②大米20%，玉米面40%，麸皮10%，豆饼15%，鱼粉8%，骨粉5%，石粉1.5%，食盐0.5%。

③大米20%，玉米面20%，豆饼15%，麸皮5%，鱼粉5%，蛋类10%，鲜奶20%，骨粉4%，食盐0.7%。

（2）4 ~8 月龄犬料配方

①瘦猪肉150 ~250 g，牛奶100 ~200 ml，鸡蛋1个，大米150 ~200 g，蔬菜150 ~200 g，食盐5 ~10 g。并适量添加色肝油、骨粉等。

②玉米面40%，豆饼19%，鱼粉7%，麸皮20%，米糠10%，骨粉3%，食盐0.5%，生长素0.5%。

（3）生长犬料配方

①玉米面21%，菜饼5%，糠饼15%，碎米15%，面粉5%，豆饼14%，麦麸15%，鱼粉6%，生长素、食盐各0.5%，骨粉3%。

②玉米面30%，豆饼10%，菜饼5%，糠饼20%，碎米20%，麦麸10%，骨粉4%，生长素、食盐各0.5%。

③玉米面50%，豆饼15%，麸皮20%，米糠5%，鱼粉5%，骨粉4%，食盐0.5%，生长素0.5%。

④大米35%，玉米面35%，豆饼10%，高粱面10%，麸皮10%，食盐1%，骨粉2%，鱼粉6%，肉25 g，蔬菜150 g。

(4)**成年犬料配方**

①大米30%，玉米面30%，高粱面10%，麸皮10%，豆饼10%，骨粉2%，鱼粉6%，青菜2%。另外，适当添加食盐、各种维生素及添加剂。

②玉米面40%，麸皮30%，豆饼15%，鱼粉7%，骨粉5%，石粉2%，食盐1%。

③肉类400 g，谷类400 g，蔬菜100 g，盐5~15 g，将原料煮熟，可分次饲喂。

④大米40%，五米面12%，肉粒20%，牛奶15%，马铃薯10%，骨粉2%，盐1%，另添加青菜50~60 g，鸡蛋1个，鱼肝油适量。

⑤肉350 g，米250 g，面300 g，菜400 g，牛奶100 g，猪油等动物性脂肪10 g，鱼肝油8 g，酵母6 g，胡萝卜60 g，青菜100 g，骨粉14 g，盐10 g。

⑥大米30%~40%，肉类30%~40%，青菜10%~15%，麸皮10%~15%，盐1%。

上述配方以制成颗粒状或其他固体形饲料为佳。

现介绍国外犬饲料的配方，以供参考(见表1.3和表1.4)。

表1.3 犬日粮(干料)配方 单位：%

成　分	配方1	配方2	成　分	配方1	配方2
肉骨粉(50% CP*)	8.0	15.0	小麦胚芽粉(25% CP)	8.0	5.0
鱼粉(60% CP)	5.0	3.0	脱脂奶粉	4.0	2.75
豆粕(44% CP)	12.0		谷物	51.23	—
豆粕(50% CP)	—	19.0	玉米	—	23.25
麸皮	4.0	—	脱水发酵可溶物	1.0	—
小麦	—	23.35	食盐和微量元素	0.5	0.5
动物油脂	2.0	3.0	维生素添加剂	0.25	0.25
蒸煮骨粉	2.0	—	氧化铁	0.2	—
啤酒酵母	2.0	5.0			

表1.4 犬日粮(干粮)配方 单位：%

成　分	配方1	配方2	配方3
玉米	41.8	8.0	26.0
肉骨粉	18.0	14.0	17.0
鱼粉	1.5	2.0	5.0
大豆粉	8.5	16.0	15.0
小麦胚芽	8.5	3.0	3.0
小麦	5.0	13.0	25.0
脱脂奶粉	4.0	2.0	—
油脂	4.0	3.0	4.0

续表

成　分	配方1	配方2	配方3
酵母	2.0	2.0	3.0
苜蓿	1.8	—	—
番茄皮	2.0	—	—
肝粉	1.0	4.0	—
燕麦	—	14.0	—
小麦麸	—	10.0	—
维生素矿物质	1.2	7.0	6.0

注:CP为粗蛋白。

1.3.3 犬的饲喂方法及注意事项

犬的生长发育及健康状况,在很大程度上取决于养犬者的精心喂养和管理,特别是饲养娇嫩的宠物犬,科学的喂养方法就显得更为重要。

①喂犬要有定时、定量、定温和定质的饲喂制度。

定时,是指每天要有固定饲喂的时间,不要提早或延后。定时饲喂能使犬形成条件反射,促进消化腺的定时活动,并使犬的消化系统有规律地进行工作和休息,还有利于提高饲料的利用率。通常1岁以内的犬每日喂3次;3个月以内的幼犬,每日喂4次;1个月以内的幼犬,每日喂5次;1月龄以内的仔犬,每日喂6次。冬天和1岁以上的犬,一般早、晚各喂1次为宜,最好在运动后饲喂并养成排便后再进食的习惯。有的犬没有胃口,不爱吃东西时,可以饿1天,使犬恢复食欲。

定量,就是每顿饲喂的量要相对固定,可避免犬饱饥不均的现象。喂得过多,易造成消化不良;喂得太少,会使犬感到饥饿,不能安静休息。现提供按犬大小估算的犬日粮量(见表1.5),以供参考。

表1.5　犬每日所需饲料量(按干燥型饲料计)

犬的体重/kg	维持营养的需要		生长的营养需要	
	每kg体重/g	每条犬/kg	每kg体重/g	每条犬/kg
2.3	40	0.09	80	0.18
4.5	33	0.15	66	0.30
6.8	28	0.19	56	0.38
9.1	27	0.25	54	0.49
13.6	25	0.34	50	0.68
22.7	25	0.57	50	1.13
31.8	25	0.79	50	1.60
49.9	24	1.20	48	2.40

定温，是根据季节不同带来的气温变化，及时调节饲料和饮水的温度，做到：冬暖、夏凉，春秋温。

定质，是指犬的日粮配合应符合犬在不同生理状态下的饲养标准。

②定食具、定场所。饲养犬要有固定的食盆和水盆，还应放在固定的地方。犬的专用食盆要保持清洁，并定期消毒，以防止食具不洁而引发疾病。此外，犬有固定的食具和进食场所，还可使犬养成良好的进食习惯。

③供应充足的饮水。可用固定的水盆给犬提供充足的饮水，让其随时饮用。饮水要用自来水、井水或清洁的溪水，禁用厨房泔水、地表积水等充当饮水，冬天要提供温水，夏季则要增加水量。水具消毒可用0.1%新洁尔灭溶液或漂白粉水浸泡，再以清水漂除异味，此外，也可洗净蒸煮消毒。

④经常观察犬的进食情况。饲喂犬时还应经常观察犬的进食情况，其观察内容主要包括：看其食欲是否良好，进食量是否改变，进食时精神状态是否有较大变化。若犬的食欲不佳，其原因可能是饲料不适口、不新鲜，有异味，或是饲料太咸、太甜，也有可能是喂食场所有强光，有喧闹声，或有其他动物的干扰等。如上述原因都已排除，也有可能犬已患病，应及时请兽医诊疗。

1.4 犬的繁育

1.4.1 犬的繁殖生理

1)犬的生殖器官

(1)公犬的生殖器官

公犬的生殖器官由睾丸、输精管道、副性腺、阴茎等组成。

①睾丸。犬的睾丸较小，位于阴囊内，左右各一，呈椭圆形，是产生精子和雄性激素的器官。在繁殖期，睾丸膨大，富有弹性，功能旺盛，能生产出大量的精子。在乏情期，睾丸体积变小、变硬，不具备繁殖能力。

②输精管道。包括附睾、输精管和尿生殖道。附睾是储存精子的场所，可使精子达到生理成熟，并提高其与卵子受精的活动能力。输精管是输送精子的管道，尿生殖道是尿液排出和射精的共用通道。

③副性腺。犬的副性腺只有前列腺，极发达。犬没有精囊腺和尿道球腺。前列腺的分泌物具有给精子营养和增强精子活力的作用。

④阴茎。犬的交配器官。犬的阴茎里有特殊的阴茎骨，长8~10 cm，在交配时，阴茎无须勃起，即可插入阴道。当阴茎插入阴道后，尿道海绵体和阴茎海绵体迅速充血膨胀，卡在母犬的耻骨联合处，使得阴茎不能拔出而呈栓塞状。

(2)母犬的生殖器官

母犬的生殖器官由卵巢、输卵管、子宫、阴道和阴门等组成。

①卵巢。位于第三或第四腰椎的腹侧，肾脏的后方，呈长卵圆形，稍扁平，是产生卵子和雌性激素的器官。性成熟后的母犬，每到发情期就有一批成熟卵子排出，如遇精子，

即可受精、怀孕。

②输卵管。是输送卵子和受精的管道,长5~8 cm。卵子由卵巢排出后,即进入输卵管里,在此与精子相遇,完成受精过程,并被输送到子宫内发育。

③子宫。是胎儿发育的场所。犬的子宫属双角子宫,子宫角细长,内径均匀,没有弯曲,两侧子宫角呈"V"字形。子宫体短小,只有子宫角的1/6~1/4。胎儿在子宫角内发育,由于子宫角比较发达,因此,一窝最多时可产十几只仔犬。

④阴道。交配器官和胎儿产出的通道。犬的阴道比较长,环形肌发达。

⑤阴门。外生殖器官,包括阴唇和阴蒂。在发情期常呈规律性变化,是识别发情与否的重要标志。

2)犬的性成熟

幼犬生长发育到一定时期,开始表现行出性行为,具有第二性征,生殖器官已经基本发育成熟,开始产生成熟的精子或卵子,称为犬的性成熟。

犬的性成熟时间受品种、环境、气候、地区、管理水平及营养状况等方面的影响而有一定差异。一般来讲,小型犬性成熟较大型犬性成熟早,管理水平较高、营养状况较好的犬性成熟较早,公犬的性成熟一般稍晚于母犬。一般情况下,母犬性成熟是在出生后的6~12个月,公犬的性成熟是在出生后的12~16个月。有人经过观察研究,认为犬的性成熟期平均为11个月。性成熟后,母犬在发情期即可与公犬进行交配,并可怀孕产仔。但必须指出的是,犬的性成熟并不意味着已达到可繁殖的年龄,因为性成熟和体成熟不同步,要待犬体具有成熟犬的固有体况,生长发育基本完成,方可进行繁殖。犬达到体成熟一般需要20个月左右,因此,犬的最佳初配年龄母犬为12~18个月,公犬为18~20个月。某些名贵的纯种犬初配年龄还可再晚一些。当公犬、母犬正式进入繁殖阶段可进行繁殖时,除考虑犬的品种和年龄外,还应考虑它们的营养和健康等综合状况。

3)犬的发情

(1)公犬的发情

公犬无明显的发情期,性成熟的公犬,任何时期都可因性刺激而引起性欲。

(2)母犬的发情

母犬发育到一定年龄时所表现出的一种周期性的性活动现象(也叫性周期)称发情。母犬是季节性发情动物,正常的母犬每年发情2次,在每年春季3—5月和秋季9—11月各发情1次。母犬发情时,身体和行为会发生特征性的变化,称为发情征兆。其主要表现为:行为发生改变,极易兴奋,活动增加还烦躁不安,吠声也变得粗大,此外,阴门肿胀、潮红,并流出伴有红色血液的黏液,食欲明显减退,且频频排尿、举尾拱背。喜欢接近公犬,并常有爬跨其他犬的动作等。每次发情持续6~14天,少数可达21天。如这次发情期未受孕,间隔一定时间后,又开始第二次发情,两次发情的间隔时间受到母犬年龄、体质、气候和饲养等因素的影响。通常,我们将第一次发情开始至下次发情的开始称为发情周期。母犬的发情周期可分为发情前期、发情期、发情后期和休情期。

①发情前期。发情前期卵巢上新生的卵泡开始发育并迅速增大,雌激素分泌增加,生殖道上皮开始增生,阴道出现角质化,腺体活动加强,分泌增多。外阴充血,阴门肿胀,潮红湿润,流出混有血液的黏液。犬变得兴奋不安,时常排尿,但此时母犬不接受交配,

发情前期一般为7～10天。

②发情期。发情期的典型行为是接受公犬交配，发情征兆也最明显。发情期持续时间为6～14天。在这一时期，母犬外阴肿胀变软，出现皱褶，阴门流出的黏液颜色变浅，出血减少或停止。母犬表现出交配欲，主动接近公犬，臀部转向公犬，当公犬爬跨时，母犬主动下塌腰部，尾巴偏向一侧，阴门开张，接受交配。发情1～3天后，母犬即开始排卵，这是其交配的最佳时期。公犬、母犬的交配时间约需1小时，此时应保持环境安静，切不可人为强行将正在交配的公母犬拉开。

③发情后期。发情后期母犬性欲开始减退，拒绝与公犬交配。发情后期第3～5天，卵巢形成黄体，血中孕酮含量迅速升高。如果此次发情未交配或交配后不孕，则发情后期可持续30～90天，平均为60天。卵巢上的黄体在排卵后的第42天开始退化。如果怀孕，发情后期则是怀孕期和泌乳期。但是，无论母犬怀孕与否，在发情后期，母犬都在孕酮的作用下，使子宫黏膜增生，子宫壁增厚，为胚胎的发育作准备。

④休情期。休情期又称乏情期、间情期，是发情后期到下次发情前期的一段时间，全部生殖器处于静止状态。休情期约为3个月。

1.4.2 种犬的选择与选配

1）种犬的选择

种公犬要选择雄性强，生殖器官发育正常，精力充沛，性情和顺，配种时紧追母犬，频频排尿的。公犬对后代的影响比母犬大，所以，要使后代一代比一代强，就要选择各方面性状高于母犬的公犬。

种母犬要选择母性好，泌乳能力强，产仔数多的。母性好的犬表现在：分娩前会筑窝，产仔后能定时给仔犬哺乳，很少离开窝巢，经常用舌头舔仔犬，能将爬出窝的仔犬用嘴衔入窝内。产后1个月左右，乳量减少时能呕吐食物喂仔犬。

2）选配

①选择有共同优点的公母犬进行交配，使其优良特性在后代身上得到延续、巩固和发展。

②公母犬双方有相同缺点的不能配，否则会使其缺点在后代身上更加巩固和发展。

③在优良种犬不足的情况下，可以选择具有某一优点的犬与另一只具有相对缺点的犬交配，用优点去克服缺点。但应注意，不能用凸背去改造凹背，不能用“X”肢势纠正“O”肢势。

④在配种年龄上，应壮龄母犬配壮龄公犬，或者老龄母犬配壮龄公犬，尽量避免老龄母犬配老龄公犬。超过5岁从未配过种的公犬或母犬，都不宜做种犬。

1.4.3 配种实施

1）配种时间的掌握

正确的配种时间是提高受胎率的关键。其推算方法是：确认母犬的阴门有明显肿胀、潮红或见第一滴血时作为第1天。初产犬一般在第11～13天进行首次交配，这时母犬开始排卵，生殖道为交配做好了准备；经产犬在第 9 ~ 11 天进行首次交配。对经产母犬，随胎次的增加，配种时间提前，母犬的年龄每增加 2 岁或胎次每增加 2 窝，首次的交配应前移 1 天。有的高产母犬经多次产仔后，发情第 5 天其阴道就停止出血，在第 6 天或第 7 天配种即可受孕。如主人未发现阴道排血的开始日期，也可根据阴道分泌物的颜色变化确定配种的最佳日期。当阴道分泌物的颜色由红变为稻草黄色后的 2 ~ 3 天，即可进行交配。此时，母犬的阴唇柔软，垂直状态的阴道前庭已变得平直，便于公犬阴茎的插入。然而，有少数的母犬在发情前期和发情期不出现阴道排血，还有个别母犬的血样分泌物可持续至发情期，或延续到发情后期的若干天。当然，不能靠观察阴道出血与否来确定母犬的配种日期，如遇这种情况，可用公犬进行试情，母犬愿意接受公犬交配后的 1 ~ 3 天，就是最适配种期。犬的交配时间应在公母犬精神状态最佳的时间，在每日清晨进行交配为最佳，公母犬经过一夜的休息，性欲极易亢奋，交配容易成功。

2）交配次数

发情母犬以相隔 24 ~ 48 小时两次交配为好，第二次交配可用同一公犬，也可选用另外一公犬，但公犬交配次数，每天不得超过 1 次。

3）交配方法

犬的交配方法一般有两种，即自然交配和人工授精，自然交配又可分为自由交配和人工辅助交配两种。

（1）自由交配

对于发情表现成熟的母犬，而且公、母犬体形大小相当，在母犬能够接受公犬交配的情况下，可采用自然交配方法，将公犬和母犬放在一起，两者熟悉后，很快即交配。

（2）辅助交配

犬的交配以自然交配为主，一般不需要人工辅助。但如果公犬缺乏经验，或公母体型大小相差悬殊，或其他原因不能进行自行交配时，可进行人工辅助。辅助人员最好是母犬的主人，或者是母犬熟悉的人员，这样母犬不至于太惊慌。

（3）人工授精

如果自然交配确实有困难，人工辅助也无法完成交配，或公母犬相距较远又需配种，或其他原因不能交配又非进行配种不可时，可实施人工授精。

4）配种时应注意的问题

处女犬在初次交配时，虽有强烈的性欲，但对公犬的爬跨和交配常会出现恐惧和不安，所以，对处女犬的交配，应选择有交配经验的公犬。如母犬过于惊惧不安，也可予以人工辅助保定母犬，再完成交配过程。在使用公犬配种时，二次交配的间隔时间应不少于 24 小时。不可在短时间内使之重复交配，因第二次交配时，公犬的精子数量少、质量也差，会影响母犬的受孕率。此外，这样对公犬的性欲和体力的保持都很不利。在配种期间，主人对公犬的配种时间、次数要作记录，还应注意公、母犬的健康状况，避免在交配过程中传播各种疾病。

种公犬的交配能力因品种、个体、气候、营养和其他因素的变化而异。为保护公犬，提高繁殖率，对其必须合理、科学地使用。种公犬在 2 岁左右开始进行配种为宜。每日配1次，最多不能超过2次。每只公犬可轮流交配6～7只母犬。天热时，交配宜在早晨或傍晚，天冷时宜在中午。食后2小时内不宜交配，防止公犬发生反射性的呕吐。交配后，公、母犬应安静休息。一只公犬，在年度内的交配不要超过40次，即使特别优良的公犬每年的交配也不能超过60次。在交配时间上要尽可能均匀地分配，上半年度和下半年度各占50%。交配的相隔时间太短，不仅会损伤公犬的身体，而且会影响其使用寿命，还不利于母犬的受精怀孕。

如是人工采精，其采精的频率也应严格掌握，因正常射精量的产生要相隔24～72小时，所以如果采精频率超过每2天1次，就会影响每次所采的精子产量。

精液的保存方法主要有以下3种：

①常温保存。常温下不易长期保存。用卵黄、柠檬酸钠液稀释的精液，精子可保持存活并具有运动力达4天。

②低温保存。可在稀释液中加入抗冷刺激的成分。采集的精液用等量的卵黄和2.68%柠檬酸钠液稀释，在4 ℃的温度保存96小时后能得到50%的存活率。用巴氏灭菌的牛奶作为稀释剂，作等量的稀释，在4 ℃时保存120小时，存活率为50%，并能使母犬受胎。

③超低温保存。又称“冷冻保存”。新鲜的精液用稀释液按比例稀释后，通过降温、平衡和冷冻后，放在液氮（-196 ℃）中保存。根据分装形式的不同，有颗粒精液、塑料细管精液和安瓶冷冻精液几种。据报道，解冻后活力较低，且很快失去活力，受精率不甚理想，需待进一步研究改进。

在饲养管理上，应对种公犬提供足够的蛋白质，并使其充分地休息。在配种期，公犬体力消耗过大，易引起食欲不佳，体质也会有所下降，因此，要严格控制种公犬的交配次数，每天最多2次，而且要在早晚进行，第二天还要休息一天。为保持种公犬较强的繁殖力，在配种期要倍加精心饲养，即使在平时也应有别于一般犬的饲养。

1.4.4 妊娠及妊娠诊断

母犬的妊娠期平均为63天，范围在59～67天。母犬是否妊娠，是真妊娠还是假妊娠，对于繁殖母犬来说，其早期诊断是尤为重要的，因为根据诊断结果不仅要为妊娠母犬提供合理的营养和较好的环境条件，还可对未妊娠母犬及早查出空怀原因，进行适时补配。妊娠诊断常用的方法有：外部观察法、触诊法、X射线透视法、超声波诊断法等。

1）外部观察法

母犬妊娠后，一般食欲增加，被毛光亮，性情温和，活动量减少，个别犬有妊娠样呕吐和厌食现象。怀孕2～3周后，第四、第五对乳头变粗，颜色为粉红，乳房开始发育，基部显出“蓝晕”。4周后，体重增加明显，腹围开始明显增大。应用此种方法，只是大概判断母犬是否妊娠，不能区别真假妊娠，并且不能在妊娠早期进行，因此只能作为参考。

2）触诊法

经腹壁触诊是诊断妊娠最简便的方法。在妊娠初期触诊的准确性比妊娠中期和妊娠末期更高，因为妊娠初期母犬的腹围增大更明显。检查时，母犬应作站立姿势保定，胎儿的位置在脐孔与第4对乳头之间的腰椎和下腹部之间，左手掌紧贴母犬的下腹部，拇指位于右侧腹壁，中指位于左侧腹壁，当母犬呼气、腹压降低时，以两手指向腹腔压缩，并作上下左右捻动以判定胎儿位置。若已经妊娠，可感觉到两子宫角松软无力并有硬物感，胎儿呈葡萄状硬块，有弹性，易游离。触摸胎儿时，应在母犬空腹的情况下进行，检查操作中，动作应轻缓且勿用力过大，以免造成流产。

3)X射线透视法

妊娠后28天用X射线进行妊娠诊断，42天可监测孕体，可透视胎儿的发育情况及胎儿的数量。在妊娠45～47天最明显，并且诊断性放射照射不会导致胎儿畸形。

4)超声波诊断法

超声波诊断包括多普勒法、A型超声波法和B型超声波法3种。

(1)多普勒诊断法

多普勒法测定是根据母犬子宫动脉、脐动脉或胎儿动脉的血流以及胎儿心跳的搏动反射出超声信号，将其转变成声音信号，从而判断母犬是否妊娠。多普勒法可在配种后的第29～35天探测胎儿的心跳情况。这种方法诊断的准确率随妊娠的进程而提高。

(2)A型超声波诊断法

A型超声波法探测的基础是胎儿周围的胎水，胎水能够反射超声波，反射回的声波信号在荧光屏上显示，来反映反射的深度。所以，此法可在配种后的第18～20天进行母犬妊娠的早期诊断。这是因为，即使在妊娠早期，胚胎尚未附植于子宫壁上，但此时子宫中已出现了足够的液体，但在应用此法时注意探头不可太朝后，以免膀胱中的尿液被误认为是胎儿反射出的信号而发生误诊。

(3)B型超声波诊断法

B型超声波法可通过调节深度在荧光屏上反映子宫不同深度的断面图，可以判断胎儿的存活或死亡。在配种后的第18～19天就可诊断出来，在第28～35天是最适检查期，在第40天以后，可清楚地观察到胎儿的身体情况，甚至鉴别胎儿的性别。

1.4.5 产仔

1)产前准备

为使母犬能够安全顺利地分娩，在产前要准备好产房和必需的物品。产房应尽量选在母犬原居住舍或比较安静处，清扫干净，重换垫草，用0.5%来苏儿溶液喷洒消毒。寒冷季节要注意保暖，舍内温度保持在15～18 ℃。如果是新产房，应在分娩前两周使母犬移入，以便使其适应新产房，减少应激因素对分娩的影响。另外，应备齐助产器具和所需物品，如毛巾、卫生纸、剪刀、结扎线、脱脂棉或纱布、洗手盆、70%的酒精、3%的碘酊、催产素、注射器和保温箱等。

2)分娩预兆

(1)行为变化

分娩前一天母犬食欲减少或不吃食、不喝水、不愿走动,间歇性筑窝。在分娩前3~10小时,母犬出现腹痛症状,坐卧不安,频繁出入产床或自筑窝。分娩前2~3小时,母犬频繁抓挠地面或铺垫,不断改变躺卧姿势,呼吸变急促,频频排尿,常打哈欠,有时发出低沉的呻吟或尖叫声。

(2)外阴部变化

接近分娩时,母犬子宫、子宫颈、阴道等充血,外阴部肿胀,阴唇皮肤皱褶展开,阴门弛缓开张,如果见有黏液流出,说明分娩在即,母犬荐骨两旁组织明显塌陷,臀部松弛柔软。

(3)体温变化

犬正常体温为38~39 ℃,临产前2天体温开始下降,可降到36.5~37.5 ℃,当体温开始回升时母犬即将分娩。体温变化是预测分娩的重要特征。

3)产仔过程

分娩是借助于子宫和腹肌的收缩,将胎儿、胎盘、胎膜及其附属物通过产道娩出体外的过程,分娩过程分为以下3个阶段:

(1)开口期

从子宫开始间歇性收缩到子宫颈口完全开张,与阴道之间的界限完全消失为止。这一过程需1~36小时,平均6~12小时。在此期间,子宫间歇性收缩,但看不到腹肌的收缩,母犬表现出明显的分娩预兆。

(2)胎儿产出期

从子宫颈完全开张到胎儿全部排出为止,此期根据母犬的健康状态和胎儿数量持续3~6小时不等。此期间,母犬常常侧卧,也有的犬时而站立,努责并产出胎儿,也有的母犬倚墙而立。初产犬多表现出气喘、颤抖、呼吸加快加深,有时因疼痛而嚎叫。在胎儿产出期,母犬的腹肌收缩,用以帮助排出胎儿,通常在胎儿排出期开始的20~30分钟内排出第一个胎儿。

(3)胎衣排出期

在胎衣排出期内母犬将胎衣排出,并且在每个胎儿排出后,子宫会进行部分复旧。胎衣可随胎儿一起排出,也可在子宫内停留一定时间。在任何情况下,胎衣在胎儿排出的45分钟内排出,子宫复旧始于胎儿和胎衣已经排出的那部分子宫,胎儿排出间隔时间从10分钟到几个小时不等。

犬一般每次产仔6~9只,少则1~2只,多则10余只。母犬的分娩多在夜间或凌晨。胎儿正常产出应为两前肢平伸,将头夹在中间,呈入水式。故其产出顺序为先露前肢、头、胸腹和后躯。

分娩时,母犬会自行用力努责,子宫发生阵缩,同时,羊膜破裂,羊水排出,随后胎衣与包裹着的胎儿就很快产出。紧接着,母犬就会撕掉仔犬身上的胎衣,并咬断脐带,吃掉胎衣,然后把仔犬身上舔净,把仔犬置于腹围中抱好,休息一段时间后,再分娩下一个胎儿。上述全过程，母犬一般都能自行处理，不需要主人帮助。

分娩过程中若有异常情况，如四肢位置变化而引起难产，此时不要硬拉，应顺势将胎儿推回子宫，矫正好胎位后再顺着母犬的努责将胎儿拉出。

4)分娩后的护理

分娩结束后，母犬会自行舔净阴部，但主人还应将其外阴部、尾部及乳房等部位用温水洗净、擦干，更换被污染的褥垫并注意保温。

刚分娩过的母犬，一般不进食，可先喂一些葡萄糖水，5～6小时后补充一些鸡蛋和牛奶，直到24小时后正式开始喂食。此时最好喂一些适口性好、容易消化的食物，最初几天喂给营养丰富的粥状饲料，如牛奶冲鸡蛋、肉粥等，少量多餐，一周后逐渐喂较干的饲料。

有的母犬产后因保护仔犬而变得很凶猛，此类刚分娩过的母犬，要保持8～24小时的静养，陌生人切忌接近，以避免母犬受到骚扰，致使母犬神经质，发生咬人或吞食仔犬的后果。

注意母犬哺乳情况，如不给仔犬哺乳，要查明是缺奶还是有病，及时采取相应措施，泌乳量少的母犬可喂给牛奶或猪蹄汤、鱼汤和猪肺汤等以增加泌乳量。

有的母犬母性差，不愿意照顾仔犬，必须严厉斥责，并强制它给仔犬喂奶。对不关心仔犬的母犬，还可以采取故意抓一只仔犬，并使它尖叫，这可能会唤醒母犬母性本能。此外，仔犬此时行动不灵，要随时防止母犬挤压仔犬，如听到仔犬的短促尖叫声，应立即前往察看，及时取出被挤压的仔犬。

做好冬季仔犬的防冻保暖工作。可增加垫草、垫料，将犬窝门口挂防寒帘等。如犬舍温度过低，也可用红外线加热器。

1.5 犬的饲养管理

1.5.1 犬一般饲养管理

1)定时

为形成犬良好的条件反射，促进胃液分泌和胃蠕动，增加采食量，增进消化吸收和提高饲料利用率，对犬的饲喂一定要定时，通常情况下每天早晚各1次，晚间量可大些。每次进食时间以15～30分钟为宜，不论吃完与否，都要将食具拿走，以免污染饲料和养成犬随意吃食的坏习惯。

2)定量

犬每天的食量，依据犬不同的生理阶段及生长发育需要而定。不能时多时少，应按表1.5去饲喂。喂量过多，犬消化不了，易引起消化疾病；喂量少，犬吃不饱，影响生长发育，一般喂八分饱即可。犬的采食量，因个体不同和季节变化而有差异。

3)定温

在通常情况下，犬最喜欢40 ℃左右的食物，此时，犬的采食表现最好，吃得快。食物过冷或过热，都会使犬的食欲下降。因此，要根据不同季节、不同气候变化，及时调整饲料及饮水温度。

4）定食具

每只犬都设有专用、固定的食具，食具不能随意串换，食具前口稍大些，有利于犬的专心采食。犬吃食后，应对食具及时清洗，定期消毒，以防传染疾病。

5）注意饮水

饮水要清洁充足、卫生达标，避免用淘米水、刷锅水等，以减少传染病、寄生虫病及消化系统疾病的发生。高温季节饮水量要多，寒冷的冬季要饮温水。

6）饲料全价

多种饲料的搭配，特别是动植物饲料的合理搭配，可满足犬不同生理阶段的营养需要。动植物饲料都要加工粉碎熟制后饲喂。

7）适当运动

适当运动有利于仔犬生长发育及种犬的繁殖。每天运动1～2次，每次30～40分钟，夏天早晚时运动，冬天中午时运动，但饲喂前后应避免激烈运动。

8）防暑防寒

由于犬的汗腺不发达、怕热，故犬舍的通风性能要好，舍顶具有较好的隔热效果，舍的周围有遮阳设施。冬季犬舍要有较好的体温条件，以减少维持体温的能量消耗，降低饲养成本。一般夏季犬舍温度在21～24 ℃，最好不超过30 ℃，冬季保持在20 ℃较理想。

9）定期防疫消毒

为了保持犬舍的卫生与干燥，减少及预防各种疾病的发生，必须每天清扫犬舍，及时清除粪便，并每月坚持一次整个养犬场的大清扫。定期对犬舍进行消毒，常用的消毒药有3%～5%的来苏儿，0.1%的新洁尔灭溶液，10%～30%的漂白粉乳剂等。喷洒完消毒液后，要立即关闭门窗，等半小时后打开门窗通风，再用清水洗刷。对患病的犬舍要彻底清除垫物，再进行彻底地清扫和严格地消毒。

1.5.2 种犬的饲养管理

1）种公犬的饲养管理

对种公犬的基本要求是：有健康的体格、旺盛的性欲和配种能力，精液品质良好，精子密度大、活力强。

（1）合理的营养

对配种任务重的公犬，采取“一贯加强营养”，即一直均衡地保持较高的营养水平。对配种任务较轻的公犬，采取“配种期加强饲养”，饲料中含粗蛋白质20%～22%，消化能12.54～12.96 MJ/kg，钙1.4%～1.5%，磷1.1%～1.5%。每天每千克体重需要维生素A110IU，维生素E50IU。每顿不要喂太饱，日粮的容积不宜过大，以免形成垂腹，影响配种。每天应供应充足的饮水。

（2）适当的运动

运动可加强新陈代谢，锻炼神经系统和肌肉，增强体质，提高繁殖能力。运动也可促进食欲，帮助消化，一般要求上午、下午各运动 1 次，每次不少于 1 小时。运动时间根据季节确定，夏季应在早晨和傍晚，冬季可在中午。

(3)合理利用

初配年龄为 1.5 ~2 岁，利用强度为每 2 ~3 天 1 次为宜。公犬和母犬的比例应为 1：(6 ~7)，即 1 只公犬可给 6 ~7 条母犬配种。

2)种母犬的饲养管理

(1)配种前母犬的饲养管理

在这期间，应采取维持状态的饲养标准，体壮的母犬应控制其体重，以免过肥，影响配种效果，从而降低受胎率和窝产仔数。对配种前母犬要保证充足运动，使之体形匀称、结实、性机能旺盛。待母犬发情滴血后，应细心观察、看护，做到适时配种。

(2)妊娠母犬的饲养管理

此期的重点是增强母犬体质，促进胎儿正常生长发育，保胎防流产。因犬妊娠期不长，饲料不宜频繁更换，避免采食量下降、食欲减退、影响胎儿生长。妊娠前期供给中等水平的饲料，妊娠后期供给优质营养水平的饲料，供给易消化，蛋白质含量高，钙、磷和维生素丰富的饲料。如增加一些肉类、鱼粉、骨粉和蔬菜等。妊娠母犬的饲养标准是：每千克饲料中含粗蛋白质20% ~22%，消化能 12.54 ~12.96 MJ，钙 1.4% ~1.5%，磷1.1% ~1.5%，维生素 A 8 000 ~9 000 IU，维生素 D 3 000 IU，维生素 E 100 mg，维生素 B_1 100 mg，维生素 C 400 mg。妊娠前期每日喂 3 次，妊娠后期每日喂 4 次，遵循少食多餐的原则。切忌喂冷食、饮冷水。

在管理上，要做到孕舍洁净、干爽、光线充足、通风良好、冬暖夏凉。保持孕舍安静，地面防滑，确保母犬行为安全。妊娠前期，每天室外活动不少于 4 次，每次 30 分钟。妊娠后期自由活动，但应避免剧烈运动，特别要严禁抽打，以免发生流产。

(3)哺乳母犬的饲养管理

母犬产后 6 小时，不喂任何食物，只需清洁饮水。分娩后 3 ~4 天，由于母犬体质虚弱、代谢机能较差，应喂营养丰富、易消化的稀质流食或半流食，如鸡蛋、肉汤、稀饭等。饲喂要定时、定量，每次喂量要少，可增加 1 ~2 次饲喂，有利于生理功能恢复，也可避免母犬为满足泌乳需要而贪食，引起消化不良，降低泌乳量。产后 5 ~7 天，母犬已度过体质虚弱期转入哺乳期，可按妊娠母犬的饲养标准饲养。在整个哺乳期内，要增加饲料喂量，每日早、中、晚各 1 次，必要时夜间增喂 1 次。要增加动物性蛋白饲料，如碎肉、蛋类等，骨粉喂量也可适当增加。哺乳母犬的饲养标准是：每千克饲料中含粗蛋白质 22% ~24%，消化能 12.96 ~13.38 MJ，钙 1.4% ~1.5%，磷 1.1% ~1.5%。

在管理上，对哺乳母犬应经常进行清洗梳理工作，每天用消毒药水浸过的棉球擦洗乳房 1 次，然后用清水洗净、擦干。对泌乳不足的母犬，除增加含蛋白质丰富的、易消化的饲料外，经常按摩其乳房，以促进乳腺发育、增加泌乳量。天气好时，母犬每天 2 次户外活动，每次 30 分钟，但应禁止剧烈运动。犬舍每半个月消毒 1 次，应经常保持干燥、清洁、卫生，尽量给产房创造一个安静环境，避免噪音和强光刺激，保证母犬有一个良好的休息、哺乳和进食的环境。

1.5.3 仔犬的饲养管理

从出生到断奶前的犬称为仔犬，即为哺乳阶段的犬，一般为45天，出生初期的仔犬只能靠嗅觉和触觉来行动，10～14日龄才睁开眼睛，17～21日龄才能看见东西，行动极不灵活，软弱无力、怕压，体温调节能力较差、畏寒，消化机能不完善、易饿，还缺乏主动免疫能力。而仔犬生长发育快，10日龄的仔犬体重已是出生时的2倍，而正常的母犬泌乳量一般在分娩后21天左右才达到高峰。为了确保仔犬正常生长发育，在饲养管理中要做到：首先，对仔犬仔细检查，精心护理，及时了解仔犬的健康状况，以便采取必要的措施，提高仔犬的成活率。其次，让仔犬吃足初乳，固定乳头，母犬产仔后1周内所分泌的乳称为初乳。初乳黏稠，色泽偏黄，含有丰富的蛋白质、维生素和矿物质等营养物质，尤其是蛋白质、胡萝卜素、维生素A和免疫球蛋白的含量相当高，是常乳的几倍至十几倍，是仔犬从出生到45日龄阶段抗病力的保障。同时，初乳的酸度较高，含有镁盐、溶菌酶和K-抗原凝集素，具有轻泻作用，有助力于仔犬排除胎粪。再次，及时补料，注意补铁，从生后第10天开始，应采取补饲措施。从10日龄开始补水，15天左右补料，可把米汤倒在小盘子里让仔犬舐食。在20天左右，可用稀饭。25天可在稀饭中加入饲料，饲料从20～30 g逐渐增加到200～300 g，每天分3～4次补饲。90%的仔犬在出生15～20小时后就会出现不同程度的贫血，导致被毛粗乱，皮肤苍白，发育迟缓，生长不良，其主要原因是缺铁所致。故需除给哺乳母犬饲喂含铁丰富的饲料外，还要在仔犬3～7天内进行补铁，每只仔犬肌注1 ml补铁王或富铁力等铁制剂。

在管理中要注意保温，1～14日龄适宜的温度为25～29 ℃，14～21日龄适宜的温度为23～26 ℃；仔犬身上容易污染弄脏，初期母犬能及时舐去，以后工作人员每天应用软布片擦拭仔犬的身体，除去污物；注意观察新生仔犬的脐带愈合情况；人工刺激新生仔犬排便；当母犬泌乳量不足时做好人工哺育或寄养工作。生长后21天左右，应进行一次驱虫。

1.5.4 幼犬的饲养管理

出生45天至8月龄的犬为幼犬。幼犬已完全独立生活，并处于增大躯干和增大体重的重要时期，同时也是体内母源抗体不断减少、免疫机能还未健全的阶段，稍有疏漏，会引起幼犬发病，影响生长发育。刚离开母乳的幼犬，表现不安，需细心饲养，最好用肉汤或牛奶拌料饲喂。2～3月龄幼犬需防止佝偻病的发生，要适当补磷、补钙及维生素D。4～8月龄幼犬采食量增大，饲料的供给也要相应增加，但每餐只需七八成饱就可以了，过饱易造成消化不良，睡前一定要喂饱。饲养上要达到幼犬的日粮标准，饲料中蛋白质含量要达到22%，其中动物性饲料要占到30%，并要富含矿物质、维生素，适口性要好，调制一些稀、软易消化的饲料，适当地加些牛奶，每天至少喂4次，需供给充足的饮水。

在管理上需根据幼犬的体重、性别等分群饲养，一般每群4～6只，从而防止少数幼犬霸食暴食，其他幼犬吃不着、吃不饱的不均现象。要善待幼犬，对犬要和善，经常为其梳理背毛，使其感到亲和，并训练在固定地点排便，保持犬舍清洁卫生，尽量使幼犬得到充足的阳光浴。按照免疫规程,做好免疫接种工作,同时,要定期驱虫。

1.6 犬舍的建设

1.6.1 室内犬舍

室内犬舍是为饲养小型的爱玩犬建造的。犬舍可用木条、纸箱和竹篮等做成。其建造场所应满足日照充足、干燥等条件,以确保犬的健康。

1.6.2 室外犬舍

室外犬舍应建造在比较干燥的地方,因为地面过于潮湿对犬的发育和健康都会带来不良影响。建造犬舍时若用白铁皮做屋项,则受寒暑的影响较大,要尽可能用瓦片或石棉瓦等做屋项。为了通风良好,最好在南北侧墙上各开一个大窗户。用水泥建造地板,易于清扫,有利于保持犬舍清洁,其缺点是冬天较冷,因此,为便于犬就寝,犬舍的一部分地面要尽可能铺设木板。

1.6.3 犬舍的建筑

犬舍的建造应因地制宜,既要节约成本,又要便于饲料运输、饲养管理、防疫等工作的开展。应尽量选择环境清净,地势平坦、地质干燥的地方建造。犬舍的设计要充分考虑到光线充足、空气流通、冬暖夏凉、防潮排水、坚固安全等方面。最好远离厕所、垃圾堆、污水沟、家禽家畜饲养场、工厂等公害较严重及易发生传染病的地方。犬舍的构造,一般以砖瓦水泥结构为好,安装铁窗铁门,活动场需用铁丝网围起。犬舍的地面必须坚固、防潮、平整、易冲洗、易干燥、不积水。成犬应一犬一舍,犬舍面积可根据不同用途和犬的需要决定。

1.6.4 犬舍的使用和管理

①对犬舍及设施,应加强管理,经常检查和维修。不用的犬舍,应及时清理垫草,洗涮犬床,进行消毒,然后关窗锁门,以保证犬舍干净和防止设施的损坏。

②犬舍内外要每天清扫,发现粪便污物要及时清理冲洗。夏季天气晴朗时,可经常冲洗;春秋两季要定期冲洗(每周不少于1次),冬季寒冷,可减少冲洗次数或进行局部擦洗。排水沟要经常保持畅通,以防堵塞。粪便要放在指定的范围内,并进行消毒处理。

③定期消毒。除冬季外,在其他容易发病的季节,每月应进行2次消毒,传染病流行时应及时消毒,消毒液应由医疗部门配制。消毒前应将犬拉离犬舍,消毒后1小时,再用清水冲洗地面,待晾干后再带犬入犬舍。

1.7 犬的调教

1.7.1 犬调教的基本原则

犬在调教时,一般应遵循两个原则:一是循序渐进,由简入繁;二是因犬制宜,分别对待。

1)循序渐进,由简入繁

一个完整的动作不是一下能完成的,必须循序渐进、由简入繁地通过逐渐复杂化的训练过程,使每种单一条件反射组合成为动力定型,如在衔取动作中,包括"去、衔、来、左侧卧、吐"等一系列条件反射,形成一个固定的动力定型,以后只要听到这一体系中的第一信号,就会完成这一系列动作。在完成动作训练过程中,一般应经过以下3个阶段:

(1)第一阶段

培养犬对口令建立基本条件反射的阶段,只要求犬能根据口令做出动作。此时,由于是初步建立条件反射,因此,训练场所必须安静,防止外界刺激的诱惑和干扰。对犬的正确动作要及时奖励,不正确的动作要及时、耐心地纠正。

(2)第二阶段

条件反射复杂化阶段,即要求犬把每一个独立的条件反射有机地结合起来。此时,环境条件仍不应复杂,但可在不影响训练的前提下,经常变换环境,提高犬的适应能力。对不正确的动作和延误口令,必须及时纠正,用强制手段适当加强机械刺激的强度。对正确的动作,一定要奖励。

(3)第三阶段

环境复杂化阶段,就是要求犬在有外界引诱的情况下,仍能顺利执行口令。为此,在进行鉴别训练时,为使犬的大脑活动保持高度集中,仍应在安静的环境中训练,以免影响鉴别的准确性。同时,应注意因犬而异,训练条件难易结合、易多难少的原则,培养犬适应复杂环境的能力。

通过以上3个阶段的训练,犬的各种能力虽然基本形成,但还不能完全适应实际需要。因此,必须根据所在地区的气候、地理环境、条件等情况,有计划地不断进行强化适应性锻炼,以提高犬的能力。

2)因犬制宜,分别对待

每条犬的神经类型、个性及饲养目的不同,在训练中应根据犬的不同神经类型所具备的不同特点,分别进行调教和训练。

(1)兴奋型犬

这种犬的特点是:兴奋比抑制过程强,两者不均衡,形成兴奋性条件反射快而巩固,形成抑制性反射则慢而易消失。因此,在训练中主要是培养、发挥其抑制过程,不要急躁冒进,以免引起不良后果。在每次训练前,给予充分的游散或适当地做一些基本项目,以降低兴奋性。

(2)**安静型犬**

这种犬的特点是:兴奋和抑制过程都比较强,而且均衡,具有较强的忍受性,但转化灵活性较差,其抑制过程相对要比兴奋过程稍强。也就是说,在训练过程中形成抑制性反射较快,而且形成的反射也较巩固。所以,在训练中应着重培养犬的灵活性并适当提高其兴奋性。对这类犬不能操之过急,应该沉着、冷静、耐心地进行训练。

(3)**被动防御反应型犬**

这种犬的特点是:遇到惊吓或害怕的事物,就会采取消极的被动防御,影响训练的进行。对于这种犬,主人接近它时,一要用温和的音调和轻巧的动作,防止突然惊吓,使之长期不敢接近主人而影响亲和关系的建立;二要遇到犬害怕的事物,采取耐心诱导的方法,使犬逐渐消除被动状态并使之适应。

(4)**探求反射较强的犬**

这种犬对于周围环境中的某些新异刺激很敏感,经过多次接触,仍不减退和消失,对待这种犬应注意多进行环境锻炼,使之逐步适应。每次训练前,先让犬熟悉环境,尽量选择清静、无外界刺激诱惑和干扰的训练场地。训练中出现探求反射时,主人要设法把注意力引到训练科目上来,也可适当使用强制手段抑制探求反射。

(5)**食物反应强的犬**

应充分利用所长,多用食物刺激进行训练。但食物反应强的犬,容易接受各方面的食物,影响有关科目动作的建立。一条训练良好的警犬或玩赏犬,应拒食别人给的食物且不随地捡食。因此,要加强"禁止"训练,使犬养成良好的习惯。

(6)**凶猛好斗的犬**

这种犬基本上属于兴奋性高的犬,要适当加强机械刺激,发挥抑制过程,在管理训练中要严格要求,加强依恋性、服从性和扑咬训练,以充分利用其长处。但要防止乱咬人、畜。对于少数凶猛而胆小的犬,应加强锻炼,防止过分刺激,使犬逐渐变得胆大。

1.7.2 调教的基本方法

1)机械刺激法

机械刺激法是利用器具,在犬不听指令时用来控制其行为的方法。最常用的机械刺激法是拉牵引带。在犬受训时,如果不按主人的意图行事,可以拉牵引带,迫使其不能做违背主人意愿的事。其缺点是:运用了较强的刺激后,会使犬对训练者的信任感和依恋心理遭到挫伤,结果常常引起犬害怕训练员,非常驯服地完成训练任务,但对训练科目没有丝毫兴趣。因此,训练中一般中等强度的刺激比较适宜。

2)食物刺激法

食物刺激法是在犬受训成功或吸引其注意力时给予食物奖励,调动其训练积极性。如果只训练,忽视奖励,犬会觉得训练是一件极没有意义的事,一切训练手段都是徒劳的。食物可以刺激犬的条件反射,让它知道如果听话就有好处。这种方法能够使犬迅速形成条件反射。其缺点是:不能保证在工作中不间断,有很多犬在吃饱后对工作失去兴趣,完成任务极不彻底,缺乏坚韧精神。

3)机械刺激和奖励结合训练法

这种方法是在犬拒绝接受训练时用机械法强迫其按指令行动,同时在动作成功或有起色时要给予奖励。如果机械刺激的强度过大、过频繁,会使犬产生相反的反射,从每次受训开始就恐惧、躲避,记不住动作的要领。因此,奖励是必需的,但要适量,如果奖励过多会影响正常食欲,也不利于以后的训练。可以结合抚摸和口头表扬,达到奖励的目的。此法是在训犬过程中为最基本和最为通用的方法,能使训练人员和犬之间建立最牢固的关系。

4)模仿训练法

这是一种利用训练有素的犬来影响和带动被训练犬完成某项动作的方法。这种方法可以生动有效地让犬明白要做什么,训练效果有时是机械刺激法所不及的。

1.7.3 调教的基本内容

1)良好生活习惯的调教和训练

(1)名字的认同

2月龄幼犬就可对其进行训练。主人给犬起名以2个字为宜。每次喂食前轻呼其名,再抱起来,然后饲喂,如此经2周左右再呼其名,幼犬便会有所表示。此时,主人应轻拍其脑门,抚摸其背部,并用食物奖励,再过一段时间,犬就会记牢自己的名字。

(2)友好关系的建立

主人应从犬的幼龄时,就经常给犬洗澡、修指甲、喂食,行为举止要对犬友善,在接触中逐渐与犬建立深厚的感情,这是以后训练诸项科目取得成功的首要条件。

(3)安静休息的训练

宠物犬对它的主人十分依恋,常会安卧在主人的脚旁,晚上,当主人上床休息时,犬还会呜咽或哭叫,影响主人的休息,因此,对宠物犬安静休息的训练必不可少。其方法很简单,只要在犬窝的旧衣服下放只小闹钟,迫使犬进窝休息,此时主人也熄灯、上床睡觉,经几次训练后,因犬有闹钟的滴答声做伴,不会感到寂寞,当主人每晚熄灯后,犬就会自动进窝休息,再也不会乱跑、乱叫了。待犬形成习惯后,就可拿掉小闹钟。

(4)定点、定时进食的训练

宠物犬进食应固定地点、固定时间、固定食盆,未到吃食时间应让犬等待,不能让犬在食盆中捡食吃,还需规定用食的时间,不能让犬边吃边玩、吃吃停停。同时,还应使犬养成不乱吃食的好习惯。犬每次进食用15~30分钟就足够了,主人可用铃或口令作信号,指挥其定时进食。若犬在规定时间内没有吃完饲料,主人就要把饲料连同食盆一起收藏起来。让犬等待进食的训练方法是:当犬在食盆旁坐下后,犬一般都急于吃食,此时,主人可用手掌挡在犬的脸部面前,并发出"等一等"的命令。稍停片刻,再发出"好了"的命令,让犬自由吃食。刚开始训练时,不能让犬等的时间太长,应慢慢延长。如果主人还未发出"好了"的命令,犬就迅速地吃食,主人应给予斥责或拉紧项圈轻打它的头面部,以示惩罚。经反复训练"等一等"后,直至犬每逢喂食都能做到先坐下等待为止。

对于犬的进食，有必要防止其乱捡食、乱吃食或偷吃不该吃的东西。其训练方法包括两种：一种是在散步的路上或家中随意摆放一些犬所喜吃的食物，然后再牵着犬经过。当主人发现犬即将吃食时，立即用力拉绳索，再高声发出“不行”的命令。如这时犬已将食物咬住不放，主人也要用手强迫取下，并大声斥责和叩打其头、嘴等处。经反复训练，直至犬对路旁的食物能做到闻而不吃，才可不用绳索进行训练，此时方算训练成功。另一种是让一个陌生人手拿食物引诱犬，当它企图吃食时，主人马上拉紧绳索，并大声斥责。经反复训练，直至犬在自由状态下也不接受外人的喂食为止。

(5)定点、定时大小便的训练

由于宠物犬在家中饲养，因此必须让它定点、定时大小便。即使是外出散步，也应养成不随地大小便的习惯。为训练犬能定时、定点大小便，家中先要准备一个便缸或辟出一个固定排便的地方，如卫生间或庭院角落等。因犬有进食后就排便的习惯，所以应从小对犬进行训练。犬在吃食后不久，就会在室内不安地来来去去徘徊，此时，主人要立即领它到指定的排便地方，并发出“上厕所”的命令，并守候在旁等它排便。如果排错地方，主人就要及时发出“不行”“停”的口令，并加以轻打，以示处罚。

犬排尿与进食无关，但排尿的次数较多。犬在排尿前，通常会在室内边走边嗅，绕行2~3圈后，就会蹲下排尿。此时，主人应在它绕行时就大声发出“停”“不行”的口令，然后带它上厕所。如犬一旦疏忽没有到指定地方小便，就要及时予以处罚。处罚方法是：先将犬鼻按在排泄物上，再进行叩打和斥责，处罚后，主人要及时清除排泄物，洗刷干净后，再洒上除臭剂或来苏儿等含有浓烈气味的消毒剂，使犬再也不会在这个地方排尿。当犬在固定地方小便后，要及时清理小便，并用水清洗，但应残留一些尿的气味，以方便犬再能循味而来，特别是训练初期更应如此操作。如果犬使用的是专用便器，应在专用便器内铺上碎纸、木屑、干沙等作为垫料，每天清洁1~2次。

(6)不乱咬人、畜、禽的训练

主人把犬牵到公共场所或有畜禽的地方，松开训练绳后，任其活动，观其动向。如发现犬有扑咬动作时，立即可用带有威胁性的声音呵斥“不行”“不许这样”的口令，同时，再猛拉训练绳，当犬停止扑咬时，主人应立即用“好”的口令或以抚摸等方式加以奖励。经多次训练，效果就会非常明显。

(7)不乱吠的训练

无论是白天或黑夜，犬乱吠总是惹人讨厌，对其必须进行不乱吠的训练。其方法是：当犬乱吠时，立即严厉斥责，呵斥其“停止”，同时，给予抚摸，让它的情绪慢慢地安定下来。主人也可用报纸卷成棒状，当犬吠叫时立即叩打它的头部，并加以斥责，如犬能按主人的意愿停止吠叫，就应及时给予它表扬或奖励。

(8)回窝的训练

训练宠物犬回窝的方法是：主人把犬牵回窝内，在发出“回窝”口令的同时，将犬放在睡垫上，并按压它的屁股，示意它躺下。若主人走开，犬也跟着走开时，立即按压或叩击它的屁股，并发出斥责“不行”。如犬能听话回窝，并能静卧，此时要予以抚摸、表扬。经过反复训练，犬听到回窝的命令后，自己就会乖乖地回窝休息。

2)基本动作的调教和训练

(1)"来"或"过来"的训练

在喂食时,主人呼唤犬的名字,并发出"来"或"过来"的口令,右手作"来"的招手势,左手将绳索往后拉。当犬来到身边时,主人发出"好"的口令,以示表扬,并令犬坐于左侧,用手抚摸其头颈和身体。经反复多次,便可获得成功。训练初期,有的犬对口令和手势没有反应,此时则应采用能引起犬兴奋的动作,如拍铃声和玩具等,以引起犬的兴趣,刺激犬走过来。有的犬听到口令后四处乱跑,此时,主人应发出带有威胁音调的口令,拉训练绳迫使它过来。

(2)"坐下"的训练

"坐下"的训练必须分3步进行:第一步是将犬牵引至主人左侧站立,随即发出"坐下"的命令。此时,右手上提项圈,左手压按犬腰角,强迫它坐下。当犬坐下时,应给予食物、抚摸和表扬等奖励。经几次训练后,犬就能养成"坐"的习惯。第二步是近距离训练。将犬牵在主人的正前面,左手握住牵引绳(也叫训练绳),右手做出"坐下"的手势,左手迫使犬坐下,犬坐下后即给予奖赏,经反复训练,犬听到主人命令或见到手势后就会立即坐下。第三步是远距离训练。使犬在主人远离时也能较长时间地坐着。训练方法是:先让犬在主人身边坐下后,主人才慢慢地离开犬1~2步远,如此时犬有起立或走动的表现时,主人应再次立即重复"坐下"的口令,并提起绳子,迫使犬返回原位坐下,然后再按上述方法进行训练。如犬能在主人离开后还能坐上3~5秒钟不动,就应给予奖励。以后就可逐渐延长犬坐的时间。当犬能自行坐下5分钟时,即可逐步增大人与犬的距离,并去掉绳索。最后就实现列犬离主人20米以外时还能坐着不动的训练目标。

(3)卧下的训练

此动作应在学会坐下动作后进行,其训练方法是:主人先让犬坐在左侧,然后主人的右腿向前一步,身体则向前下方弯下。此时,右手持食物对犬进行引诱,当犬表现为获取时,就乘机将食物慢慢地向前下方移动,同时发出"卧"的口令。当犬卧下时,就可用食物加以奖励。经多次训练,随着条件反射的形成和巩固,就可将食物刺激取消,主人仅以口令或手势就可命令犬卧下。另一种训练方法是:使犬在主人的左侧坐下后,主人的左腿后退一步,并呈蹲下的姿势,然后两手分别握住犬的两前肢,再发出"卧"的口令,双手拉着犬的两前肢向前平伸,同时再用左臂压迫犬的肩胛,当犬正确卧下时,可立即给予奖励。此后,可让犬在一定距离内,在主人口令和手势的指挥下很听话地做卧下动作,直至卧下动作能坚持5分钟以上。

(4)"游散"的训练

所谓"游散"就是让犬在主人的指挥下进行自由活动,这种训练可缓解犬的紧张神经,也是对犬的一种奖励方式。开始训练时,主人收紧牵引绳,先带着犬奔跑一段路,让犬兴奋起来后,再发出"游散"的口令,语调应温和轻松,同时放松绳索,让犬自由活动几分钟后,再使犬回到主人身边,给予奖赏。经若干次训练后,就可解除绳索,让犬自由地尽兴活动,但必须做到招之即来。此外,活动范围不宜超过离主人20米远。若离得太远,就应立即召回。

(5)“随行”的训练

“随行”是使犬靠近主人的左侧并排行走散步。训练时,应在室外平坦、宽阔、清静的地方,主人手拉牵引绳,让犬依傍在左侧,并发出“靠”的口令,以较快的步伐行进。行进中,当犬超前或落后时,再发出“靠”的口令,或用绳子进行纠正,经过几次训练后,主人就可放松绳索,并逐渐改变步速,或在较复杂的环境中继续进行训练,直至主人不用绳索也能使犬在口令的带领下,在主人的左侧、不前不后地行进。

(6)前进的训练

其训练方法是:先让犬在清静的地方坐下,主人向前走出20米时,做出假放物品的动作后,再迅速返回犬的右侧,然后以口令“去”和手势(主人取左腿跪下姿势,右臂平伸向前,手掌指向前进的方向)令犬前进。当犬到达假放物品的地点后,令其坐下,主人再迅速给犬予以奖励。经过反复训练,以后主人只需用口令和手势,即可使犬前进。

(7)等待的训练

这一训练可在主人带犬散步时进行。先让犬坐下,然后主人发出口令“不准动”。此时,主人可拿起牵绳的末端,再缓慢地后退,并绕犬的周围走一圈。如果犬改变了原来坐的姿势,就应从头开始训练。经多次训练后,主人就可放开牵绳走到更远的地方,让犬在原地耐心地等待。

(8)两腿“站立”的训练

这种训练是主人先让犬坐下,然后发出“立”的口令,同时做出右臂自下而上、向前平伸、手掌向上摆动的手势。紧接着,主人的右手握住项圈或提牵引绳,再将左手伸向犬的后腹部向上托,迫使和协助犬站立起来,随后松开手。此时,如果犬还能站立片刻,就应立即给予奖励,如在训练时,犬一时掌握不住重心、不能站稳,主人可利用墙、柱等让犬靠着,再用食物引诱它慢慢地离开墙、柱而自行站立。训练中,当犬听到“立”的口令能两腿站立时,主人可立即离开犬的身边,以锻炼它站立的持久能力。在此基础上,再经多次训练,犬就能单独按主人的口令或手势较长久时间地进行站立。

(9)作揖

在“站立”的基础上进行。训练时,主人站在犬的对面,先发出“站”的口令,当犬站稳后,发出“谢谢”的口令,同时一只手抓住犬的前肢,上下摆动。重复几遍以后,给予抚摸和食物奖励。然后与犬拉开一段距离,发口令时,不再用手辅助。如果犬不会做,则再重复数次,直到犬会做为止。训练开始时,可以加点简单的手势,但要防止犬对手势所产生的条件反射。当动作很稳固以后,只要发出“谢谢”的口令,站立和作揖这一系列反射活动会一气呵成,而无须发两次口令。

(10)“伸手”和“握手”的训练

这一训练主人可先让犬坐下,与犬面对面,主人随即发出“伸右手”或“握手”的口令,再用右手轻轻摸犬的右前肢。此时,如犬抬起右前脚,主人就用右手握一握它的脚掌,随即给予奖励。经过多次训练后,只要主人发出口令并伸出右手,犬便会自觉地伸出右前脚供人握。最后,只要主人一发口令或一伸手,犬就会立即伸出右前脚。右肢训练成功后,就可再训练左肢。

(11)"跳跃"的训练

训练"跳跃"时,可先跳30~40 cm高的小板桥,将犬牵离小板桥4~5 m处,主人带着它向小板桥方向奔跑,当即将接近小板桥时,主人发出"跳"的口令,同时稍用力,提起牵引绳向小板桥的斜上方拉起,犬就会一跃而过,当犬跳过后应给予奖励。经几次训练后,就可解除绳索,让犬在离障碍数米处坐下,主人站在障碍的另一边,再手拿食物进行引诱,同时发出"来"的口令,让犬朝自己的方向奔跑过来;当接近障碍时再发出"跳"的口令,犬就会跳过障碍,此时,可用食物奖励它。经多次训练练后,只要人站在障碍物旁边,用手向犬一挥,并发出口令,犬就会顺顺当当地跳过障碍物。往后,再逐步增加障碍物的高度,或将障碍物进行变化,如跳栅栏、跳高架、跳圆环等。

(12)上下障碍物的训练

训练这一科目时,主人可将犬带到阶梯前,发出"上"的口令,同犬一起登上平台。在上登过程中,再不断发出"上"和"好"的口令。当犬登上平台后,即予以奖励。之后,主人发出"下"的口令,带犬慢慢下来,在下的过程中,要不断发出"下"和"好"的口令。此外,在训练中也可用食物进行引诱,即把食物放在平台上或摆在阶梯的各层,然后发出"上"的口令。当犬学会上阶梯后,就可进一步训练它根据口令和手势自行上下。其训练方法是:令犬距离阶梯1 m处面向阶梯坐下,此时,主人发出"上"的口令并做出向上的手势,如犬的表现犹豫不前,主人应提高音调重复喊出口令,待犬上去后,稍停一会,主人再发出"下"的口令,并装出要离开的样子,诱犬下来。当犬能按主人意愿上下时,要及时给予奖励。当犬学会能在阶梯上单独上下后,就可进一步训练登天桥,走独木桥等,其训练方法同上。

(13)"匍匐"的训练

当犬学会听口令能做出"坐下""卧倒"的动作后,就可进一步训练它"匍匐"前进。主人先令犬卧下,在发出"匍"的口令时,两手前伸,掌心向下,做一伸一缩的拉锯状动作。此时,如犬能匍匐前进就给予奖励:如犬不会匍匐前进而成站立状,此时则应再令其卧下,并以左手按压其背部,强迫其匍匐前进。经反复训练,犬就能在口令或手势的指挥下匍匐前进了。

(14)"衔取"的训练

"衔取"是多种训练科目的基础,对宠物犬来说,也是经常训练的一个动作,其目的是训练犬能将物品衔给主人。衔取的训练比较复杂,其内容包括"衔""吐""来""鉴别"等。因此,训练必须分步进行,逐渐形成,决不能操之过急。

对犬先要训练其"衔""吐"的条件反射。最初应能让犬咬住小棍子或小皮球之类的物品,并发出"衔"的口令,若它衔不住,主人可将小物品强行塞入它的口中并用手帮助其咬紧,使其能在"衔"的口令下咬住物品。然后再训练它"吐"的动作。先让犬衔一会儿小物品,主人发出"吐"的口令,此时如不吐出来,主人就应用手取下,如能自动吐出,则应给予奖励。当犬学会"衔"和"吐"后,就可结合"来"的训练动作,将所衔的小物品走过来交给主人。接下来的训练,就是主人用手势指物并发出口令,让犬按主人的指挥叼回小物品,或接住主人抛出的小物品再衔交给主人。此时,还可用诱导法进行训练:先选择一个清静的环境,再选择一个容易引起犬兴奋的小物品。主人的右手持小物品,并不断地在犬的面前摇晃,引起犬的兴奋,随之立即抛出1~2 m远,再立即发出"衔"的口令。在犬即将到达小物品前,主人还应重复发出"衔"的口令。如犬能衔住物品,应给予"好"的口令,并加以抚拍,当犬衔住小物品片刻(约30秒)后,主人即应发出"吐"的口令。接下小物品后,主人应给予食物奖励。经反复多次训练,即可形成条件反射。在此基础上,主人方可对犬进行衔取抛出物和送出物品的训练,还可训练其具有鉴别式和隐蔽式的衔取动作。在训练衔取抛出物时,应结合手势(右手指向所要衔取的物品)。当犬衔住物品后,应马上发出"来"的口令;当犬吐出物品后要给予奖励。如犬衔而不来,则可利用训练绳强拉犬前来。

鉴别式的训练方法是:先将相近的几件小物品摆放在一起,再把犬牵到离物品5 m处的地方坐下,主人从中取出一件小物品(先取犬常衔的),再在犬面前晃几下示意,然后再放回原处,令犬在众多小物品中挑出指定的那一件。如它鉴别成功,则应给予奖励;如发生差错,应令其吐出,并稍加指责,再重新进行训练。经几次训练后,犬就能准确地衔回主人所指定的物品。

隐蔽式的训练方法是:先让犬坐下后,主人取一件物品让犬看看、嗅嗅,随即将物品送出30 m以外的隐蔽之处,原路退回后,主人再令犬衔回。成功了应给予奖励,若衔不回来,主人就应引导它衔回,经反复训练,直至成功后,就可将小物品藏在地毯下或箱子里,再次训练犬能正确的衔回。与此相反,如是他人抛出的物品,则要训练犬不去衔取。训练的方法是,由助手抛物或发令,若犬主动去衔回时就要给予制止及惩罚,经反复数次后,犬就不会衔取他人抛出的物品。

1.7.4 影响调教和训练的因素

1)主人的影响

在影响犬调教和训练的诸多因索中,主人对其影响最大,因犬在日常生活与饲养管理中,与主人接触的时间最长,并对其极为信任,还有依恋性,它在很大程度上受主人的支配——主人的外貌(面部表情,思想情绪等)、行动、声音和气味等都已成为对它的各种刺激,并可形成各种条件反射。如处理不当,会直接影响训练效果,归纳起来有以下几个方面:

①如对犬提出了过高的要求,常使犬在训练中受到挫折,并受到损害。如犬在无意中做错了事,主人就用威胁的音调痛骂一顿,还用绳抽打以示惩罚。这样,以后犬再听到主人的"来"的口令,就会不听话,甚至逃避。

②将训练中用的口令与平时同犬交流的话混同使用,这样,一方面不易使犬对口令形成强烈的条件反射;另一方面,不必要的语言却成了犬的新的刺激,引起犬的探求反射,这就影响它按口令来执行训练步骤。

③调教和训练中没有执行"因犬制宜,分别对待"的原则,主人总是用同一方法、同一种条件对犬进行训练,这就使犬只能执行极简单的信号。

④"超限"训练,是指主人对犬进行过分长时间的训练,并重复同一动作或同一科目,导致犬的神经系统过分疲劳,从而拖延了训练时间,有的犬甚至就此而被淘汰。因此,训练中要劳逸结合,不要让犬有过度的疲劳感。

⑤奖励是训练成功的重要手段,但必须正确掌握,而不适当、不科学的奖励,却会起到相反作用,使犬模糊了正确与错误的界限,因此,给予奖励时主人一定要有明确的目的和针对性。

2)气候和环境的影响

(1)气候对调教和训练的影响

风向、风速、风力都可影响训练的效果,尤其对犬的嗅认能力和气味鉴别能力的影响更大,如风向可帮助或阻碍口令声音的传播。

(2)气温对调教和训练的影响

气温升高甚至超出犬的正常适应限度时,就会使犬的神经系统产生疲劳。如气温在25 ℃时,犬的呼吸加快,神经兴奋性降低,这就影响了训练效果。当气温在0 ℃以下时,气味就不能上升或蒸发,而是逐渐下沉并浮于地表,这就会明显地影响犬在进行的追踪训练。

(3)环境对调教和训练的影响

犬训练的场地环境不宜太嘈杂,如人员、车辆的流动量很大会对犬形成各种刺激,环境的各种干扰直接影响了犬的训练。

3)饲养管理的影响

(1)饲养对调教和训练的影响

饲养与调教训练有着密切的联系,只有坚持正确而科学的饲养,才能使犬参加正常的训练。如食具的不洁,饲料的不新鲜,甚至饲喂腐败变质的食物,饲喂不定量,不定时,又不保持一定的营养标准,都能直接或间接地影响犬的调教和训练。

(2)管理对调教和训练的影响

对犬的管理不严格,甚至放任自流,纵犬与其他犬咬斗,或纵犬去追逐其他小动物等。犬的任性直接或间接地影响了对它的调教和训练,因此,在犬的管理中,要密切注意它的行动,以严防误咬事故和私自交配等情况的发生,提高训练的进度和水平。训练时的场地应干净、平整。训练之前要先让犬大小便,训练后也应让犬及时排便,并清除犬身上的污物,保持清洁,以确保犬的身体健康。

本章小结

本章结合图文详细地介绍了宠物犬的生物学特性、国内外代表品种、营养需要、繁育、日常管理及基本调教等方面的知识和技能,使学生对犬进行全面、深入地了解,为今后从事宠物犬的饲养工作打下基础。

复习思考题

1. 犬的生物学特性有哪些?
2. 列举出在日常生活中见到的宠物犬的品种及其形态特征。
3. 犬的正常生长需要哪些营养物质?
4. 怎样选购种犬?
5. 如何判断犬是否妊娠?
6. 幼犬的饲养管理过程中需要注意哪些问题?
7. 怎样进行犬的调教和训练?

第2章

宠物猫

本章导读：本章以国际国内常见猫为主线，详细介绍了猫的生物学特性、品种、繁殖生理、饲养管理及调教等方面的内容。宠物猫天资聪颖、活泼可爱，在国内外日益受到人们的关注，在某些发达国家其饲养量已超越了犬。

2.1　猫的生物学特点

2.1.1　猫的分类与分布

家猫的祖先大约出现在3 500万年前的史前时代。关于其起源一般有两种说法：一是认为猫的祖先是一种生活在树上的动物——古猫兽；另一种说法认为猫的祖先是与恐龙同时存在并目睹恐龙灭绝而自己存活下来的一种哺乳动物。普遍认为前者的可能性大些。猫真正进入人类的生活是在人们过上较为稳定的农耕生活时代。随着人类的驯化，猫逐渐改变其野生习性演变成现在的家猫，但仍有部分未被驯化的猫，人们称之为野猫。

猫分布于世界各地，是一种几乎专门以肉食为主的哺乳动物，属食肉目，生活在除南极洲和澳洲以外的各个大陆上。人们将其分为4个亚科，即猎豹亚科、猫亚科、豹亚科、猞猁亚科，共36种。而在此我们主要介绍的是猫亚科。

2.1.2　猫的形态解剖及生理学特点

1)运动系统

猫的运动系统由骨骼、骨连接以及肌肉构成。它们在神经系统的控制下与其他系统配合，是全身的支架，对机体起着运动、支持和保护的功能。

(1)**骨骼**

猫的全身骨骼有230～247枚，主要分为：头部骨骼、躯干骨骼、尾部骨骼以及四肢骨骼。猫的骨骼非常强健，但是骨的重量很轻，这一特性决定了猫能成为优秀的猎捕动物。

(2)肌肉

猫的肌肉健壮有力,是运动系统的动力部分。根据其所在的部位可分为头部肌肉、躯干肌肉和四肢肌肉。

2)被皮系统

猫的被皮系统由皮肤及其衍生物组成。

(1)皮肤

皮肤由表皮、真皮和皮下组织构成。猫的全身被皮肤包裹,既能保护深层的软组织,以阻挡外界有毒有害物质的入侵,对机体起着重要的保护作用。猫在生活中能感受外界的刺激,如冷、热、痛、压等,全凭皮肤层存在着对各种感觉的接收器,我们称其为"感受器"。同时,皮肤还具有吸收、分泌、修复、排汗等功能,对于体温调节、维持水盐代谢、合成维生素 D 和储藏脂肪都起着不可缺少的作用。

(2)被毛

被毛是皮肤衍生物的一种,它是角质化的表皮,除了保护机体之外,还能起到美观的作用。毛长到一定时期会因缺血而失去生命力,但是新的毛发会重新长出,因此,猫每年都会换毛 2 ~3 次。

3)消化系统

猫的消化系统由口腔、咽、食管、胃、小肠、大肠和肛门组成。将食物分解成为可吸收的小分子物质的过程称为消化。各种食物的消化产物以及水分、盐类等通过消化道上皮细胞进入血液和淋巴的过程称为吸收。猫的口腔是消化道的起始部位,具有采食、吸吮、咀嚼、吞咽等功能,其中,舌部被覆黏膜与乳头,能够品尝出不同的味道。牙齿是身上最坚硬的器官,具有撕咬功能,其生长发育需要经过两个阶段,即乳齿阶段和恒齿阶段。乳齿时期共生 26 颗牙,恒齿时期共生 28 颗牙,与犬一样,猫的犬齿也非常的锐利。

4)呼吸系统

动物机体从外界吸收氧气、呼出二氧化碳的过程称为呼吸,其间经由鼻、咽、喉、气管、支气管和肺等组织器官。而鼻、咽、喉、气管、支气管只是作为呼吸通道,因此称为呼吸道。肺是容纳气体和气体交换的场所,是呼吸的核心器官。

5)泌尿生殖系统

为了维持体内平衡,猫在新陈代谢的过程中会产生各种代谢废物及水并排除体外。这些废物需通过呼吸、消化以及泌尿等器官完成排泄,其中以泌尿器官为主。猫的泌尿系统由肾、输尿管、膀胱和尿道组成,肾脏的作用是分泌尿液,输尿管将尿液运送到膀胱储存,最后由尿道排除体外。

当猫身体发育成熟后,出现生育能力繁衍后代称之为生殖。一般雄性生殖系统由睾丸、附睾、输精管、精索、副性腺、尿生殖道、阴茎、包皮、阴囊组成。雌性生殖系统由卵巢、输卵管、子宫、阴道、尿生殖前庭和阴门组成。猫的生殖需要通过雌雄交配在雌体内完成孕育。

6)感觉器官

猫的感觉机能非常灵敏,包括视觉、听觉、嗅觉、味觉、触觉等。

(1)视觉

猫的视觉系统发达,两只眼睛的共同视野在200°以上,是人的2倍。白天光线较强时,猫的瞳孔会眯成一条缝隙,而在夜间瞳孔便会张开,因此,即使在黑暗的夜间也能准确地分辨出物体。但是,猫与犬一样都是色盲,在它的眼睛里只有深浅不同的灰色。猫只能看见光线变化着的物体,如果光线无变化,猫就什么都看不见,所以,猫会经常转动眼珠使景物移动起来以保证看清物体。如果仔细观察可发现,猫具有的第三眼睑能横向闭合,保护它的眼睛免受外界环境的影响,因此,在日常护理时应特别注意。

(2)听觉

猫的听觉十分灵敏,有些人听不到的声音它能轻松听到。猫的耳朵大多数是竖立且耳廓向外呈180°旋转,因此,在头不转动的情况下,猫的耳朵像雷达一样收集外界的信号。它能通过听觉记住主人的声音(如脚步声、呼唤声等),还能根据声音的来源准确定位。当然,有的猫先天性耳聋,但是它们同样可以通过脚垫来感知地面的震动,所以,自古以来人们都认为猫能预测地震的到来。

(3)嗅觉

猫的嗅觉灵敏异常,主要通过嗅觉寻找食物、辨认朋友或敌人、辨识自己的子女以及寻找发情期的同类。

(4)味觉

猫的味觉也非常发达,能感知酸、苦、辣、咸等味道,但是对甜不敏感。如果食物稍有变质,猫便会拒食。

(5)触觉

猫的触觉非常独特,主要依靠其胡须的震动来感知外界的压力,甚至在某些情况下充当了眼睛的角色。猫胡须的另一功效便是在它钻洞的时候,可以起到尺子的作用,避免身体被洞口卡住,因此,在护理时应小心照顾。

2.1.3 生活习性

1)食性

野猫以肉食为主,在野外捕食老鼠、青蛙、鱼等活物。经人类长期驯化成为杂食动物,但仍以食肉为主。一般在日粮配置时应保持较高水平的蛋白质饲料。

2)智力

猫天资聪颖,智力较高。在进入陌生环境时能很快适应,特别是纯种的猫与人的感情非常亲密,能很快适应家庭生活。猫的聪明还表现在其记忆力极强,能记住主人的声音、气味,能记住家里的成员,能找到回家的路,甚至还能“举一反三”,比如它能学会开关水龙头等。

3)性格

猫的独立性很强,喜欢孤独而自由地生活,不喜欢被人捉抱,因此,我们常常能看见猫爬高攀岩而不像犬一样忠实地蹲在主人的身旁。猫还会表现出超强的嫉妒心,一旦食物、领地受到威胁,它会奋起反抗,发出尖厉的叫声以示威。除了同类之外,有时它还会嫉妒家中的小孩,如果主人长期对孩子爱抚而不理会它,猫会非常不开心,表现出强烈的占有欲。一般情况下,猫对于主人发出的命令都会遵从,但当它不高兴或不愿意做的时候,它会非常倔强全然不理会主人的指令,有时还会做出与主人意思相反的行为。

4)睡眠

猫的睡眠很有特点,每天都会睡很多次,但嗜睡易醒,每次基本不超过1小时。猫会选择环境进行睡觉,有时在地上,有时在房檐上,有时在窝内,只要自己认为是安全的环境就可入睡。因此,在家养猫时,一定要给它准备一个干净而舒适的窝,以适应家庭生活。猫是夜行性动物,常常昼伏夜出,许多活动都发生在夜间,如捕食、求偶、交配等习性。所以,家庭养猫需要纠正这些行为,使之活动规律和人类接近,以便于管理。

5)爱好清洁

猫是最爱清洁的动物之一,每天它都会用爪子和舌头清洁身体、脸部,梳理自己的毛发。其次,猫还会定点排便,而且每次排便后会用沙子将粪尿埋起来,在饲养时只需给它准备一个干净的、铺着沙子的便盆即可。

6)猎捕性

猫的猎捕性是原始本能,它天生就是捕鼠能手。如今,许多宠物猫由于缺乏锻炼而功能退化,只要主人稍加引导便能成功。但是,在家庭中也要小心,猫并不只是会捕鼠,有时还能捉到蛇、鸟、鱼等动物,所以家中如果有其他宠物的话,一定要细心照料。

7)猫的语言

猫的语言分为3种:声音语言、身体语言和面部语言。

(1)声音语言

与猫交流是一个双向的过程,不同年龄的猫发声的方式和声音是多种多样的。通过猫的叫声,主人能准确判断猫处于高兴、舒服、平静、愤怒等状态。小猫大约在1周龄的时候吃东西会发出"咕噜"声,这样猫妈妈会知道小猫状态不错。当猫咪盯住猎物的时候音调就会降低,发出咕哝的喉音并配合身体的姿势。当母猫发情时,嘶叫声尤为尖厉,这是猫之间的语言交流。

不同品种的猫语言表达能力也不一样,一般来说,亚洲猫的表达能力远胜于欧洲猫,特别是"暹罗猫",它几乎可以与人"说话",是其他品种无法比拟的。

(2)身体语言

猫除了用声音表达感情之外,还能用身体语言来表达,如:尾巴直立、后背拱起、爪子抓地、瞳孔放大等行为配合声音以正确表达出自己的意思。

(3)面部语言

猫的面部表情能告诉人们它处于何种状态,感到满足的猫、恐惧的猫、敏感的猫、好奇的猫、生气的猫、好战的猫表情各不相同。当它高兴的时候,耳朵会朝前竖起,胡须放松;当它不安的时候,耳朵完全朝前,眼睛圆瞪,胡须上扬;当它胡须朝前、耳朵后压、眼睛缩成一条缝、全身毛竖起、脊背拱起或后倾,表示即将发起攻击。因此,猫的耳朵、眼睛、胡须和嘴的配合能让人正确地判断猫的讯号。

2.2 宠物猫的主要品种

猫的品种分类方法很多:根据生存的环境可分为家猫和野猫,根据生存的地点可分为外国猫和中国猫,根据遗传学可分为纯种猫和杂交猫,根据猫毛的长短可分为长毛猫和短毛猫。本节根据猫毛的长短,介绍一些常见的品种。

2.2.1 长毛猫品种

1)波斯猫

波斯猫(如图2.1和图2.2)原产于土耳其,以其性格温顺、天资聪慧、举止文雅、善解人意而闻名于世。

图2.1 波斯猫

图2.2 挪威森林猫

波斯猫的主要特征:被毛长而丰满蓬松,颜色多样,有单一色、渐变色、银灰色、鼠灰色、混杂色5大类。波斯猫肌肉发达,骨骼粗壮,脸扁平,鼻短耳小,眼大而圆,眼有绿色、蓝色、金黄色和鸳鸯色之分,且与毛色相协调,腿短爪大,在脖子周围有一圈非常明显的颈毛,其颜色有黑色、白色、蓝色、巧克力色、淡紫色等60多种色系,是世界上为人们所知时间最长的血统清楚的猫种之一。一只纯种的波斯猫售价可高达上千美元。

2)喜马拉雅猫

1984年,喜马拉雅猫得到官方认可,被英国爱猫协会归入波斯猫品种之列。该猫是由泰国猫和波斯猫杂交而成,既有波斯猫的体型、体长、优雅的姿态,又融合了泰国猫的聪明、健壮。

喜马拉雅猫的主要特征:身体短胖、胸宽深,健壮结实,毛的颜色多样且有海豹点、巧克力点、蓝点、丁香点、玳瑁点、橙色点和奶油点等多种斑点,毛长12 cm左右,头宽而圆,眼大而圆呈天蓝色,鼻短扁,胡子长,颈短而粗。

喜马拉雅猫聪明机智、热情大方、叫声悦耳,娇媚可爱,是理想的伴侣猫之一。

3)挪威森林猫

挪威森林猫就是挪威森林里的猫,这是斯堪地半岛特有的品种。

挪威森林猫的主要特征:头部呈等边三角形,颈短;耳朵中至大型,耳尖浑圆,底部宽阔,位置偏低,耳朵有很多饰毛;大杏眼,表情丰富,双眼微微上扬,绿色、金色或金绿色的色度;鼻子中等长、高鼻梁,眉间至鼻尖线条平直;额头平坦,头盖骨和颈部微弯;下巴结实,线条略圆。身体中等长度,肌肉结实,骨骼构造结实,胸部宽阔,整体身型表现力量感。腰窝深,腰围大,没有肥胖的感觉。雄猫身型较大,感觉较威风凛凛;雌猫则较小和优雅。四肢中等长度,后肢较前肢长,臀部高于肩部位置,大腿肌肉发达,小腿结实。从后面看,后肢笔直。尾巴长、毛密,相连身体部分较粗,理想长度应等于身体(颈项基部至尾巴基部)的长度,拥有长而粗的被毛较为理想,毛色有渐变色、烟熏色、双色、玳瑁色和白色。

挪威森林猫聪慧敏捷,行动机警,活泼好动,亲近人类,热爱自由,喜欢攀岩爬高。

4)土耳其梵猫

土耳其梵猫起源于土耳其湖边——梵湖,有着"土耳其游泳猫"之称,1969 年得到认可。

土耳其梵猫的主要特征:身体修长而强健,胸肌厚实,头部楔形,耳大直立,眼大呈椭圆形富于表现力,尾较长且富有致密的被毛。

土耳其梵猫性情恬静、聪明机灵,喜与人亲近,但有时会紧张,特别喜爱游泳。

5)安哥拉猫

安哥拉猫是最古老的品种之一,源于土耳其。

安哥拉猫的主要特征:毛的长度中等、纤细柔顺,在下颌、颈部、腹部具有羊毛状的内层绒毛,其余部位没有。眼睛大,间距宽,呈杏仁形,绿色,有的似鸳鸯眼。身体柔韧,弹性平衡性较好,四肢修长,尾毛呈羽状。标准颜色有纯色、玳瑁色、虎斑、烟熏色、渐变色。

安哥拉猫活泼好动,好奇心强,精力旺盛,喜与人做伴。

6)金吉拉猫

金吉拉猫主要特征:毛厚实、柔滑,触之有天鹅绒般柔滑的感觉。眼睛大而圆,呈翡翠色、橘色和青绿色,眼睑四周呈黑色或深棕色;鼻短塌陷,鼻尖呈砖红色;身材中等结实,四肢健壮,尾长。性情安静,与人亲近。

2.2.2 短毛猫品种

1)埃及猫

埃及猫(如图 2.3)起源于公元前 14 世纪古埃及,1977 年在国际爱猫联合会上得到认可。

埃及猫的主要特征:体型中等,健康结实,肌肉发达,腿长;头部稍圆,有明显的"M"形花纹,眼大呈杏仁形,颜色分为淡绿色、栗色等。毛浓密而柔滑,富有光泽,基本色有银色、淡棕色、黑色。

埃及猫性格外向,性情温驯,叫声优美,与人亲近,在家庭中只会依恋 1 ~2 个人。

图 2.3 埃及猫

2)阿比西尼亚猫

阿比西尼亚猫又称埃塞俄比亚猫,有人认为原产于古埃及法老供奉的圣猫后代,也有人认为它是由小型的非洲野猫进化而来,其外形与非洲狮很相似。

阿比西尼亚猫的主要特征:脸圆形,鼻梁高,耳大眼大,眼睛倾斜呈杏仁形,颜色有琥珀色、淡褐色或绿色。毛短而致密,纤细但不是很柔软,尾巴长短适中,毛色艳丽诱人充满层次感,十分讨人喜爱。

阿比西尼亚猫聪明好奇心强,顽皮可爱,叫声悦耳,对主人忠诚富有感情,但野性尚存,不喜欢被人捉抱。

3)东方短毛猫

东方短毛猫(如图 2.4)的祖先也来自于泰国,与暹罗猫很像,1975 年在美国得到公认。

东方短毛猫的主要特征:脸部呈楔形,毛短柔软而纤细贴于体表;眼杏仁型,眼角微微上扬呈绿色;体毛颜色和花色丰富多彩,有白色、淡紫色、蓝色、玳瑁色、虎斑纹、渐变色、烟熏色等 26 种。

东方短毛猫聪明活泼、好奇心强、个性鲜明、好动,是理想的玩赏猫种。

图 2.4 东方短毛猫

图 2.5 孟买猫

4)孟买猫

孟买猫(如图 2.5)是缅甸猫与美国短毛猫杂交而成,由于其漆黑光滑的皮毛和印度黑豹的皮毛一致,故人们用印度一个城市的名字为它命名,1976 年被公众认可。

孟买猫的主要特征:体型中等,脸圆鼻长,耳大而尖呈圆形;双眼浑圆,闪烁迷人光芒,有金色、黄色、绿色、古铜色,美国人戏称其为“铜钱眼的皮衣小子”。被毛很短伏贴,漆黑闪光,肌肉强健,四肢发达,食量很大。

孟买猫性格内向,喜欢安静,与人亲近,需要主人的关心。

5)缅甸猫

缅甸猫(如图 2.6)原产于缅甸,1936 年通过美国爱猫协会的登记认可后,又于 20 世纪 40 年代在英国得到公众认同,它与暹罗猫有着密切的亲缘关系。

缅甸猫的主要特征:该猫体毛短而浓密,纤细而有光泽,贴伏于体表;眼睛大而圆,眼距较宽呈黄绿或金色;毛色有黑褐色、香槟色和蓝色 3 种。

图 2.6 缅甸猫

图 2.7 暹罗猫

缅甸猫性格温和、聪明伶俐、活泼好动、好奇心强、诙谐幽默,喜欢与人亲近,是理想的伴侣动物。

6)暹罗猫

暹罗猫(如图 2.7)又名泰国猫,是短毛猫的代表品种之一。该猫起源于 200 多年前,只在泰国王宫与寺院中饲养,20 世纪 20 年代广泛流行。

暹罗猫的主要特征:该猫身体修长,体型适中弹性好,后肢细长,四足椭圆形;耳大而尖直立,脸部楔形;眼杏仁形眼角向上;毛色分为海豹重点色、巧克力重点色、蓝色重点色、淡紫色重点色等,被毛细致而光滑。

暹罗猫极其爱清洁,动作敏捷,聪明伶俐,善解人意,好奇心强,对人忠诚与人亲近。但是该猫表现欲极强,一旦玩性大发便不可收拾,一定需要主人陪它玩耍个够才行。

7)俄罗斯蓝猫

俄罗斯蓝猫发源于北极圈周边附近。

俄罗斯蓝猫的主要特征:被毛奢华浓密,独特的是具有双层被毛并竖立于体表,泛着银色的光芒。眼睛呈杏仁型,绿色,叫声细小。

俄罗斯蓝猫的性情安静、柔和,喜欢与人亲近,有"猫中贵族"之称。

2.2.3 特殊品种的猫

1)卷毛猫

卷毛猫(如图 2.8)分为长毛卷毛猫和短毛卷毛猫,由于其被毛呈波浪状卷曲或是波纹状而得名。卷毛猫一般体型中等,结构匀称,耳大尾长,其代表品种有雷克斯猫、柯尼斯卷毛猫、德文卷毛赛尔凯克卷毛猫,根据培育地进行命名。

2)加拿大无毛猫

加拿大无毛猫(如图 2.9)由于面部的被毛像山羊的板皮,外形奇怪,羊头狮身,所以又名斯芬克斯猫。这种猫独特的地方就在于没有体毛,被毛只是一层纤细的绒毛。该猫眼睛非常大,眼角略微上扬,猫头呈不正的三角形,耳朵超大,尾巴呈鞭子状,重点部位皮肤具有皱褶,嘴角毛很少甚至没有。

加拿大无毛猫性情聪明,活泼好动,由于数量稀少而显得异常珍贵。

图 2.8 美国长毛卷毛猫

图 2.9 加拿大无毛猫

3) 美国卷耳猫

美国卷毛猫(如图 2.10)有长毛和短毛之分,触之柔滑细腻平贴于身体。美国卷耳猫体型中等,肌肉发达,四肢匀称,眼睛大呈核桃形,最突出的特征就是耳朵可以向后弯曲翻折至少 90°,是个魅力十足的猫种。

图 2.10 美国卷耳猫

2.2.4 国内品种的猫

1) 山东——狮子猫

山东狮子猫(如图 2.11)分布于我国山东,因其颈部的毛形似"狮鬃"而得名。该猫的毛色有白色、黄色、黑白相间;耳尖直立,眼睛杏仁形斜向上,具有著名的"鸳鸯眼"(一白一黄);身体健壮,尾巴粗大,抗病力强。山东的家庭普遍认为,养一只白色狮子猫看家具有"避邪"的功能。

2) 南部——云猫

云猫(如图 2.12)又名石猫、石斑猫、草豹、豹皮等,在国内主要分布于云南中部及西北部。因其毛色似云彩而得名,又因其喜食椰子汁和棕榈汁,故又名椰子猫、棕榈猫。

云猫毛棕黄色或灰黑色,两侧有黑色花斑,背部有数条黄色或黑色的条纹,头部黑色,眼下方及侧面有白斑。尾巴粗大而长,其长度接近于体长。外观漂亮,极具观赏价值,且善于捕鼠。

图 2.11 山东狮子猫

图 2.12 云猫

3)西北——狸花猫

狸花猫(如图 2.13)分布于全国各地,以陕西、河南等地较为多见。其颈腹下毛为灰白色,其余部位均为黑灰相间的条纹,形同虎皮,毛短而光滑,怕寒冷抵抗力弱,捕鼠能力高,繁殖力强,与主人关系不太密切。

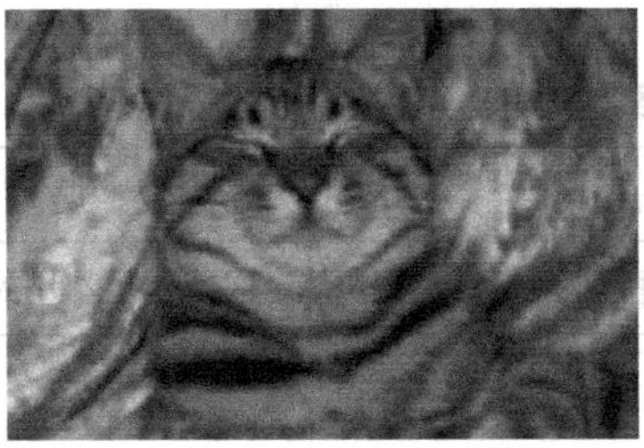

图 2.13 狸花猫

图 2.14 四川简州猫

4)四川——简州猫

四川简州猫(如图 2.14)体型高大、健壮,善于捕鼠,在我国广大农村普遍养殖。其独特之处在于:耳朵为"四耳",即在外耳廓之内还藏有两只小的内耳,形成四耳。

2.3 宠物猫的繁育

2.3.1 繁殖生理

1)雌猫初情期和性成熟

雌猫的初情期是指从出生到第一次发情,因季节和品种不同差异较大。一般来说,雌猫在 6~8 月龄时,卵巢成熟形成卵泡出现发情表现。在发情期间,雌猫卵巢内能形成多个成熟的卵子,但是必须经过交配后才能排出。由于雄猫是刺激性发情动物,这里仅指雌猫。

绝大多数猫在体重达到 2.3~2.5 kg 时就能出现发情现象,但是初情期与季节有明显的关系。若猫在10—12月达到发情体重,但由于该时期为猫的乏情期,因此一般会等到次年的1—2月才会发情。若猫在夏季年龄未到,但体重达到则可提前发情。若猫仔在10—12月出生,到夏季时未达到性成熟,则会等到下一个发情季节才会发情。

此外,猫的饲养管理水平、品种、饲养方式、日照长短等因素都会影响到初情期的时间。一般来说,纯种猫比杂种猫初情期晚,笼养猫比放养猫晚,单独饲养的猫比群养的猫晚。

雌猫一般在7~12月龄达到性成熟,此时雌猫会出现有规律的发情表现。当猫达到性成熟之后,全年均可交配,1年可繁殖3胎。为了提高仔猫的性能,公猫初配年龄一般在1.5岁左右,而母猫则以10~12月龄为宜,1年繁殖2窝最佳。

2)繁殖年限

猫的寿命多为12~15岁,在生理上相当于人的八九十岁,但繁育利用年限为7~8年,此后生理功能明显衰退,公猫失去配种能力,母猫不再发情。为了增加母猫的利用年限,应严格控制母猫的产仔窝数。

3)发情

猫属于季节性多次发情和诱发性排卵动物。一般每隔14~21天发情1次,每次持续3~6天,要求交配的时间持续2~3天。在一个性周期内,包括发情前期、发情期、发情后期和乏情期。猫的繁育数据见表2.1。

表2.1 猫的繁育数据

项 目	数 据	项 目	数 据
母猫性成熟年龄	6~8月龄	排卵时间	交配后24小时
公猫性成熟年龄	7~8月龄	妊娠期	58~71天
母猫适合繁殖年龄	10~12月龄	平均产仔数	3~6只
公猫适合繁殖年龄	12月龄	哺乳期	60天
母猫繁殖年限	7~8年	断乳期	4~5周
公猫繁殖年限	6~7年	繁殖适宜季节	2月、6月、10月
发情周期	14~21天	产后初次发情	泌乳后第四周
发情持续时间	3~6天		

2.3.2 选种和配种

1)猫的选种

猫的选种是指按照预期的目的,通过一定的方法从猫群中选择优良个体作为种用的过程。其目的是:为了保存和延续品种的特征,巩固和提高品种的遗传性能。在选种时,应根据不同的用途、不同的品种以及人们的喜好来确定选择标准,但一般情况下可按以下标准进行:

(1)亲本选择

亲本选择是根据猫的祖先品质及生产性能来分析其种用价值。亲本选择的目的是为了弄清楚个体间有无血缘关系,凡系谱不清者一律不做种用。同一系谱内部选择时,应根据各方面数据分析对比,选出优良后代作为种猫。

(2)个体选择

个体选择通常采用比较选择法。应选择品种特征鲜明的公母猫,年龄在10~12个月。体型优美,大而均匀,肌肉发达,健康强壮;毛色纯正,富有光泽;眼大有神,腰背平直,尾巴活动自如;感官灵敏,生殖器发育良好,繁殖能力强,四代以内无共同祖先。

(3)后裔选择

后裔选择是根据后代的品质和生产性能,测定其亲代的遗传性能和种用价值。比较方法有3个:后代与亲代的比较;后代与后代的比较;后代与本品种的比较。后裔测定的方法只能用于本品种间毛色一致、体型相近、遗传性能稳定的公母猫交配后的鉴别,对于杂交无用。

2)猫的交配

猫的交配行为受到交配经验及体内雌激素水平的影响,因此,让雌猫与雄猫多接触会有助于其交配质量。在发情前期和发情期,雌猫会通过叫声、行为和频频排尿来吸引雄猫的注意,同时,雄猫也会用撒尿来标记自己的活动范围。

配种的适当时间是在母猫发情后的第二天晚上。一般情况下,一次就能配成,但为了保险起见第二天复配一次。由于猫是夜行性动物,其交配都在夜间进行。配种前,若雌雄猫从未见过面,应先让双方彼此熟悉,再放出笼子进行交配。如果发现雌猫愿意接受交配则可成功,但如果两者不理睬对方或怒目相瞪,则绝不能放在一起,以免发生争斗。

雄猫是诱发发情动物,所以,在整个配种期间处于性冲动的发情状态。由于食欲下降,导致体力下降,因此在此阶段应保持较高的日粮水平。要求食物体积小、适口性好、易消化、蛋白质含量高,并含有丰富的维生素和矿物质,如精瘦肉、牛奶、肝脏等。

3)人工授精

目前,国内还没有猫人工授精的相关报道,随着养猫业的发展,利用人工授精技术可以提高优良品种雄猫的利用率,在促进品种改良和防止疾病传染等方面有重大意义。

2.3.3 妊娠和产仔

1)妊娠期

妊娠期是指从交配之日起到分娩为止的一段时间。猫的妊娠期是57~71天,平均63天。妊娠期的长短受到遗传、品种、年龄、饲养条件等内外因素的共同影响。一般老龄猫和胎数较少的猫妊娠期相对较长。胎儿的妊娠日龄可由下列公式计算,误差±3天:

妊娠日龄 = 15.335 + 3.980 5 × 胎儿长度(cm) − 0.067 5 × 体重(g)

2）妊娠生理

猫属于刺激性排卵动物，交配24小时后卵巢排卵，卵子在输卵管与精子相遇完成受精过程。受精卵在输卵管运行2~4天进入子宫，10天后附植。此时，猫的发情表现持续3~6天后消失。大约交配20天左右才能看到怀孕征兆。猫的妊娠生理可参见1.4.4妊娠及妊娠诊断。

3）妊娠诊断

详见第1章犬的妊娠诊断。

4）猫的分娩

分娩是指母猫将成熟胎儿及其附属物排出体外的生理过程。在预产期前1周，母猫会变得坐立不安，潜伏于猫窝中，有的还会出现衔草筑窝的现象。此时，应为母猫找一个温暖、阴暗、安静的地方准备好产箱或产窝，另外准备好接产工具。

母猫的分娩一般会持续几个小时甚至十几个小时，根据产子的经验和怀胎的仔数而定。分娩前母猫的直肠温度会下降0.5 ℃，分娩前几小时应停止喂食。分娩时，雌猫侧身而卧，不断努责，当胎儿要产出时，首先可见阴门鼓出，然后是一层白色的胎膜内裹胎儿。最先出来的是头部，爪子在头部的两侧，最后滑出身体和尾部。母猫会自行咬断脐带，撕开胎膜，将胎儿舔舐干净，吃掉胎衣和胎盘。间隔0.5~1小时后开始第二胎生产。一般每窝产仔3~5只，经1小时后未见母猫努责，则表示分娩结束。

一般母猫都能自行产出胎儿，一些体型较小的玩赏猫会有难产现象，在必要时应实施剖腹产手术。

5）产后护理

雌猫在产仔6小时内身体虚弱，不宜进食，可补以红糖温水促进体力恢复。最初几天应给予品质好、易消化的饲料，实行少吃多餐制。同时，应注意周围环境的温度，饮具食具的消毒，保持环境卫生，减少病菌的滋生。

2.4 宠物猫的营养需要与饲料配合

2.4.1 营养需要

猫与其他动物一样，都需要蛋白质、脂肪、碳水化合物、矿物质、维生素和水，这六大营养要素缺一不可。

1）蛋白质

蛋白质是生命的基础，是构成细胞原生质的成分。猫对蛋白质的需求是犬的2倍，是人的5倍以上，尤其是成长中的幼猫。饲料蛋白质被猫采食后，首先在胃中被胃蛋白酶分解为蛋白胨，进入小肠后被胰蛋白酶和小肠蛋白酶分解为肽，最终分解成各种氨基酸而被吸收。如果猫长期摄入不足便会出现成长缓慢、体重减轻、精神变差、泌乳减少、皮毛粗糙、食欲不振、脂肪肝等症状，严重者还会出现贫血、腹水。

2)脂肪

食物中脂肪的作用是提供能源,增加食物的适口性及补充必需的脂肪酸。如果猫饲料中缺乏脂肪,会导致精神倦怠、被毛粗乱、生殖器官发育不良甚至缺乏性欲而不能繁殖。

3)碳水化合物

宠物从食物当中采集大量的碳水化合物,但体内的碳水化合物只占身体的1%以下。作为细胞的构成成分,参与多种生命活动过程,在组织生长的调节上起着重要的作用。碳水化合物广泛存在于植物性食品中,价格低廉,保证宠物的生存和繁殖,并为各种生命活动储备能量,是日粮中不可或缺的成分。碳水化合物主要包括淀粉和纤维素。淀粉在猫的肠道中可分解为葡萄糖被猫吸收利用,纤维素有助于肠道蠕动,防止粪便郁结。

4)矿物质

矿物质是一类无机营养物质,广泛参与体内各种代谢过程。已知的矿物元素有:钙、镁、磷、钾、钠、氯、硫、铁、铜、锌、锰、碘、氟、硅等20多种。它们是构成动物体组织的重要成分,对维持机体酸碱平衡和液压平衡,保持细胞正常功能起着重要的作用。例如:钙磷是构成牙齿、骨骼的主要成分,长期缺乏会导致猫食欲不振、生长停滞、泌乳减少,甚至发生佝偻病、软骨症等。

5)维生素

猫对维生素的需要量微乎其微,但也是其他养分不能代替的,而每种维生素又具自己独特的功效,相互之间也不能替代。猫不能将胡萝卜素转化为维生素A,只能直接摄取维生素A,而维生素A存在于动物性饲料中,植物性饲料不含现成的维生素A,所以,在猫粮中必须添加一定量的动物性食品,否则会引起夜盲症、视力退化、抵抗力差、繁殖障碍等问题。

6)水

水是任何动物生命活动不可缺少的营养物质,动物的消化吸收、代谢、转化、调节、循环等生理活动都离不开水的参与。猫是较耐渴的动物之一,平时饮水很少,这与其超人的浓缩尿、储存水的能力是密不可分的,但是猫饮水不足同样会引起代谢障碍,影响猫的正常生长。

2.4.2 饲料配合及配方实例

1)猫对日粮的一般要求

饲养宠物猫,除了满足平日的六大营养要素之外,还应对日粮的合理性进行分析。首先,营养应均衡全面:应根据猫的体重,所需要的蛋白质、脂肪、矿物质、碳水化合物等各方面进行分析,配置出充分满足猫营养需求的饲料(表2.2)。其次,应根据猫的品种制订不同的膳食;不同品种的猫其食性有所差别,国内猫适应性强,对日粮适口性不是很挑剔,可降低日粮水平以碳水化合物为主;而国外品种的猫对日粮的要求较高,应以肉类原料为主。另外,重要的是饲料应清洁、新鲜、适口性好,切忌发霉变质的食物,特别是夏季应现配现吃。

表 2.2 猫理想日粮的营养成分

项目	水	蛋白质	脂肪	糖类	灰分	钙
初生猫/%	72	9.5	6.8	10	0.75	0.035
仔猫和成年猫/%	70	14	10	5	1	0.6

2)猫的日粮来源

猫的日粮来源分类多,来源广,主要包括以下几种:

(1)谷类

谷类主要包括玉米、小麦、稻米、小米、高粱等,各类谷物由于品种、种植条件的差异,其营养成分也各不相同,但它们都含有猫生长所需的各种营养元素,是廉价的食物之一。但需要注意,应将其保存在干燥通风的地方,避免受潮,产生致病因子。

(2)豆类

豆类分为大豆(黄豆、青豆、黑豆)和其他豆类(豌豆、蚕豆、绿豆、小豆、芸豆等)。其蛋白质含量高,营养丰富,品质高于谷物,在饲喂时应搭配互补。

(3)肉类

肉类主要包含畜肉、禽肉及肉类副产品。其营养价值高,蛋白质含量丰富,适口性好,是猫粮的重要原料。

(4)鱼类

主要包括鱼肉及其副产品。鱼肉有其他肉类不可比拟的优点,富含猫所必需的蛋白质、脂肪、多种维生素和矿物质,是猫最喜爱的食品之一。

(5)乳及乳制品

乳类是营养成分齐全、营养组分合理、易消化、营养价值高的一类食品。不同的动物、不同的品种其乳的营养构成有所差别,但对于母乳不够、生病或特殊饲养价值的猫作为补充食品是上乘选择。

(6)蛋类

主要指鸡、鸭、鹅、鹌鹑等禽类的蛋,最普遍的属鸡蛋。蛋中的蛋白质含有猫所需的各种氨基酸,易消化,并富有多种维生素和矿物质,是理想的优质的蛋白质食物。

(7)蔬菜、瓜果类

蔬菜主要包括白菜、油菜、菠菜、萝卜、莴苣、土豆等,瓜果主要包括冬瓜、苦瓜、番茄、茄子、黄瓜、苹果、梨等。新鲜的蔬菜、瓜果水分含量高,一般在90%以上,能量含量低,某些淀粉含量高并富含维生素、矿物质、纤维等,是猫日粮中不可缺少的部分,尤其是在夏季。

3)猫的配方实例

表 2.3 美国猫饲料配方举例

成 分	配方 1	配方 2
玉米/%	26	26
小麦粉/%	21.4	25
燕麦粉/%	1	—
啤酒酵母/%	1	3
麦芽/%	2	3
豆粕/%	16	23
玉米蛋白粉/%	6	—
鱼粉/%	2	0.5
肉粉/%	—	17
鸡下水/%	18	—
乳粉/%	0.6	—
鱼浸膏/%	3	—
多种维生素和矿物质/%	3	2.5

表 2.4 国内猫饲料配方举例

成 分	配方 1	配方 2
大米/%	30	39
玉米粉/%	29.3	39.3
肉类/%	35	—
鱼粉/%	4	20
食盐/%	0.5	0.5
矿物质/%	1	1
多种维生素/%	0.2	0.2

2.5 宠物猫的饲养管理技术

2.5.1 仔猫的饲养管理

1)新生仔猫的饲养管理

新生仔猫全身披毛,双目闭合,一般在9天前后才会睁眼。初生体重为70~90 g(视仔猫个数而定),而其中必有弱胎。因此,我们应保证每只仔猫都能吸吮到母乳,特别是初乳,因为此时的仔猫全身无力、基本无体温调节功能,只能依靠初乳中的母缘抗体获得免疫力。由于仔猫在出生2小时以后,开始靠触觉、嗅觉和味觉判定乳头位置,一旦固定,则很少发生争抢乳头的现象,因此,应尽量避免人为地改变乳头位置。母猫一般会定时喂奶,并用舌头不断舔舐仔猫的外生殖器,这样既起到清洁体表的作用,又可刺激仔猫排尿或排粪,增进食欲。如果母猫产仔较多,对抢不到乳头的弱仔应将其放到乳汁丰富的乳头附近,人工辅助吸吮。

仔猫出生后,若因产后母猫死亡、缺乳或发生疾病等问题无法吃奶时,应进行人工哺乳。代替的乳可选用鲜牛乳或鲜羊乳,在饲喂时加入适量的葡萄糖和鱼肝油等,混合好后用注射器、宠物专用奶瓶或眼药水瓶作为人工哺喂的工具。

其次,一定要注意保温和防挤压。由于仔猫无体温调节功能,室内温度应保持在32 ℃左右,随日龄的增长而逐渐降低。由于初生仔猫一般聚拢在母猫周围,为了避免被母猫压死或被其他仔猫踩死等意外发生,一定要细心观察,发现此类情况出现立即将其挪开,提高仔猫的存活率。同时,应注意清洁卫生,保持猫窝的干燥、无菌,使仔猫健康成长。

2)断奶后仔猫的饲养管理

猫在2月龄左右即可断奶,断奶后的猫到发情之前都称为幼猫。由于此时会与母猫分开,因此,为了让幼猫尽快适应新环境,可将幼猫以前用过的物品放进新窝。此时,最好不要去打扰它,待其熟悉后再给它洗澡、梳理被毛等。这一阶段的猫生长迅速,应特别注意营养全面,膳食均衡,多喂点肉类、鱼类,适当补充点钙、磷等矿物质。待猫长至90日龄时,体质增强,对外界的抵抗力增加,容易饲养。但同时,由于其充满了好奇心,喜欢四处游荡,因此,在此时一定要注意管理好幼猫,避免乱跑丢失或外出寻食。最好的办法是:采用笼养管理。另外,应做好免疫接种,以保证幼猫的健康安全。

2.5.2 种猫的饲养管理

1)种猫的日常管理

养猫需根据不同的品种和用途制订一套全面、合理的管理制度,才能保证种猫的质量,提高饲养的效果。

(1)适宜的环境

猫是一种喜暖怕热的动物,对寒冷有一定抵抗力。一般来说,室温18~29 ℃,相对湿度40%～70%的条件下猫都可生存，但最适温度为20～26 ℃，最适的相对湿度是50%。若气温超过36 ℃会影响猫的食欲，体质下降，容易诱发疾病。因此，在不同的季节应采取不同的管理措施(下一节详细叙述)。

(2)科学的管理制度

由于饲养在家中条件没有外界宽敞，人和猫接触会更多更密切，因此，为了便于管理，利于猫和主人的健康，一定要培养猫好的生活习惯。首先是训练猫养成定点大小便的习惯，猫本身是非常爱清洁的动物，但初到新环境，再训练有素的猫也不知应在何处排便，所以，当猫从第一次排粪尿开始就要将它带到指定的地点，准备好便盆。其次，还要养成猫洗澡、梳毛、日常护理的良好卫生习惯。

(3)完善的健康检查与检疫免疫制度

①猫窝及饮具、食具、便盆应定期消毒，这对于疾病的防治具有重要意义。猫窝需经常更换垫絮，利用紫外线杀菌；食具、饮具及便盆应定期消毒，但要注意不能选用刺激味过重的消毒剂，一般可用0.1%新洁尔灭、0.1%高锰酸钾、过氧乙酸等浸泡消毒，再用清水冲洗晾干后使用。

②对于新引进的猫，应严格执行隔离制度。不能将其直接放入群体饲养，而应单独饲养1个月后，才能入群，可预防传染病的引入。需要场外繁殖时，应充分了解其他猫场的健康状况后才能进行。

③定期免疫接种，特别是猫瘟热的接种工作一定要高度重视，避免发生重大疫情。

④定期检查猫的健康状况，及时而准确地掌握猫的生长发育，做到防重于治。对于猫出现异常表现时，应及时找兽医治疗。

表2.5 健康猫与病猫的区别

	精神状态	鼻、口部	眼睛	耳廓	外生殖器	睡姿
健康猫	活泼体壮、行动敏捷、皮肤光润、肌肉结实、丰满、被毛浓密有光泽	鼻镜睡时干燥、醒时湿冷、无分泌物、口周围清洁干燥、无唾液、呕吐物黏附、无口臭	明亮有神角膜、水晶体清澈不混浊	经常竖立、稍有动静就转动收集情况，分泌物不多，手触不烫	若在未发情期有异常变化的则为病猫	侧身
病猫	精神委顿、不愿活动、反应迟钝、被毛粗乱、身体瘦弱	鼻镜睡时湿冷、有分泌物，口呕内容物、流涎或白沫、口齿龈发炎有臭味	眼半闭、结膜充血红肿、眼角不净、流泪、生眼屎	耳搭、耳内分泌物较多、耳红烫手或耳色发青发凉		前后肢向内弯曲，腹部着地

2)种猫的四季管理

(1)春季管理

猫一年四季均可发情,但春季是发情、换毛的季节。由于天气变暖,日照增长,猫的各种生理活动和行为表现变得旺盛与活跃。此时,雌雄猫均频频外出,以择佳偶。所以,在这个时期的管理需注意以下几点:

①配种的年龄。6月龄的猫虽可达到性成熟,但尚未达到体成熟,各部分生理器官还未发育完全,此时交配过早。所以,对刚达到性成熟的猫应严加看管,避免早配。

②选择优良品种交配。若饲养的是纯种猫,那对于配偶应严格挑选。当猫出现发情现象时,应到良种场寻找一只称心如意的公猫进行配种,以保证后代的质量。

③加强看管,避免走失和乱配。由于猫是夜行性动物,其发情交配都在夜间进行。所以,这个阶段为了防止猫夜间出门乱窜,最好将其关起来以免麻烦。

④换毛的管理。春季是猫脱去冬毛、换上春毛的最佳时节,故应经常为猫梳理被毛,保持其皮肤、被毛的清洁,并防止皮肤病的发生。

(2)夏季管理

夏季气温高,空气潮湿,是细菌病毒滋生的最佳季节。这些病菌会导致猫的食物腐败变质,因此夏季的管理要注意:

①防暑。夏季气温高,猫体热不易散失,易发生中暑,尤其是长毛猫。所以,夏季中暑对猫来说是一大威胁。因此,夏季应给猫提供一个干燥、凉爽、通风、无太阳直射的生活环境。

②防食物中毒。喂猫的食物必须新鲜,加热煮熟,千万不能让猫食生的东西,以防食物中毒。每餐应控制总量,避免不必要的浪费,若猫采食过多,则易发生消化不良或急性胃肠炎。

(3)秋季管理

秋季天气渐渐转凉,日照缩短,气候宜人,又到了猫繁殖的好时节,此阶段应注意:

①加强猫的看护。与春季相同。

②增加食量。由于天气适宜,猫的食欲增加,此时应提高日粮水平、增加食量,为猫安全越冬作准备。

③预防疾病。由于秋季早晚温差较大,如不注意保温,很容易患上感冒及呼吸道疾病,所以在气温较低的时候不宜让猫出门。另外,应让猫加强锻炼,增强体质是保证猫健康成长的重要手段之一。

(4)冬季管理

冬季天气寒冷,猫的运动量不足,在管理上应注意预防呼吸道疾病和肥胖症。

①注意保暖。冬季气温较低,室内外温差大,应在猫窝内增设铺垫物。另外,可用一些取暖设备,但要注意烫伤或烧伤。

②勤晒太阳。在天气晴朗又不刮风的日子里,可以让猫出去晒晒太阳,一来可以增加体温,二来紫外线具有杀菌作用,可促进钙质的吸收,利于骨骼生长,防治佝偻病的发生。

③防止肥胖症的发生。冬季室外活动减少,摄入量增加,此时猫很易出现肥胖症。

应注意增加室内的运动,刻意引导猫追捕玩要,即可促进其运动,还可为家庭带来一丝情趣。

④防止猫养成跳床、钻被窝的习惯。由于气温比较低,猫很喜欢与主人同被窝睡觉,必须严格纠正,避免疾病传播。其次,在猫窝中铺设较为暖和舒适的垫物,并将猫窝移至温暖的屋内,晚上可加设门扣,防止猫夜间窜出。

总而言之,不论是家养猫还是群养猫,都必须制订一套科学的管理制度,以保证人与猫的和谐共处。

2.6 猫舍建筑

2.6.1 选址原则和建筑的要求

1)选址原则

猫舍的建造应遵循因地制宜、节约成本的原则,既要便于饲养管理、饲料运输、防疫免疫、训练等项目,又要远离居民区、污染源、化工厂及其他养殖场。环境应选择僻静、地势平坦、土质干燥的地方。

2)建筑要求

猫舍尽量建在坐南朝北,阳光充足,利于通风,既能保温又能防暑的地点,周围可种植树木,起到绿化、遮阳和改善空气质量的作用。

2.6.2 猫舍的建筑

1)猫舍的类型

猫舍的类型一般有两种:一种是群猫舍,另一种是单圈舍。群养舍适合幼猫、成年猫及后备猫的饲养。其优点是:猫能一起嬉戏玩要增加活动量,管理方便;缺点是:不便于控制疾病,易发生打架、争食的情况,轻者影响生长发育与健康状况,重者造成伤残或死亡。单圈舍适宜于妊娠母猫、种公猫、哺乳期母猫的饲养。其优点是:环境安静,适合静养,利于疾病控制;其缺点是:浪费建筑材料和地面面积。

2)猫舍的面积

根据猫的种类、生产的目的和生理阶段的不同确定猫所需要的圈舍类型和面积。种猫舍面积以6~8 m^2 为宜,高度不低于2 m,猫的住舍以2 m^2 为宜,运动场面积不少于4 m^2。室内养猫可以不需要专用的猫屋,只需要让猫有个固定的地方休息就可以了。可用纸箱、木箱、塑料盆,不用太大,只要猫在窝中四肢能伸缩自如即可。

3)猫场规划

猫场需合理规划,各舍之间应保持安全的距离又需要合理地衔接。全场道路规划合理,既便于运输又能防止猫逃跑,还需加设围墙以避免其他动物窜入。

2.6.3 猫的设备和用具

1)猫砂与砂盆

猫砂的材料有黏土、木头和纸质之分,可根据需要和价格进行选择。有的吸水性非常好,并且是特级品,一旦弄湿就会自动凝结成块,便于清扫。可供选择的砂盆有很多种,有最普通的塑料盆,有带盖的箱子(含进出的小门和减轻气味的过滤器),关键一点在于它们必须易于清洗,而且很结实。平时,应经常清洗和消毒,但不能用家庭一般的消毒用品,而应选用猫专用的消毒剂。

2)食具与饮具

猫的用具一定要专用,可选择硬塑食盆、陶瓷食盆或不锈钢食盆,这些食盆都非常容易清洗和消毒。市场上售卖的食盆或水盆有的分开,有的则连在一起,可根据需要购买。不管遇到什么情况,一定要严格控制食物和用具的卫生,以防止传染病的发生,特别是弓形虫病。

3)便携笼子

若要带猫出门,最好准备一个便携式笼子,以减少猫出行的痛苦。笼子的大小根据猫的长短而定,考虑全面,谨慎挑选,只要能让猫在笼内伸懒腰或转个身并能看见外面就足够了。不能只注重外形好看与否,而忽略猫的感受。笼子的种类很多,有侧面开口的塑料笼,这种笼子较为常见,易清洗,但将猫抱进抱出的时候会有困难;还有一种纸箱式笼子,主要用于装患传染病的猫,用后即扔掉或烧掉,价格便宜但不耐用;另外,还有用藤条编织的篮子,形态各异,通常会安装皮带扣和把手,这种篮子外形美观,经久耐用,猫在这种笼子里能清楚地看到外面,旅行时猫会以为在自己的床上而不会感到害怕。一般来说,顶端开口的笼子比侧面开口的笼子更实用,更方便。

4)项圈、肩套和牵引带

项圈只是装饰用的,并不是猫必需的物品。但我们可以在项圈上附上主人的姓名、地址或联系电话,以防止猫走失。大多数主人会在项圈上安上铃铛,或在项圈中填充一些防跳蚤的物质,但要注意猫是否会有过敏反应。在发达国家,有的猫会在项圈上挂上磁卡,作为进出家门的专用"钥匙"。

当你带猫出门散步或需要控制其行动时,应用上牵引带。虽然猫习惯自由不受束缚,但为了出行方便,应专门训练猫佩戴牵引带和肩套。

5)猫用玩具

玩耍对于猫的健康是非常有利的,家庭养猫的主人需陪同猫咪尽情玩耍,才能尽可能地锻炼它的肌肉,保持聪敏的头脑和敏锐的视力。同时,主人和猫咪之间的感情在玩耍中增进,能让猫更加适应家庭生活。只要是猫觉得有趣的东西,都可以成为它的玩具,如线团、气球、会动的老鼠、青蛙等,而且它还特别喜欢圆的东西。

2.7 宠物猫的调教

猫天资聪颖,生性好动,好奇心强,作为宠物,十分适合家庭养殖。但对于猫来说,无论房屋大小,不管与多少人相伴,它都会非常开心。但如果调教得不好,猫反而会成为家庭的负担,为家庭增添麻烦。因此,为了家人的健康与开心,应当为自己的爱猫开展一些基本的调教与训练项目,也能为您的生活增加无穷的乐趣。

2.7.1 宠物猫调教的原则

猫虽然具有很强的独立性,但要调教训练也有一定的生理基础。猫的神经反射类型表现为条件反射和非条件反射,所以,训练时两个条件应同时存在。一个是条件刺激(口令),另一个是非条件刺激(拉牵引带、食物)。两者在时间上应正确配合,反复强化才能起到事半功倍的效果。首先,应发出正确的指令,对待猫的态度要温和、爱护,切忌过于粗暴,否则猫会因为厌恶而无法建立条件反射。其次,训练过程中奖惩分明,对正确的加以鼓励,对不正确的加以制止严厉批评,可促进建立较好的条件反射。每次训练时间不宜过长,当形成稳定的习惯后,必须改变训练制度。由于条件反射是建立在非条件反射的基础之上的,因此,猫在训练之前应禁食。

2.7.2 宠物猫的技巧训练

1)“来”的训练

在训练该项目之前,应让猫熟悉自己的名字,最好从断奶时就开始。训练此项目可采用食物诱导法,先将食物放到固定的地点,嘴里呼唤猫的名字并发出“来”的口令。如果猫不感兴趣,可将食物放到它面前引起它的注意并下达“来”的口令,猫若顺从地走来就让它吃食并轻轻抚摸其头部以示鼓励。如此反复形成条件反射后,猫就可以根据指令前来而不需要再给予食物了。

2)打滚训练

让猫站在地板上,训练者发出“滚”的口令,轻轻将猫按到并使其打滚,反复多次,当猫有反应时应立即给予奖励加以爱抚,每完成一次动作就给予一次奖励。随着动作熟练程度的加深,要逐渐减少奖励的次数,直至最后取消食物奖励。但是为了避免条件反射的消失,隔段时间应加以食物刺激。

3)躺下、站立训练

躺下嬉戏是猫玩耍的一种方式,但要随着人的指令进行也必须训练。当猫站立时,右手拿着食物,抬起手臂固定姿势,然后发出“躺下”的指令,并用左手轻压猫的右后腿将猫按倒,强迫其躺下,再松开手发出“起来”的口令让猫站起来。完成动作后,给猫以抚摸和食物奖励。

4)衔物训练

猫经过犬一样的训练也能为主人叼一些小东西,常用的口令有“衔”“来”“吐”“好”。

训练前,应先给猫戴上项圈,以控制猫的行动。训练时,一手牵住项圈,一手拿令猫衔物品,口中发出“衔”的指令强行将物品塞入猫的口中,用“好”的口令及抚摸给予安慰;接着发出“吐”的口令,当猫吐出后立即给予食物和抚摸奖励。经多次训练,达到将物品抛出发出“衔”的指令后,猫能迅速衔起物品回到训练者身边,再发出“吐”的指令后将物品吐出,此时立即给予食物奖励。

5)跳跃、钻圈训练

跳跃和钻圈的训练需要一个铁环和塑料圈,固定在一个地方。首先,主人和猫同时面对铁环,站于铁环两侧。训练者用手示意,配合口令做出“跳”或“钻”的指示,若猫跳过应立即给予奖励和抚摸,若猫无反应或绕过铁环应立即呵斥。一旦成功,应加以巩固,并逐渐升高铁圈的高度。

2.7.3 纠正宠物猫的不良习性

1)磨爪训练

室内养猫,若不为其准备磨爪用具,猫很有可能会在室内寻找抓扒对象毁坏家具等物品。因此,可将猫关在房间内安装一根猫抓棒或猫抓板,当猫抓棒时立即给予适当的抚摸和赞赏。若猫不愿抓爬,训练者可轻轻抚摸其头部并下压其头部强迫它抓扒,但动作要轻,由于分泌物味道的吸引,猫会继续到磨爪器或磨爪棒上抓扒。

2)定点大小便训练

猫是爱清洁的动物,只要培养它良好的卫生习惯将会省去很多麻烦。所以,刚带猫回家时,应准备一个干净的便盆,内置猫沙,上层放上含有小猫气味的沙子,当发现猫焦急不安意欲排粪尿时,应立即将其带到便盆旁嗅闻沙味,小猫便会很快排出粪尿。如果猫在非指定地点排粪尿,发现后应立即呵斥,但不能打它,否则会影响主人与它的感情。要注意的是,猫的胆子很小,排粪尿时千万不要影响它,否则它会因为受到惊吓而逃跑,对训练不利。

3)训练猫不上床钻被窝

猫很喜欢钻到主人被窝里寻找温暖,特别是在冬季。某些养猫者非常爱自己的宠物,也习惯与之相伴而眠,殊不知这种习惯很可能害自己患上人畜共患病,特别是猫的弓形虫病,所以这种行为一定要加以纠正。首先,应为猫准备一个温暖、舒适的猫窝,冬天可加一些铺垫物,夜间在窝门上加盖一个门罩,这样可以避免猫外跑。如果猫已经养成了此种坏习惯,必须加以纠正,具体方法是:直接惩罚。当猫跳到床上的时候,应立刻拍打它的臀部,并大声呵斥,将猫赶下床。主人在此时应表现得非常愤怒,猫能体会到主人的心情与口气,反复多次自然会改掉这一毛病。

4)训练猫不上桌柜不偷食

猫有爬高的习惯,但应训练它不上桌柜。如果猫不小心毁坏了主人的工艺品或食物,主人会非常气愤从而影响主人与猫之间的关系。因此,当猫有此习惯的时候,应立刻将其赶下并严厉呵斥。另外,可用水枪或锡箔纸对付它,猫一般都比较害怕亮亮的、滑滑的表面。

5)纠正夜游性

猫是昼伏夜出的动物,白天活动较少,而到了夜间便四处游荡,进行捕鼠、交配等活动。所以,如果晚上乱跑,很有可能受到伤害或将身体弄得很脏,不仅危害猫的健康,而且会影响家庭的卫生。因此,一般家庭在晚上都应将猫关起来,特别是在发情季节更应将其放在笼子里。养成习惯后,即使去掉笼子,猫也不会乱跑了。

6)纠正异食癖

异食癖是指摄取正常食物以外的物质,对猫而言主要是指毛线球、棉球、室内植物等。最好是采用惊吓惩罚或使其产生厌恶条件反射的方法。前者用捕鼠器倒挂在绒线或植物旁边,当猫接近时由于弹簧的作用,捕鼠器会发出劈啪的声音将猫吓跑;后者是将一些比较敏感的气味涂抹在衣物或植物上,猫会因为厌恶这些气味而逃走,即可纠正异食癖。

7)调教猫不吃死老鼠

如今的死老鼠多半死于毒药,猫吃后会造成继发性中毒,每年都会有猫因吃死老鼠而死亡的例子。所以,最重要的是不能让它接触到死老鼠,一旦发现应立即夺下,若它还想吃,应用小棍轻敲猫的嘴巴并严厉呵斥。反复几次,猫再看到死老鼠就会因为害怕被惩罚而不敢吃了。

本章小结

本章通过对猫的生物学特性、品种、饲养管理、调教等方面的叙述,使学生对猫有一个全面的了解,进而要求学生掌握猫的生物学、生理学特征,为日后从事猫的饲养管理工作打下坚实的理论基础。

复习思考题

1. 猫的生物学特性有哪些?
2. 猫的选种和配种有何要求?如何才能挑选到一只健康而称心如意的猫?
3. 猫的营养要求包括哪些方面?
4. 仔猫的饲养管理有哪些要点?
5. 种猫的饲养管理有哪些要求?
6. 养猫的常用器具有哪些?平时应注意些什么?
7. 纠正猫的异常行为包括哪些方面?
8. 技能题

(1)识别猫的常见品种

准备常见猫品种的图片若干或猫若干只,总分 20 分,认出一种猫的品名给 1 分,正确描述其外貌特征给 1 分。根据描述的流利性和准确性评定优、良、及格、不及格 4 个等级。

(2)如何区别健康猫和病猫

	精神状态	鼻、口部	眼睛	耳廓	外生殖器	睡姿
健康猫	活泼体壮,行动敏捷,皮肤光润,肌肉结实、丰满,被毛浓密有光泽	鼻镜睡时干燥,醒时湿冷,无分泌物,口周围清洁干燥,无唾液,呕吐物黏附,无口臭	明亮有神,角膜水晶体清澈不混浊	经常竖立、稍有动静就转动收集情况,分泌物不多,手触不烫	若在未发情期有异常变化的则为病猫	侧身
病猫	精神委顿、不愿活动、反应迟钝、被毛粗乱、身体瘦弱	鼻镜睡时湿冷、有分泌物,口呕所采食物、流涎或白沫,齿龈发炎有臭味	眼半闭,结膜充血红肿,眼角不净,流泪,生眼屎	耳搭、耳内分泌物较多,耳红烫手或耳色发青发凉		前后肢向内弯曲,腹部着地
评分标准	总分20分,答对一点给3分(其中,要点1分,阐述2分),全对20分。根据操作规范性和答题的连贯性给分,评出优、良、及格、不及格4个等级。					

(3)猫的早期妊娠诊断技术与方法

发情周期	发情鉴定	外部检查
发情前期 发情期 发情后期 乏情期	外部观察法 阴道检查法 试情法	尿液检查法 触诊检查法 超声波探测法 X线检查法 血液检查法
评分标准	总分20分,答对一点给6分(要点2分,阐述4分),全对20分。根据操作的规范性和答题的连贯性给分,评出优、良、及格、不及格4个等级。	

第3章 观赏鸟

本章导读：本章将鸟的内容分为两个部分，第一部分从鸟类的价值、品种、饲料、驯养等方面入手，着重介绍了观赏鸟的饲养与驯养要求；第二部分根据不同品种的鸟生存条件的不同入手，重点介绍了目前具有代表性鸟种的饲养管理要求。

3.1 观赏鸟总论

3.1.1 概述

1)鸟类的价值

鸟是大自然赐予人类一项宝贵的财富，是人类的朋友，与人们的生活息息相关。鸟，一直以来都是自由的象征，主要因其可以在空中翱翔给人以自由自在的感觉，又因其体态优美、羽色艳丽或素雅、鸣声悦耳动听被人类作为观赏动物饲养，如丹顶鹤、孔雀、锦鸡、画眉、黄鹂、鹩哥、鹦鹉等。

早在几千年前，人们就已知道鸟类是害虫的天敌，对于控制虫灾、消灭害虫有着不可磨灭的伟绩。在长期的生活实践中，人类还发现鸟肉、脏器、羽毛都可入药治病，乌骨鸡、燕窝等还是上等的滋补药品。

随着社会的进步与发展，人类环保意识逐渐增强，鸟类的综合开发利用越来越受到人类的重视。经济价值高的品种已被驯化大规模养殖，许多品种出口为国民经济开辟了一条新路，提高了城乡人民生活水平。保护鸟类，已提上日程。这是一个长期而艰巨的过程，只有坚持合理利用自然资源，才能保证资源的恢复、发展、更新、再生，保护生态平衡。

2)我国的鸟类资源

全世界约有 9 000 种鸟，我国约有 1 260 种，是世界上鸟类资源最丰富的国家之一。全世界共有 15 种鹤，我国有 9 种，占 60%。在 148 种雁鸭中，我国有 46 种，占 31%。全世界共有雉类 276 种，我国有 56 种，占 20%，被国际鸟类学界誉为“雉类王国”。全世界有画眉科鸟类 46 种，我国就有 34 种，占 74%。虽然我国的鸟类资源十分丰富，但有些种类分布区域狭窄，数量较少，成为珍贵稀有种类。其中有的已经濒临绝灭，如黑鹳、白鹳、朱鹮、黄腹角雉、黑颈鹤、白鹤、丹顶鹤、赤颈鹤、大天鹅、小天鹅、中华秋沙鸭等。

3）我国饲养观赏鸟的历史

我国传统的养鸟是从饲养鸡、鸭、鹅开始的，以后才开始人工繁育观赏鸟类，尤以北京盛行。

养鸟是北京人生活娱乐之一，明末发其端，清代蔚为风尚，乾隆盛世，八旗子弟闲散成习，养鸟者此倡彼随，波及各个角落，直至20世纪40年代而不衰，崇懿所著《道咸以来朝野杂记》略有记载，惜未能详，并云"皆市井人乐为之，士人或有参观者，不蓄此种，以其近于俚也。"实际上，养鸟不但可以调剂生活，同时也不失为一种生活艺术。

目前，我国在饲养观赏鸟方面已累积了比较丰富的经验，每种鸟都有其观赏和饲养标准，如不按饲养标准养殖，则无法达到观赏要求。

从广义上讲，鸟类自身有极强的观赏价值。在我国饲养观赏鸟的特点是：以羽毛鸣声为主，其次为飞舞、技艺等。从人们具体乐趣的角度来看，可以将在家庭中喂养的鸟分为观赏鸟和玩赏鸟两个类型，而许多鸟往往又兼有多种特点。

观赏鸟主要欣赏其优美形态、美丽羽毛、动听鸣声、能歌善舞的舞姿。玩赏鸟主要训练其仿效人语或表演道具、打斗、狩猎、竞翔等多种技艺。

按照鸟的赏玩特色可分为以下几类：

①观姿色。以观姿色为主。这类鸟饲养较简单、普遍，不需调教，只要养活就能达到观赏要求。国内常见品种有：虎皮鹦鹉、牡丹鹦鹉、金山珍珠、红嘴相思鸟、绣眼、点颏、戴菊、戴胜、黄鹂、五彩文鸟、七彩文鸟、红嘴蓝雀、绶带鸟和蓝翡翠鸟等。这些鸟类以羽色夺魁深受人们的喜爱。

②听鸣啼。以欣赏鸣声为主。这类鸟通常称为鸣禽，是中外众多爱鸟者的主要观赏对象。如百灵、画眉、云雀、绣眼、点颏、黄雀、鹊鸲、乌鸫、大山雀、沼泽山雀等。这些鸟能鸣善唱，鸣声激昂悠扬，婉转多变，音调、节奏条理有序，并可学其他鸟的鸣叫，往往引人注目。有些鸟类是羽鸣双佳，以其鸣声或鲜艳的色彩取悦于人，如芙蓉鸟（金丝雀、白玉鸟）。目前，较为常见的鸣唱笼鸟还有相思鸟、白头鹎、朱顶红、歌鸲、柳莺、山雀等。

③赏飞舞。以观赏其飞舞为主。欣赏鸟的飞舞首推百灵、云雀、绣眼鸟，这些鸟类以百灵、云雀为上品。这些能歌善舞的笼鸟，能给玩赏者增添无穷的乐趣。

④赏繁殖。以赏繁殖为主。常见易于繁殖的观赏鸟类中，芙蓉鸟、虎皮鹦鹉、牡丹鹦鹉、白腰文鸟、灰文鸟、金山珍珠鸟等繁殖次数频繁。

⑤仿人语。以仿人言为主。鹦鹉能言，早在古籍中就有记载。诗人白居易在《秦吉了》（鹩哥）中曾写有"耳聪心慧舌端巧，鸟语人言无不通"的诗句。除鹦鹉、鹩哥外，还有八哥、松鸦、红嘴蓝鹊等鸟，这几种鸟比较聪明，伶牙俐齿，善模仿学舌。

⑥演技艺。以观技艺为主。善于表演技艺的笼鸟有黄雀、金翅、白腰文鸟、斑文鸟、鹦鹉、虎皮鹦鹉、沼泽山雀、蜡嘴雀、锡嘴雀、交嘴雀、鹩哥、太平鸟、白腰朱顶雀、朱顶雀、芙蓉鸟、相思鸟、黄鹂等。这类鸟小巧玲珑，轻捷活泼，机敏灵巧。经过调教特定强化训练后，能学会衔物、接物、翻飞及衔取小型道具等多种技艺动作。

⑦看争斗。以观争斗为主。画眉、棕头鸦雀、鹪鹩、鹊鸲、鸡、鹌鹑等雄性，都是好斗之鸟禽，可观赏打斗。

⑧竞翔赛。竞翔鸟类,主要指信鸽。我国养鸽较为普遍,鸽子可分为观赏鸽、信鸽和食用鸽3类,其中信鸽在国防、科研上都有特殊用途。鸽子具有出色的飞翔能力,经训练后可传递讯息。且鸽子竞翔比赛,是人们喜爱的体育项目之一,为人们提供了休闲的乐趣。

⑨捕猎物。狩猎鸟均较凶猛、强悍,体质强健、耐饥饿。能驯养的鸟在我国主要有苍鹰、雀鹰、鸬鹚、灰伯劳等,国外还有训练金雕的。我国渔民常常驯养鸬鹚用以捕鱼。

⑩鸟文化。人们爱鸟,是因为它能给人们带来视觉上和听觉上的快感。同时,人们也发现仅仅停留在观赏的小天地里并不能满足人们对美的追求,还应该借助于鸟文化的精神载体,由一般观赏升华到鉴赏的品位上去,形成对观赏性鸟类的鉴赏艺术。一只观赏鸟,若羽色、鸣声、形态、动作俱佳,能激发起人们浮想联翩,如鸽的温情平和,鹰的锐利进击,天鹅的专一情爱,鹤的高风亮节,鹭的高雅玉洁……无不令人赏心悦目,振奋不已。

构成中国鸟文化的,有许多著名的鸟禽。享有盛名的鸟如形态殊异的中华秋沙鸭、相亲相爱的鸳鸯、古称“仙鹤”的丹顶鹤、稀世珍禽朱鹮、巧舌艳丽的鹦鹉、报春布谷的杜鹃、驰名歌星百灵、喜鸣善斗的画眉、莺歌如梭的黄鹂、举世闻名的褐马鸡等。这些都是国家和民族吉祥如意的象征。古往今来,历代诗词大家,有许多赞美鸟的优秀诗词名篇佳句,引发人们从审美的角度来认识鸟类,使人们的心灵深处产生一种共鸣,或者说获得最富有诗意的怡情雅兴,从而获得精神上的享受。

3.1.2 观赏鸟的饲养设施

观赏鸟所需设备与器具随饲养目的、饲养种类的不同,其规模和形式也各不相同。若用于展览或商业饲养需大型鸟房,有的繁殖场会建为中型或小型鸟房,家庭饲养一般为小型鸟房。建议养鸟爱好者应了解清楚鸟种所需的生活条件,以选择最经济、最适合的养殖方式,购买最实用的附属器具,使鸟儿健康成长。

1)鸟房及其类型

一般来说,动物园、繁殖场、养鸟专业户及鸟商店所建养殖场所由于其养殖数量较大而首选鸟房。鸟房的建造地点应选在地势较高、向阳、通风和干燥的位置,要求冬暖夏凉、利于通风采光。为了适应鸟的饲养要求,应根据鸟的体型和生活习性而定。

鸟房类型按鸟对温度的要求分为常温、保温、加温3种,按鸟的体型分为特大、大、中、小4种类型。特殊饲养要求与珍稀品种应单独饲养,其鸟房应独立建造。

(1)鸟房按温度要求分类

①常温鸟房。建造简单,无须室内运动场,只需要挡风遮雨的设施即可。适用于耐寒能力特强的鸟类。

②保温鸟房。该鸟房由室内和运动场两部分组成,适用于比较畏寒的鸟类。

③加温鸟房。除了具备休息和运动的场所之外,还应有加温措施。适用于热带鸟类的饲养,冬季室温控制在20~22 ℃,要求既能保温又利于通风,采光系数高。

(2)鸟房按鸟的体型分类

①特大型鸟房。适用于鸵鸟科的鸟类。鸟房要大,长4 m,宽5 m,高2.5~3 m;运动场要大,长10~15 m、宽7~10 m,周围应有围墙或铁网,高2 m;冬季要有一定的保温措施。

②大型鸟房。适用于饲养体型稍大的鸟类，主要是犀鸟科和几种大型的鹦鹉。根据鸟的饲养条件，鸟房可有室内、室外之分，高度最好不低于3 m，如长3 m，宽4 m。

③中型鸟房。适宜饲养鸠鸽科、杜鹃科、戴胜科、咬娟科等鸟类，如四声杜鹃、戴胜、八哥。最好长3 m，宽3 m，高2.5 m，也可根据大小作适当地调整。

④小型鸟房。适宜饲养体型较小的鸟类，雀科、白灵科、黄鹂科、文鸟科，如红嘴相思鸟、文鸟、百灵、画眉、大山雀等。其建造要求参照中型鸟房，也可根据需要变化。

2）鸟笼及附属器具

鸟笼是饲养和遛鸟时所用的笼具，根据鸟的品种特征和生活习性，搭配不同的笼具增加其观赏效果。因此，在选用笼具时应注意形状、材质、色泽的搭配与鸟儿相称。

（1）鸟笼的分类

鸟笼按外形可分为方形笼、圆形笼和房屋形笼等（如图3.1）；按鸟的种类可分为硬食鸟和软食鸟两类鸟笼；按其用途可分为观赏笼、繁殖笼、浴笼、串笼、运输笼、踏笼等；按其材质可分为竹笼和金属笼。现介绍几种常用鸟笼以供参考。

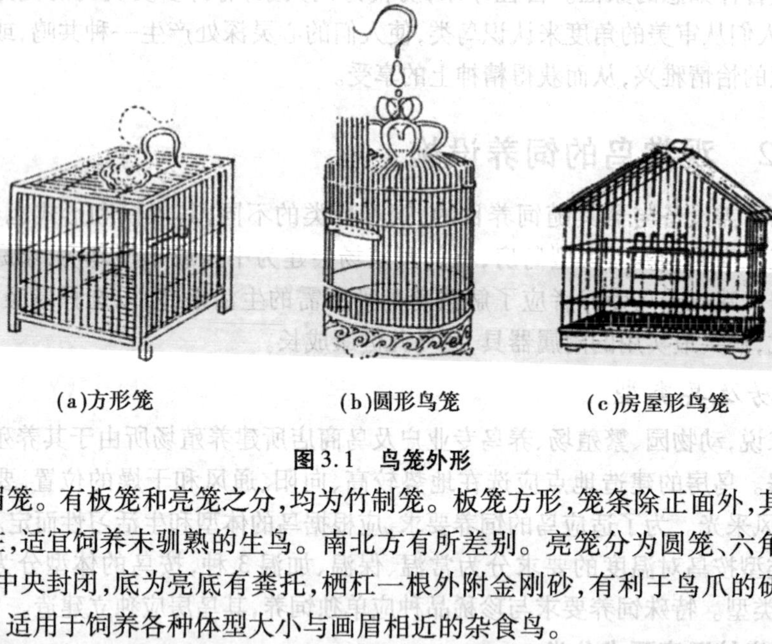

（a）方形笼　　（b）圆形鸟笼　　（c）房屋形鸟笼

图3.1　鸟笼外形

①画眉笼。有板笼和亮笼之分，均为竹制笼。板笼方形，笼条除正面外，其余三面均用竹片封住，适宜饲养未驯熟的生鸟。南北方有所差别。亮笼分为圆笼、六角形笼和腰鼓笼，笼顶中央封闭，底为亮底有粪托，栖杠一根外附金刚砂，有利于鸟爪的研磨。还应具备笼罩。适用于饲养各种体型大小与画眉相近的杂食鸟。

②八哥笼。适于饲养八哥、鹩哥及其他一些椋鸟科鸟类，还可用于画眉亚科、鸠亚科、伯劳科、鸫科等大型种，所以笼宜高大。一般笼呈筒状，高48 cm，直径36 cm，条间距2.2 cm，条粗0.4 cm。亮底，有粪托，栖杠一根，配以饮、食罐各一，笼底再加一软食罐。

③繁殖笼。专门用于繁殖的笼具。鸟场和养鸟专业户通常采用组合式繁殖笼，其优点是：占地面积小，操作方便，便于观察管理。组合式繁殖笼通常每组16～20个窝眼，每个窝眼大小为40 cm×40 cm×35 cm。每个窝眼应设有粪托、栖架各1根、窝巢1个。家庭饲养一般采用笼式繁殖，其大小为60 cm×35 cm×35 cm。

④浴笼。专供鸟洗浴的笼具，多为方形。大型的浴笼可直接将浴盆置于地面，浴笼盖在其上，将鸟串入浴笼，任鸟儿自由水浴。小型的浴笼先将鸟串入笼中，将浴笼放入水盆，让其水浴。

⑤串笼。在做日常清洁工作时,怕鸟惊撞而临时使用的笼子。串笼一般为长方形,前后开门内置栖息架,无饮食具。当然,若采用同样两个观赏笼串换使用更佳。

⑥运输笼。俗称扁笼或"拍子",是运输鸟的专门工具。一般长60~70 cm,宽40~45 cm,高12~13 cm。此类笼子可减少鸟的活动,并可摞在一起便于装车,占地少,搬运方便。

⑦踏笼。又称翻笼或滚笼,用于捕鸟。笼子分上下两层长方形,下层放诱子,上层分为两格,笼盖上放有谷子,可上下灵活翻动。野鸟听见诱子的叫声飞来采食谷物便会因踩踏落入上层。

(2)鸟笼的附属器具

饲养鸟除了需要上述一些物品外,还需其他附属器具,如食罐、水罐、巢箱、食撮、研钵、取卵勺、浴盆等。

(3)其他用品

①鸟架。用金属或木架栖停饲养的鸟类,主要适用于体形大、尾羽长的鸟和技艺类鸟的放飞和表演。一些尾羽长的鸟,如鹦鹉、灰喜鹊、红嘴蓝鹊、绶带鸟等,笼养易损坏其美丽的长尾,有碍观赏。用架子养鸟便于观赏逗玩,更易展示鸟羽绚丽多彩和多姿的动态。

鸟架的制作材料有金属和木制两种。除鹦鹉类因嘴强有力,需用金属架以外,其他均宜用木制架。鸟架的形状可分为立式鸟架、弯架、弓形架、篮形鸟架等。两端各设1个食罐和水罐。上架时需在鸟的颈部或跗跖部(鹦鹉多在此部位)套上脖锁或脚锁,然后用细铁链或尼龙线通过脖锁或脚锁将鸟栓在栖架上。一定要把鸟拴在栖杠的中部,绳的长度不能超过栖杠长度的1/2,否则鸟易因缠绕在弓架上而被吊死。

②颈扣和脚锁。是用铅丝或铜丝等材料制成的圆圈。制作颈扣或脚锁的铅丝粗细依鸟的种类不同而不同,鹦鹉类可用14~12号铅丝,蜡嘴雀等用18号铅丝,黄雀、朱顶雀等用20号铅丝制作。饲养鹦鹉常将脚锁套在鸟的跗跖部,其他鸟则多用颈扣套在鸟的颈项部。

③环志。鸟类学家经常用环志的方法对鸟进行研究。鸟类环志是一个铝镍合金或塑料制成的白色环,上面刻有编号。环的种类主要有脚环、翅环和颈环等。

3.1.3 营养及饲料

观赏鸟与其他动物一样,通过外界采食饲料获取生活必需的营养物质,以满足其生长发育和繁殖后代的需求。这些物质的营养功能各不相同,且具有不可替代性,因此,六大要素缺一不可。

1)营养需要

(1)蛋白质

蛋白质是生命的物质基础,它是构成鸟类皮肤、肌肉、内脏、羽毛的重要组成成分。鸟采食后在体内将其转化为氨基酸进行吸收,但是动物性蛋白和植物性蛋白所含氨基酸的种类不同。如果饲料中长期缺乏某一种物质会导致鸟生长迟滞、体重减轻,还会影响对饲料的消化和利用。因此,鸟类的饲料不能长期单一,而需要混合其他多种饲料,特别是动物性饲料对鸟类是有益的。

(2)脂肪

脂肪是构成鸟体组织及各种器官的重要成分,在肌肉、骨骼、神经、血液等组织中均含有脂肪。脂肪在体内具有保温、防止体热散失的功效,还能保护内脏,缓解外界冲击力。其次,脂肪对皮肤润滑、羽毛光泽具有重要的意义。

(3)碳水化合物

碳水化合物是鸟类热能的主要来源,是形成组织和各器官不可缺少的重要成分。鸟新陈代谢旺盛,每天活动量大,必须从饲料中摄取大量的能源来补充能量。碳水化合物主要包括粗纤维和无氮浸出物,而植物性饲料含量最高,一般鸟从日粮中便能吸取足够的能量。

(4)维生素

维生素对于鸟类来说,既不提供能量,也不构成组织器官,但却是鸟类生长、繁殖不可缺少的养分,还是代谢过程中的活化剂和加速剂。维生素分为两大类:脂溶性维生素和水溶性维生素。脂溶性维生素包括维生素 A、维生素 D、维生素 E、维生素 K,水溶性维生素包括 B 族维生素和维生素 C,前者主要存在于肝脏、脂肪组织和其他脏器中,后者主要存在于植物性饲料中。虽然在体内需求量小,但却具有不可替代性,否则会导致鸟抗病力下降,生长缓慢,甚至影响发情、繁殖。

(5)矿物质

矿物元素是构成细胞的必要成分,虽然含量小,但生长、发育、分泌、繁殖都离不开它。尤其是钙、磷、镁是构成骨骼的主要成分,一旦缺乏会严重影响鸟的生长发育,骨骼变形脆弱。在人工饲养的条件下,饲料搭配是非常重要的。

(6)水

水是任何动物机体不可缺少的东西,鸟体内水分含量高达体重的 2/3 左右。一旦流失达 10% ~20%,便会影响其身体健康,导致疾病,甚至死亡。水在体内的主要功能是促进食物消化、输送养分、废物排泄及体内各种化合反应,对维持体温、润滑关节起着至关重要的作用。因此,在平时饲喂时应随时供应干净清洁充足的饮用水。

2)食性

(1)根据鸟类食性为基础的分类

根据鸟类食性为基础的分类系统较为科学,被大多数人认可的分类方法是:食谷鸟类、食虫鸟类、杂食鸟类和食肉鸟类 4 个类群。

①食谷鸟类。食谷鸟类主要食谷、粟、稗等。这类鸟采食谷物有两种方法:一种是将整粒谷物吞下;另一种是用嘴咬剥开坚硬谷物种子的外壳,食取种仁。这类鸟的嘴多呈坚实的圆锥状,圆钝短粗,峰脊不明显。一般而言,采食坚硬籽实的铜蜡嘴雀、锡蜡嘴雀、云雀等鸟的嘴更为粗壮。食谷鸟类以雀科和文鸟科为最多,如黄雀、朱顶雀、蜡嘴雀、交嘴雀、燕雀、锦花雀、灰文鸟、白腰文鸟和五彩文鸟等。

②食虫鸟类。食虫鸟种类多、数量大,约占整个鸟类总数的一半。此类鸟的嘴形柔软细小,扁阔,峰脊明显。如啄食植物上细小昆虫的山雀、莺,嘴形尖细呈钳状,似小钳子。啄食树上大昆虫的黄鹂、山椒鸟则嘴细长而弯曲。啄食树皮内昆虫幼虫及卵的啄木鸟的嘴呈凿状。追捕或拦截飞虫的卷尾、鹟类等,嘴扁阔,峰脊明显、嘴须发达,脚短小而

无力。食虫鸟有：八色鸫科、山椒鸟科、鹎科、黄鹂科、卷尾科、岩鹨科、鸫(亚)科(部分)、画眉(亚)科(部分)、莺(亚)科、鹟(亚)科、山雀科、绣眼鸟科、伯劳科(部分)。它们绝大多数都是农林益鸟，所吃昆虫种类繁多，分布范围也较广泛。

③杂食性鸟类。杂食性鸟类的嘴形多长而稍弯曲，有峰脊。鹦鹉的嘴形特殊，上嘴钩曲，形似鹰嘴，但比较肥厚，适于咬碎坚果而非用于撕裂食物。百灵科的鸟以食植物种子为主，仅食少量昆虫；而鸫、画眉、椋鸟则要吃相当一部分昆虫，近于食虫鸟类；伯劳、鸦科鸟几乎是食肉鸟；鹦鹉、太平鸟却是食植物种子兼食水果或浆果的另一类"杂食鸟"。杂食鸟有百灵科、太平鸟科、椋鸟科(部分)、鸦科、鸫(亚)科(部分)、画眉(亚)科(部分)和鹦鹉目的鹦鹉科。

④食肉鸟类。凡食肉鸟类，其体形矫健、样子凶猛、嘴形大而强、钩曲而尖锐，上嘴尖端具缺刻，略似鹰嘴；脚强健，趾有利爪，便于撕裂肉类食物。这类鸟其嘴形也各异，有的大而强或钩曲而尖锐，尖端具缺刻，如鹰、隼；有的长而尖直，如鹳、鹭；有的长而弯曲，如鹬。此类鸟又可分为食肉鸟(猛禽等)和食鱼鸟(游禽、涉禽等)两类。

(2)**根据鸟类食物种类的分类**

为了饲养上的方便，养鸟爱好者们通常按鸟类食物种类的分类系统，根据所喂的人工饲料，分为硬食鸟、软食鸟、生食鸟、杂食鸟4大类。

①硬食鸟。硬食类鸟在自然界以各种植物种子为主要食物，主要采食未经加工的各种植物籽实。有粟、黍、稗、稻谷、玉米、苏子、麻子、油菜籽、葵花子和松果等。此类鸟嘴壳短而厚实，采食时常咬开植物种子外壳，食取种仁，一般不会将整粒种子吞食。

表3.1 全国主要硬食鸟列表

名 称	科 别	地区型	食 性	饲 料
百 灵	百灵科	全国	(兼食虫的)杂食	硬食
小沙百灵	百灵科	北方	(兼食虫的)杂食	硬食
凤头百灵	百灵科	北方	(兼食虫的)杂食	硬食
角百灵	百灵科	北方	(兼食虫的)杂食	硬食
云 雀	百灵科	北方	(兼食虫的)杂食	硬食
小云雀	百灵科	南方	(兼食虫的)杂食	硬食
虎斑地鸫	鸫(亚)科	北方	(兼食昆虫的)杂食	硬食
斑 鸫	鸫(亚)科	北方	(兼食昆虫的)杂食	硬食
灰背鸫	鸫(亚)科	北方	(兼食昆虫的)杂食	硬食
红梅花雀	文鸟科	全国	食谷	硬食
锦花鸟	文鸟科	全国	食谷	硬食
五彩文鸟	文鸟科	全国	食谷	硬食
白腰文鸟	文鸟科	南方	食谷	硬食
斑文鸟	文鸟科	南方	食谷	硬食
金丝雀	雀 科	全国	食谷	硬食
黄胸鹀	雀 科	全国	食谷	硬食

续表

名　称	科　别	地区型	食　性	饲　料
黄喉鹀	雀　科	全国	食谷	硬食
灰头鸡	雀　科	全国	食谷	硬食
栗　鹀	雀　科	全国	食谷	硬食
黑头蜡嘴雀	雀　科	全国	食谷	硬食
黑尾蜡嘴雀	雀　科	全国	食谷	硬食
锡嘴雀	雀　科	全国	食谷	硬食
红交嘴雀	雀　科	全国	食谷	硬食
黑头黄雀	雀　科	南方	食谷	硬食
黄　雀	雀　科	北方	食谷	硬食
白腰朱顶雀	雀　科	北方	食谷	硬食
朱　雀	雀　科	北方	食谷	硬食
北朱雀	雀　科	北方	食谷	硬食
白翅交嘴雀	雀　科	北方	食谷	硬食
红腹灰雀	雀　科	北方	食谷	硬食
三道眉草雀	雀　科	北方	食谷	硬食
小巫鹀	雀　科	北方	食谷	硬食
白眉鸡	雀　科	北方	食谷	硬食
黄眉鸡	雀　科	北方	食谷	硬食
苇　鹀	雀　科	北方	食谷	硬食
田　鹀	雀　科	北方	食谷	硬食
虎皮鹦鹉	鹦鹉科	全国	食谷	硬食
牡丹鹦鹉	鹦鹉科	全国	食谷	硬食
高冠鹦鹉	鹦鹉科	全国	食谷	硬食
小五彩鹦鹉	鹦鹉科	全国	食谷	硬食
绯胸鹦鹉	鹦鹉科	全国	食谷、玉米	硬食
大绯胸鹦鹉	鹦鹉科	全国	食谷、玉米	硬食
金刚鹦鹉	鹦鹉科	全国	食谷、玉米	硬食
琉璃金刚鹦鹉	鹦鹉科	全国	食谷、玉米	硬食

一般来说,硬食笼养鸟较易驯化,喂养也比较容易。从野外捕获的这类成鸟,经过短时间的驯养,便能顺利地取食人工饲料,适应笼养条件。

②软食鸟。家庭饲养以粉料、蛋米和肉糜为主要饲料。粉料可用黄豆粉、豌豆粉、绿豆粉、蚕豆粉、玉米粉等。昆虫包括大蓑蛾(又名皮虫、吊死鬼)、蝗虫、蚱蜢、油葫芦、玉米螟、蚕蛹、甲虫、蚯蚓、蜗牛及瘦肉丝等。果浆包括苹果、香蕉、番茄、南瓜、西瓜、荸荠、葡

萄等瓜果及青料。这类鸟主要有八哥、鹩哥、画眉、绣眼、黄鹂、柳莺、相思鸟、太平鸟、喜鹊、寿带鸟、戴胜和大山雀等。

表 3.2 全国主要软食鸟列表

名 称	科 别	地区型	食 性	饲 料
画 眉	画眉(亚)科	全国	(兼食昆虫的)杂食	软食
红嘴相思鸟	画眉(亚)科	全国	(兼食昆虫的)杂食	软食
丈须雀	画眉(亚)科	北方	(兼食果实的)杂食	软食
山 鹛	画眉(亚)科	北方	(兼食昆虫的)杂食	软食
棕颈钩嘴眉鸟	画眉(亚)科	南方	(兼食昆虫的)杂食	软食
红顶鹛	画眉(亚)科	南方	(兼食昆虫的)杂食	软食
大草鹛	画眉(亚)科	南方	(兼食昆虫的)杂食	软食
白喉噪鹛	画眉(亚)科	南方	(兼食昆虫的)杂食	软食
黑领噪鹛	画眉(亚)科	南方	(兼食昆虫的)杂食	软食
白颊噪鹛	画眉(亚)科	南方	(兼食昆虫的)杂食	软食
橙翅噪鹛	画眉(亚)科	南方	(兼食昆虫的)杂食	软食
丽色噪鹛	画眉(亚)科	南方	(兼食昆虫的)杂食	软食
灰翅噪鹛	画眉(亚)科	南方	(兼食昆虫的)杂食	软食
灰头鸦雀	画眉(亚)科	南方	食虫	软食
棕头鸦雀	画眉(亚)科	北方	食虫	软食
灰椋鸟	椋鸟科	北方	(兼食昆虫的)杂食	软食
八 哥	椋鸟科	全国	(兼食果实的)杂食	软食
林八哥	椋鸟科	南方	(兼食果实的)杂食	软食
鹩 哥	椋鸟科	南方	(兼食果实的)杂食	软食
红胁绣眼鸟	绣眼鸟科	北方	(兼食果实的)食虫	软食
暗绿绣眼鸟	绣眼鸟科	南方	(兼食果实的)食虫	软食
太平鸟	太平鸟科	北方	(兼食果实的)杂食	软食
小太平鸟	太平鸟科	北方	(兼食果实的)杂食	软食
松 鸦	鸦 科	北方	(兼食肉的)杂食	软食
红嘴蓝鹊	鸦 科	北方	(兼食肉的)杂食	软食
灰喜鹊	鸦 科	北方	(兼食肉的)杂食	软食
红嘴山鸦	鸦 科	南方	(兼食肉的)杂食	软食
红点颏	鸫 科	全国	食虫	软食
蓝点颏	鸫 科	全国	食虫	软食
蓝歌鸲	鸫 科	北方	食虫	软食
红胁蓝尾鸲	鸫 科	北方	食虫	软食

续表

名 称	科 别	地区型	食 性	饲 料
北红尾鸲	鹟(亚)科	北方	食虫	软食
灰顶红尾鸲	鹟(亚)科	北方	食虫	软食
蓝矶鸫	鹟(亚)科	北方	食虫	软食
蓝头矶鸫	鹟(亚)科	北方	食虫	软食
乌 鸫	鹟(亚)科	南方	食虫	软食
白眉地鸫	鹟(亚)科	南方	食虫	软食
鹊 鸲	鹟(亚)科	南方	食虫	软食
红尾伯劳	伯劳科	全国	食虫	软食
牛头伯劳	伯劳科	北方	食肉	软食
灰伯劳	伯劳科	北方	食肉	软食
黑枕黄鹂	黄鹂科	北方	食虫	软食
黑卷尾	卷尾科	北方	食虫	软食
棕眉山岩鹨	岩鹨科	北方	(兼食昆虫的)杂食	软食
大苇莺	莺(亚)科	北方	食虫	软食
芦 莺	莺(亚)科	北方	食虫	软食
黄点颏	鹟(亚)科	北方	食虫	软食
乌 鹟	鹟(亚)科	北方	食虫	软食
寿带鸟	鹟(亚)科	北方	食虫	软食
大山雀	山雀科	北方	食虫	软食
黄腹山雀	山雀科	北方	食虫	软食
煤山雀	山雀科	北方	食虫	软食
沼泽山雀	山雀科	北方	食虫	软食
绿背山雀	山雀科	南方	食虫	软食
蓝翅八色鸫	八色鸫科	南方	食虫	软食
粉红山椒鸡	山椒鸟科	南方	食虫	软食
红耳鹎	鹎 科	南方	食虫	软食
白头鹎	鹎 科	南方	食虫	软食
白喉红臀鹎	鹎 科	南方	食虫	软食

③生食鸟。生食鸟和食肉鸟类的范畴完全相同。此类鸟又可分食肉鸟和食鱼鸟两类。这类鸟以鱼、肉、虾为主要食物，捕食小鸟、鼠、鱼、虾、昆虫等。家庭饲养可用牛肉、羊肉、猪肉、泥鳅和鳝鱼等斩碎后喂食。人工饲养生食鸟较难，因其必须以肉或鱼为饲

料，且粪便腥臭，不易保持环境卫生。生食类鸟都具有锐利的爪和锐利的尖钩嘴，用以捕食猎物和撕食肉类。主要鸟种有：雀鹰、蓝翡翠、鹄、鸬鹚等。常见家养肉食鸟有：鹰科的苍鹰（黄鹰）和雀鹰（鹞子），翠鸟科的蓝翡翠（钓鱼郎），鸬鹚科的鸬鹚（鱼鹰）。

④杂食鸟。此类鸟品种繁多，食性较广。有的以食植物种子为主，兼吃昆虫；有的以食昆虫为主，兼吃植物种子；有的以食果实与植物种子为主，兼吃昆虫，但嘴形多为长而稍弯曲、有峰脊；或上嘴钩曲，形似鹰嘴，但比较肥厚。杂食鸟类一般较易饲养，新捕获的野生鸟也较易上食。从人工饲料来看，基本上属硬食鸟和软食鸟。此类玩赏鸟有：百灵、画眉、八哥、鹩哥、绯胸鹦鹉、虎皮鹦鹉、灰伯劳、牛头伯劳、红嘴蓝雀、灰喜鹊、红嘴山雀、云雀、松鸦、喜鹊、太平鸟和红嘴相思鸟等。

3）饲料

鸟类饲料种类较多，来源广泛，可分为植物性饲料（粒料、粉料、青绿饲料），动物性饲料（鱼类、昆虫类），色素饲料，矿物质饲料等，各具特点。

（1）粒料

粒料主要是指未经加工的植物籽食，是硬食鸟饲料的主要来源。常见的有：小米、稗子、稻谷、玉米、黍子、绿豆、黄豆、高粱等，营养价值高、价格便宜，是养鸟的理想食物。

表3.3　常见饲料成分及营养价值表（风干状态）

饲料名称	干物质/%	粗蛋白/%	粗脂肪/%	粗纤维/%	无氮浸出物/%	粗灰分/%	钙/%	磷/%	总能（MJ/kg）	代谢能（MJ/kg）
玉米	92.0	9.6	3.6	1.3	79.3	1.1	0.03	0.26	17.53	14.06
小麦	87.2	8.6	1.8	2.2	72.9	1.7	0.08	0.09	15.94	12.93
次粉	85.2	12.7	2.5	2.9	65.0	2.1	0.66	0.46	15.94	9.41
稻谷	89.2	8.7	3.3	11.0	60.3	5.8	0.31	0.30	15.90	9.75
高粱	89.6	8.1	2.5	1.2	76.4	1.4	0.04	0.27	16.57	13.43
大豆	91.0	41.7	16.3	2.5	25.9	4.6	0.12	0.54	21.34	14.60
大豆粕	93.1	42.6	0.9	4.2	40.7	4.7	0.08	0.58	18.41	11.21
菜籽粕	89.8	41.8	0.9	10.2	31.0	5.9	0.84	0.85	17.57	8.79
棉籽饼	91.7	37.2	6.5	11.7	29.6	6.7	0.25	0.90	18.70	9.04
花生粕	90.5	46.6	6.7	15.0	18.2	3.9	0.15	0.53	19.58	10.08
松针粉	89	11.4	7.9	27.9	38.8	3.0	0.86	0.16	17.53	—
国产鱼粉	91.1	49.1	3.8	0.6	11.5	26.1	0.41	2.02	15.31	7.74
肉粉	91.5	62.8	12.7	0.0	7.8	8.2	2.51	1.83	21.34	12.59
血粉	91.1	79.4	0.8	0.2	7.4	3.3	0.40	0.12	20.95	10.36
蚕蛹	93.0	57.9	28.0	0.0	1.6	5.5	0.15	0.92	25.1	16.19
鸡蛋	33.4	13.0	12.0	0.0	0.8	0.7	0.01	0.02	6.13	—

(2)**粉料**

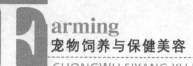

选用豆粉(如黄豆粉、豌豆粉、绿豆粉、玉米粉)、鱼粉、骨粉和蚕蛹粉等作为原料混合配置而成,是软食鸟的主要饲料。需要注意的是,豆类籽食必须炒熟以后磨成粉才能饲喂鸟,否则会因腹胀或消化不良而引起腹泻。经实践证明,只要调配得当,还可改变食虫鸟的食性而不影响其生长发育。

(3)**动物性饲料**

有些食虫鸟若长期不食活虫会影响其生长发育,因此,在适当的时候需要补充动物性饲料。除骨粉、血粉等粉料外,活虫是最理想的昆虫饲料。常用的有皮虫、黄粉虫、面包虫、蚕蛹、蝗虫、松毛虫等,对鸟类的健康、生长发育、繁殖都起着重要的作用。

(4)**青绿饲料**

青绿饲料主要是指瓜果蔬菜,如白菜、胡萝卜、油菜、苜蓿、西瓜、番茄、南瓜、苹果、梨等。这些青绿饲料含有丰富的糖分和维生素,是观赏鸟所需维生素的主要来源。需注意的是,菜叶应新鲜清洁,可在水中浸泡 5 ~ 10 分钟,沥干再喂。瓜果可切成小块置于笼中任其自由啄食。

(5)**补充饲料**

在鸟的特殊阶段可饲喂一些补充饲料以促进其发情、换羽。如催情饲料蛋米,其制作方法是:将大(小)米放入锅中文火炒至金黄色,混入鸡蛋搅拌均匀,摊开晒干撮散即可。也可直接用生鸡蛋拌大(小)米。蛋的个数因鸟品种、大小而定。

3.1.4 笼鸟驯服

野鸟驯养必须以科学合理、耐心而细致的方法驯养,这个过程就是驯服野性,也叫服笼。刚捕获来的野鸟,或者刚从市场购买来的生鸟,往往具有不同程度的野性。这种野性,就是鸟在自然界为了生存,惧怕敌害的本能反应,往往由于紧张、惊恐而表现为畏人、抑郁、拒食、飞撞等现象。驯养方法主要有以下几种:

1)遮蔽饲养

许多野生鸟类对强光会表现出恐惧、忧郁及强烈的烦躁情绪,在黑暗的环境中则易于安静。因此,首先应该把鸟安置在安静的环境中,并避免强光的刺激,使其安定下来,减少鸟的活动量。在笼养的情况下,可用一块深色的薄纱布将鸟笼罩住(如用板笼可不用鸟笼罩),并将饲料饮水置于较亮处,便于其随时取食。然后悬挂于一个僻静处,使笼鸟有个适应过程,渐渐地不畏人,约经过 1 周的时间,不少种类的鸟经过这样处理是能够安定下来的。

2)扎翅养法

刚捕得的鸟,如果初步驯养效果不佳,仍不停跳跃,烦躁不安,必要时可扎翅饲养。扎翅饲养法也叫"捆膀",此法多用于新入笼的、体型较小的食虫鸟类,如红、蓝点颏。其方法是:将两侧初级飞羽(翅膀外侧第 1 ~ 10 根飞羽)的羽端以细线分别扎紧,或只扎飞羽外侧的 4 ~ 5 枚,或把整个尾羽都捆上,也可将两翼交叉,用一根细线扎紧。然后置于昏暗处或置于带笼衣的笼箱里，尽量减少它们在笼中的活动。

3)洒浴敛法

新捕获的野鸟性情粗野，可采用通体沐浴的方法，使其野性收敛，即：将笼鸟连笼置于浅水盆内，让鸟自己跃入水中，两翼拨水洗浴。沐浴后鸟会因体羽湿重而失去飞撞力量。在羽毛未干之前，鸟一般都会自己用心梳理羽毛，若反复使用此法，会使它慢慢静下心来。此时饲养者最易接近，但需注意不要使鸟体湿透，水浴后的鸟要放在避风处。必须注意的是，气温低时，不宜采用此法，以防鸟儿感染风寒。

4)饥饿诱食

家庭驯养生鸟初期，鸟多因紧张惊恐而出现拒食现象，因此，可在安抚其平静的同时，细心地诱导其上食。开始要尽可能提供生鸟最喜欢吃的饲料。用长竹签挑食，诱其认食，使它采食人工饲养条件下提供的各种饲料。

诱食对硬食鸟是比较容易的。一般可选其喜食的苏子、菜子、葵花子等富含脂肪的饲料。待其取食后再逐渐混添些粟、黍、谷等饲料。有些鸟类喜欢采食果类食物，初养时可选其喜食且来源方便的水果，如香蕉、苹果等进行诱食，对于在野生条件下主要捕食昆虫的软食性鸟类，须选择适宜的昆虫活体，借助于虫体的蠕动来刺激食虫鸟类的食欲。对贪食（食欲旺盛）的鸟，可先暂停喂食，待其十分饥饿时再喂食。由于经不起饥饿和美食的诱惑，野鸟一般会在饲养者手上吃食，或自行觅食。但应特别注意，第一餐切勿喂得过饱，太饱了以后，它们又会远离饲养者。因此，开始时只宜喂得半饱，以少食多餐为好，这样可以增加与饲养者的接触，使之尽快适应环境和熟悉主人。

有条件时，可用已驯熟的笼鸟与其混养，起到带“上食”的作用。捉、卖鸟的人多采用此法。

5)强制填食

当饥饿诱食方法无效时，必须用填食来维护鸟的生命。在野鸟初养过程中，有时会遇到个别的鸟类或个体，生性孤僻而又刚烈，虽经多种方法和多种食物引诱，仍不能使其在24小时内开口取食。常有因拒食（主要是食虫鸟类）而导致体质消瘦的，如不及时采取措施，则可能饿死。在这种情况下必须采取人工填食。

人工填食的具体方法是：先将鸟体及头部固定于左手，用拇指和食指把鸟嘴掰开，将沾湿的食物填入鸟嘴中，随后放开鸟，使其平静后自行吞咽。此法进行时动作宜慢，待鸟有吞咽动作后，再喂第二次，如操之过急将使鸟食道承受不了，以致全部呕吐出来，或使食物误入气管导致死亡。喂食时要心细、手快，动作轻柔适度，特别要注意不可用力过猛，防止损伤鸟嘴和舌头。如喂食虫类应先将虫弄死，虫头向下投喂。一次不要喂得过多，待鸟吞咽后再喂第二次，而且不宜喂饱，填食量宜少不宜多，半量即可，使其略有饥意，保持食欲，以便及早主动取食。填喂时间和次数应根据鸟体的精神状况和消化效果等灵活掌握，一般每天早晚各填食一次，在此期间仍需提供新鲜适口的饲料和饮水，使其适时自动取食。

在填食鸟的笼内也要有水罐和食罐，备好水和食，使它熟悉，引诱它采食。强行填食的目的是帮助鸟暂时维持一定的营养，以便让它适应新的环境而不再拒食。

6)接触饲喂

当鸟经过较短时间的驯养后,野性稍有好转,此时可用细长的竹签刺插鸟最喜食、平时又少喂的食物,如昆虫、软浆果等,伸入笼内,引诱鸟前来啄食,直至饲养者直接用手指拈食物,让鸟嘴伸出笼外啄食。

3.1.5 笼鸟捉法

鸟体纤嫩、脆弱,握鸟时动作要松,比较常见的握法有以下几种:

①一般鸟类常用握法。将右手的拇指和食指捏在一起,靠近虎口处形成"O"形,抓牢鸟的颈部,两指的结合部捏住鸟的两腿。捏住两腿是握鸟的关键动作,这样鸟的两条腿的蹬抓力量将大大减弱。整个手掌握住鸟的背后,中指和无名指沿着鸟的腹部自然弯曲,小指握住鸟的尾羽或肛门外,整个鸟体卧仰在手掌上,使趾(爪)和头向上,以便检查鸟体各部位。八哥、蜡嘴雀嘴粗大有力,若捕捉不当,手指常会被咬伤。捕捉时,宜一只手逗引鸟注意,另一只手从其背后捉,用拇指和食指掐住其嘴基部,或用食指、中指掐住颈部,使鸟头不能旋转,以免被咬伤。

②右手的拇指和食指把鸟的颈部握住,小指和无名指握住鸟的肛门及尾部,中指自然弯曲,掌内留有较大空间,握住鸟的躯体,用手掌控鸟的翅膀,然后再检查眼睛,修剪爪子,或进行药物治疗。

③拿鸟时,用拇指和食指挟住小鸟的头,用手掌把小鸟的身体包住,或者两手合成茶杯状把小鸟的身体完全包住。

3.1.6 笼鸟上食

刚从自然界捕获的野鸟即所谓的"生鸟",饲养的关键是:使其"安定"和"上食"。

新喂养的生鸟,因不适环境,放进新的笼子里,会不顾一切地拼命乱飞乱撞,这时,应该把笼子放在安静的地方,用布罩上,使小鸟能安静下来。为了缓和鸟的紧张情绪,可使用扎翅、喷淋、水浴等方法来减少其飞跳和体力的消耗,以稳定它的情绪。

新捕到的鸟野性大,起初会很不适应笼中生活,甚至因拒食而饿死。此时可采用混放各种野生鸟,用"带上食"的办法使之上食。让上食的鸟和不上食的鸟在一起,相互影响,加上饥饿,这样,不上食的鸟也就会慢慢上食了。当然,还要注意鸟的食性,不同食性的鸟类应区别对待。

食谷类的鸟比较好饲养。只要给它创造一个安静的环境,罩上笼布,在食罐处留有透亮,笼底也洒一些鸟食,一般都会很快上食的。遇有脾气大的鸟,如白眉鸦、黄喉鸦(俗称黄蓬头)等,就需要扎翅,即把它的两翅交叉扎起来,再在食罐和笼底洒几条面包虫就会引诱其上食了,因为一般野生鸟类自小都是吃昆虫的。

杂食性鸟类也比较容易上食,如白头鹎(俗名白头翁)、乌鸫等。在食罐内放上画眉吃的混合饲料,再放上它们最愿吃的面包虫和半只苹果,两天后基本都能上食。个别脾气大的鸟也需要扎翅,免得它横冲直撞,撞坏鸟体。

食虫类野鸟上食比较难,如红点颏、蓝点颏、红尾歌鸲、蓝歌鸲、莺科的柳莺、树莺

(俗称树窜)、戴菊莺等,它们在野外从未吃过粉料,因此都不会在笼中进食。单只上食首先要扎翅甚至还要扎尾,再罩上笼布,透一点光亮,撤掉水罐,多放几只湿粉罐。饮食以炒熟的黄豆粉、绿豆粉、花生粉和熟蛋黄,另加大皮虫浆拌水成粥状(比例为料∶水∶浆=3∶3∶4),让鸟吃,也可以全部用虫浆加水。因为鸟渴了都要喝水,它一旦吃水吃到虫浆湿饲料,感觉与野外吃到的昆虫味道相同,就会主动吃湿粉,一般半天到一天就会上食。如果它还不愿上食,可以在食罐和笼底上洒几条面包虫或小黄虫(皮虫)诱其上食。生鸟是否已上食,可观察鸟的大便是否成形,有形则已上食。鸟上食后,即可以减少虫浆和水的比例,增加粉料。上食两天后,可以放入水罐,一般一周后鸟就可以吃干粉料了。但是每天还是要加一小罐湿粉,让鸟吸收上膘。同时,在粉料中加一些肉、鱼、虾等动物性饲料。笼养一年以上的老鸟,每天也要喂几条活昆虫,并在粉料中加些墨鱼骨粉等。

在上食和饲养过程中,要注意避免养成"思虫",排他拒食亦需注意,不能让鸟多吃面包虫,否则容易使鸟上火,患脚肿或眼肿等症。

3.1.7 笼鸟运动

鸟类是一种极爱运动的动物,在自然界中它们不停地飞翔、跳跃,使全身的肌肉和器官得到锻炼,从而增强体质,促进新陈代谢的功能,提高抗病的能力。

增强笼养鸟运动的方法很多,一种方法是:在笼舍中饲养的鸟类,栖木设置在笼舍的不同角度,饲料和饮水盆设置在低处,以增加它们飞翔的空间。在笼舍中装置摆动的吊环、浪木,使鸟飞上犹如荡秋千,前后摇晃迁荡,引起鸟体肌肉收缩和放松,这样既能驱使鸟儿运动,又能增加趣味,提高观赏效果。另一种是驱使鸟运动的方法——遛鸟。遛鸟,也称冲鸟,是一种极简便的增加鸟运动的方法。其方法是:每天清晨5:00—8:00,下午2:00—3:00(夏季不遛)或傍晚提着鸟笼散步,鸟笼罩上笼衣,一边走一边前后稍微摆动鸟笼,使鸟头尾时仰时俯,双翅时张时合,在摇晃状态下,保持平衡,使其全身肌肉有规律地收缩、放松,以增强鸟爪腿部肌肉的力度,使其爪握杠有力,同时也可锻炼鸟的胆量。在遛鸟过程中,鸟儿还可呼吸到新鲜的空气,对笼养鸟保持健康、防止过肥症等具有重要的作用。

遛鸟的地点宜选在树木丰茂、群鸟争鸣处,最理想的遛鸟地点,应是阔叶林与竹林,其次是公园与旷野。在市区养鸟,能带到林荫道上遛鸟也行。遛鸟的地点,最好经常变换,以引起鸟的兴奋。一般到达绿化地带后,鸟笼挂在树枝上沐浴阳光。特别是把笼鸟集中在一处,笼鸟互相攀比,引颈鸣唱,一试高低,也是一种运动。

遛鸟时,鸟笼不宜挂在风口处,特别是秋冬季节。遛鸟活动视情况而定,若遇天气不好,则不宜遛鸟,否则易使鸟患病。冬季也需要遛鸟,以锻炼鸟的耐寒性。有些不宜做提笼散步或活动栖架的鸟,如八哥、黄鹂、鹩哥、八色鸫等,可在喂食虫或其他喜爱的饲料时,在笼的不同角度用饲料逗,以引诱导它飞跳追逐,同时,也能增加它们的运动,迫使鸟进行飞翔活动,从而人为地达到运动的目的。

3.1.8 笼鸟四浴

大多数鸟都有洗浴的习惯，不同种类的鸟其洗浴方式不同，有水浴、日光浴、沙浴和蚁浴之分，俗称“四浴”。

1）水浴

水浴对鸟类来说，既是一种运动，又是一种享受，有益于鸟的健康。通过水浴，不但有利于清理羽毛上的污垢灰尘，清除体外寄生虫，而且可以滋润皮肤，帮助鸟体散热。

水浴时，可将浴缸盛满清水放置在笼内，同时将鸟笼放入盛有清水的盆中，使水淹及栖杠，让笼鸟自由洗浴。最好是将鸟移入专门的洗浴笼内进行水浴，以延长鸟笼的使用寿命。对入笼时间不长、还不会主动洗浴的笼鸟，可用清水从笼顶淋在笼鸟身体上，喷淋可逐步诱其自动入浴。但需注意气温低时，不宜采用此法。

笼鸟水浴时间不宜太长，一般以不湿透羽毛为度，而水浴的次数依鸟的种类、气温和环境的不同，随季节变换和个体差异而有所不同。例如，画眉、芙蓉鸟在夏季应予每日水浴。而珍珠鸟则两三天或一周水浴一次。换羽期的鸟应适当减少水浴时间。冬季则每周洗浴一次。

水浴后要及时把鸟体擦干并移到温度较高且避风的地方，使鸟羽能尽快干燥，以防止鸟受寒感冒。

冬天洗浴要防止笼鸟因受冻而猝死。例如，红点颏、蓝点颏就很喜欢洗澡，下水就会将全身洗透，偶尔洗罢后卧在笼底一动不动，这时，切忌用手去抓鸟，否则它一受惊就会猝死。此时，可用电吹风吹干羽毛，使它苏醒过来便可。

2）日光浴

日光浴是鸟类的一种重要洗浴方式。鸟类通过日光浴，使体内温度提升、热能积蓄，还可以加强血液循环，增进食欲。同时，阳光还能刺激脑垂体，增强性激素和甲状腺素的分泌，促进鸟类的生长发育，并且还有杀菌消毒的功能。

日光浴最好在上午阳光斜射时进行，将鸟笼移至阳光下，让鸟直接照射阳光。在夏季，应避免阳光直晒，要将鸟笼挂于荫凉处，利用反射的光线进行日光浴。在冬季，整天都可进行日光浴。

3）沙浴

许多地栖性鸟类，如百灵、云雀、麻雀、环颈雉、红腹锦鸡等笼鸟，都非常喜欢沙浴。它们常常啄取沙砾来摩擦皮肤、梳理羽毛，以驱除体外的寄生虫，保持羽毛的健康和光泽感。因此，笼养地栖性鸟类，应在笼内或鸟房里设置沙盘或沙坑，盘、坑内放置细沙，让笼鸟啄取进行沙浴。增强皮肤健康，增强鸟的消化功能。

鸟笼底铺的沙或细沙很容易被粪便等弄脏，要隔日过筛一次进行清理，并换入经过暴晒或清洁的河沙。

4）蚁浴

在自然界中，喜鹊、蜡嘴雀、鹦鹉、乌鸦等鸟类还有一种奇特的方式，即用蚂蚁“洗澡”

的习惯,喜鹊用灰土搅拌蚂蚁,或用炉灰搅拌蚂蚁来“洗澡”,乌鸦在没有蚂蚁或蚂蚁不够的情况下,还用各种甲虫、果皮、树皮及破布条等给自己洗澡。

鸟的身体易产生油脂,油脂的羽毛易生羽虱、螨,会使鸟儿精神不安,贫血消瘦。蚂蚁不仅会除虱、螨,而且会散发蚁酸,鸟儿用蚂蚁洗澡就是为了驱逐羽虱或螨,保持身体清洁。

笼养鸟不便采用蚁浴这种洗浴方式,可用水浴或沙浴来代替。家养的鹦鹉得了羽虱,可用杀虫剂药粉喷撒羽部,鸟笼用热水消毒或暴晒,即可消除。

3.1.9 笼鸟卫生

清洁卫生是保持鸟体健康、正常生活、防止疾病发生和流行的综合防治措施中的重要一环。鸟的日常卫生通常包括以下几个方面:

1)鸟体卫生

鸟体卫生是指鸟的羽毛、体表的清洁工作。除了经常给鸟提供水浴和沙浴外,黏附在羽毛或脚趾上的粪便,可以人工帮助清洗。清洗时,左手握鸟,鸟头伸出虎口朝人体方向,两趾从食指与中指间往外伸将清洗的趾或尾羽浸入水中。右手用软布或棉花将羽毛或趾上的积垢逐渐搓擦,洗毕后要用干布将湿羽吸干后再放回鸟笼。

2)饮水卫生

要注意保证饮用水的不间断供应,而且应供应洁净的清水。饮水罐清洁后再注入清洁饮水。为避免鸟在水罐中水浴弄脏饮水,可在水罐内放入丝瓜络或海绵,使鸟能饮水而不能戏水。为了防止饮水变质,可以在水罐中放一小块木炭,这样的话,即使在夏季隔天换水,水也不会变质。

3)鸟具卫生

每天要清洗鸟的栖架和接粪板,鸟笼笼底上如沾有粪迹,应将鸟笼浸入清水盆中清洗。水罐、食罐也要经常清洗。需要特别指出的是,在鸟类繁殖期间,鸟笼内的清扫不宜过勤,因为鸟类在繁殖期间要求安静。一般情况下,每1~2个月应对鸟舍及笼具、食罐、水罐栖杠及巢箱等进行一次常规的消毒。常用的消毒的方法有:干燥、日光暴晒,也可用热碱水和0.1%的苯扎溴铵(新洁尔灭)溶液消毒。

4)环境卫生

鸟笼放置地点应干燥、清洁,可将鸟笼放在塑胶布上,这样对收拾鸟笼附近的羽毛、灰尘不仅很方便,而且可以保护好家具和墙壁。应注意的是,鸟笼不要放在厨房和厕所等处,因为此类地方空气污浊易导致笼鸟患病。

5)饲喂人员卫生

饲喂人员在喂食鸟类时要注意手的清洁卫生,防止把病菌带给鸟类,接触鸟类后要洗手,防止人禽共患病。

3.1.10 观赏鸟类的繁殖

1)鸟类繁殖的特点

(1)季节性

鸟类繁殖的季节性非常明显,一般在春末夏初进行,但是,某些鸟类由于生活的地域不同,繁殖季节也不一样。这主要是因为其生殖器官的发育会受到光照周期的调控,导致鸟的繁殖季节不同。

(2)择偶性

在繁殖期,绝大多数鸟是一雌一雄结成配偶生活在一起,甚至多年不变(如天鹅)。但也有一雌多雄(如雉鸡、鸵鸟等)或一雄多雌(如三趾鹬、彩鹬)。

(3)区域性

巢区由雄鸟选择占据,大小各不相同,由鸟的体型和食物多少而定。雄鸟比雌鸟先发情,常在巢区内鸣啭求偶。对于它们占领的区域,绝不允许同类打扰,因此,雄鸟还肩负着保卫巢区安全的职责,对入侵者一律驱逐。所以,人工养殖时,一定要注意巢区的分隔,避免争斗。

(4)筑巢性

鸟在占领巢区、选好配偶后就会开始筑巢。筑巢的任务一般由雌鸟担任(如鸭、雉类),也有雌雄共同筑巢的(如家燕、啄木鸟等),作为产卵孵化和育雏的场所。鸟类营巢的材料和方法很多,常用的巢材有树叶、树枝、杂草、羽毛、纤维等,根据其巢的位置可分为地面巢、水面巢、洞穴巢、树上巢等,筑完巢后便可产卵孵化。

2)种鸟的选择

选种是繁殖笼鸟的关键,对繁育成功与否起着决定性的作用。为了提高其繁殖性能,培育出符合观赏的个体,必须注重种鸟的选择。种鸟的选择通常采用两种方法:一是根据体型外貌和生理特征进行选择;二是根据资料记录进行选择。

(1)根据体形外貌选择

应选择体质健壮、无伤残、无疾病、生长发育好、符合该品种特征的作为种用。

(2)根据资料记录选择

虽然鸟的外形特征与生产性能有一定关联,但单凭外貌选择很易出现偏差,只有依靠科学的记录资料进行统计分析,才能作出全面而正确地选择。平时需要记录的相关数据有:产蛋率、蛋重、开产月龄、受精率、孵化率、成活率等。取得上述资料后从以下4个方面考虑:

①根据系谱资料选择。就是根据父代、母代及祖代的成绩进行选择,可作出大致的判断。

②根据本身成绩选择。本身成绩的好坏能直接说明其生产性能情况,这是选种的重要依据之一,但此种选择只适用于遗传性能稳定的鸟只。

③根据同胞成绩选择。根据同胞兄弟姐妹或半同胞兄弟姐妹的成绩分析其生产性能,尤其是选择母鸟的产蛋性能可作为主要依据。

④根据后裔成绩选择。以上 3 种选择,可以比较准确地选出优秀的种鸟,但其遗传性能是否稳定必须对后裔进行测定,才能了解下一代的情况,使选择更具准确率和有效性。

3)雌雄鉴别

一般观赏鸟类雌雄成年个体差异较大,通过羽色就能区分,而对于一些雏鸟及毛色相似的鸟从外形上很难区分,就需要从其他方面进行区别。

(1)羽毛鉴别

一般来说,雄鸟的羽毛颜色鲜艳美丽,而雌鸟羽色素雅,此种鉴别方法适用于羽色差异较大的雌雄个体。

(2)鸣声鉴别

一般雄鸟鸣声好听动人,声调多变,而雌鸟鸣声单调。

(3)触摸鉴别

此法适宜于雄鸟交配器明显的鸟类,如鸵鸟、鸭、鹅等,用手指可明显感知。

(4)翻肛鉴别

此法用于雏鸟的鉴别。雄鸟泄殖腔突起有明显的交配器,雌鸟则较平呈圆形,用手轻轻将泄殖腔翻开可看到生殖突起。

养鸟经验丰富者,可通过鸟的嘴形、眉形、体型等细微的差别就可判别雌雄。

4)配对与产卵

(1)配对的方法

①自然配对。自然交配又称本交,是指让鸟类自然配种繁殖后代的方法。鸟类一般具有择偶性,所以可将鸟按一定比例合笼饲养,配种之前戴上脚环,以利于识别,但有可能会出现雄鸟争偶现象。根据家庭养殖鸟类的自然交配方式,又可分为自由交配和人工控制交配。

A. 自由交配。将雌雄鸟常年混养,任其自由交配,完全不受人工控制。其优点是:易管理,节省人工,可以常年配种;其缺点是:易出现雌雄早配现象,影响后代的正常发育与体质健康状况,无法进行选种工作,且雄鸟之间争斗厉害,降低种蛋受精率。因此,此种方法一般用于家庭饲养,大型养殖场不会采用。

B. 人工控制交配。是目前较多的一类交配方法,具体有大群配种、小间配种、个体控制配种、人工辅助交配等几种方法。

a. 大群配种。一般根据雌鸟的数量,合群饲养,任其自由交配。雌雄比例根据鸟的种类不同而有所差别。此种方法适用于雌雄鸟年龄较一致、比例恰当的情况,种蛋受精率高。一般家庭养鸟可采用此法。

b. 小间配种。顾名思义,在一个配种小间进行配种的方法。将一只特定的雄鸟放入配种间,雌雄鸟各自编上号码,内置产卵箱。此种方法专门用于培育某些优良品种,是育种工作中最常使用的方法。但此种方法的缺点是:种蛋受精率较大群配种低。

c. 个体控制配种。先将一只优秀的雄鸟放入配种笼,再将一只雌鸟放入,待交配后取出放入下一只雌鸟,如此轮流,放入雌鸟与该鸟交配。其优点是:能充分利用种用雄鸟,种蛋受精率高;其缺点是:费时费力,需要人工监督。

d. 人工辅助交配。就是将雌鸟捉到雄鸟笼中,在人工监视下或进行必要的辅助完成交配的过程。此法适用于自然交配困难,特别是种间杂交的情况。例如:某些雌鸟特别凶猛,可将其翅翼捆住使它暂时失去格斗能力,待交配成功后再解除束缚。

②人工授精。人工授精是指用人工的方法,采集雄鸟的精液,再用器械等将精液输入到雌鸟生殖道内,以代替雌雄鸟自然交配的一种方法。人工授精的优势在于:能充分发挥种鸟的利用率,提高种蛋的受精率和孵化率;可以避免雌雄鸟个体差异太大造成的交配困难现象;有利于育种工作的开展,提供准确的数据资料;减少交配时种鸟的疫病传播率;扩大"基因库",利于国内外品种杂交,推出新品种。

(2)**配对的注意事项**

①在繁殖季节到来之前,应对种鸟进行全面的性别鉴定,特别是羽色差异不大的品种更要注意区别,避免合笼时雌雄比例不均导致争偶现象出现。

②配对前种鸟都应佩戴脚环,有利于区别,避免近亲繁殖。

(3)**鸟产卵的时间与注意事项**

到了繁殖季节,种鸟择偶配对后便会筑巢、产卵。鸟的种类不同,所产卵的形状、大小、颜色各不相同,数量从一枚到十多枚不等。大多数的卵为椭圆形,也有圆形(啄木鸟、长耳鸮)、陀螺形(海雀类)、圆锥形等。产卵的多少与气温有关,一般寒带和热带的鸟产卵数少于温带的鸟类;生活食物缺乏的鸟少于食物丰盈的鸟类。有的鸟在卵被人取走后,还会补产数卵,这一特性可被人们利用以繁殖大量的笼鸟。

鸟在产卵期间,每产一枚蛋的间隔时间不甚相同。多数小型鸣禽每日1枚;雉鸡类每隔1~2日1枚;大型飞禽每隔2~5日1枚。掌握其产卵规律,有利于准时捡蛋妥善保管,集中孵化,提高孵化率与产蛋率。

5)人工孵化

鸟的自然孵化时间根据品种不同有所差别,如果是大规模养殖场,为了提高种蛋孵化率,最好将种蛋收集起来48小时以内送至孵化室,其孵化程序与鸡大致相同。首先应用高锰酸钾甲醛溶液熏蒸消毒,孵化温度根据鸟的特性制订。一般前期温度保持在37.1~37.2 ℃,离出雏3~4天,温度降至36.7~37 ℃。在孵化前期每2小时人工翻蛋1次,每天凉蛋1次,15分钟/次,相对湿度55%~60%;后期停止翻蛋,每天凉蛋2~3次,20~25分钟/次。

照蛋是利用灯光或自然光透视蛋类胚胎的成长情况,其目的是为了及时了解胚胎发育情况,判断孵化条件是否恰当,以便及时纠正和调整,同时,判断出受精蛋、无精蛋和死胎蛋以便及时拣出。整个孵化期至少照2~3次,第一次在全孵化期的1/4时进行,检查受精的情况和有无死精蛋;第二次或最后一次检查胚胎的发育情况,及时取出死胎蛋。

在出雏前两天,将种蛋从孵化机的孵化盘移至出雏器的出雏盘,从而让鸟破壳而出的过程称为落盘。落盘后温度比前一阶段降低0.5~1 ℃,此时不再翻蛋,注意加大通风量增加湿度。在落盘12小时后,每6小时用40 ℃左右的温水淋蛋1次,以利出壳。开始出雏后,每天应定时拣雏2~4次,每次只拣出羽毛已干的幼雏分批送至育雏室育雏。

6)育雏

雏鸟根据其出生时发育的形态,可分为早成鸟和晚成鸟两大类。早成鸟出雏后耳目具有听力和视力,全身有绒羽,出壳不久便可啄食行走,它们多生活于地面或水面,如雉、鹤、雁、鸭、鸵鸟等。晚成鸟初生无听力和视力,全身裸露或绒毛量少,需长时间留在巢中由亲鸟饲喂,此类鸟多生活于树枝、洞穴、草丛,如鹦鹉、八哥、百灵等。

(1)育雏的方法与步骤

育雏的方法大致分为两种:一种是本亲哺育,也叫亲鸟哺育法;另一种是人工哺育法。前者育雏由雌雄双亲哺育,负责给水、喂食、清除巢内粪便、保持幼鸟体温等多项工作;后者用人工为雏鸟提供适宜的温度和光照以及营养适宜的饲料。不同鸟类采用不同的饲喂方法。

(2)育雏的注意事项

人工哺育多用于救助失去双亲或被抛弃的雏鸟,是饲养繁育鸟工作的一项基本技术。要注意的问题有以下几点:

①为了雏鸟能健康成长,在准备育雏饲料时,要全面考虑饲料的营养性、适口性和消化率。

②同时饲喂多只鸟时,注意不能漏喂。

③对于同一窝中发育程度不同的雏鸟应及时分窝,避免发生争食和踩踏事件。

人工哺育可以增强鸟对人的亲和力,即使野性较强的鸟在幼年时期被人养活,通过人工哺育后都能驯化良好。因此,掌握人工哺育方法,对人工培育繁殖鸟的品种非常有利,是鸟类被人类驯化的前提条件。

3.1.11 观赏鸟技艺的训练

训练观赏鸟具备一定的技艺,主要用于驯鸟表演,其原理是根据条件反射,以鸟爱吃的食物为诱饵进行刺激,教会鸟一些动作与操练。每当鸟完成规定技艺时,便可喂以其喜爱的食物;完不成时,则不给或少给。如此持之以恒,掌握规律,便能达到预期目的。

1)驯鸟手段

家养鸟经过适当调教与驯化,可供玩赏,闻其悦耳鸣声,看其技艺表演。以此娱乐身心,陶冶性情。养鸟乐,驯鸟更乐。驯鸟和驯其他动物一样,是有一定的驯鸟手段和规律可寻的。

(1)基本要求

①与鸟交友。驯鸟是养鸟的高级阶段,需要具有一定的鸟类知识和养鸟的实践经验。其重要一点就是与鸟建立友好感情,要想让鸟听话,就得对鸟有爱心,善待鸟只,取得鸟的信赖。

首先要熟悉鸟的生活习性、生理特点、日常习惯、智力和鸟体状况、适应与应变能力等。起初鸟并不认识自己的主人,开始驯养时,可以利用喂食的机会呼唤鸟名。时间一长,它会根据说话的声音认出自己的主人。饲喂时让鸟在手中啄食,一边喂食,一边轻轻地抚摸,使它对主人有个温暖和友好的印象。如此,鸟会逐渐懂得:给它吃食物、给它洗澡、给它医治病痛的都是主人,便会对主人产生一种依依不舍之情。这时,就可以开始进行动作训练了。鸟一旦对主人产生了依恋感和信任感,日后接受各种技艺训练就有了基础。

②取其所长。鸟有温顺和粗野、聪明和愚笨之分。世界上的鸟类种别颇多,形态、习性也各不相同。因此,我们养鸟驯鸟需要众中选优,优中选佳,层层筛选,力求选准,这就是所谓的百里挑一法。

就驯化来看,较理想的鸟通常是条身稍长,身强体壮,毛羽薄、细,肩胛收紧,尾巴并拢成一条线,左右翅膀的尾部互相交叉;头大嘴壳薄,眼睛大而机灵,反应敏锐,常东张西望;站立抬头、挺胸、收腹,尾巴夹紧,是姿势优美的鸟。同时,还要注意选择健康的雄鸟。雌雄性相比,雄性一般比雌性灵活些,力气相对也要大些,能接受艰苦的训练,保持充沛的体力和饱满的精神进行表演和竞赛。

有些鸟性情粗野,脾气暴躁,好啄人,甚至拒食,这类鸟不宜马上着手训练并应设法予以治服。遇有啄人的鸟,可取生姜一片,待其张口啄人之时,将姜片塞入其口中,几次下来,使它辛辣难忍,就再也不敢撒野啄人了。

驯鸟者要善于利用和发挥各种鸟的特长,加以施驯。由于每只鸟的生理特点各不相同,它们也就各有所长,因此,选择适合它们表演的节目时,就得利用鸟的本能,鸟尽其才,扬其所长,避其所短,因势利导,耐心驯教。这样调教起来,才能得心应手,取得成功。

③循序渐进。饲驯鸟的工作是一件繁杂而持久的事情,而且必须遵循由浅入深、由简入繁的原则。

(2)主要手段

①食物诱导。是驯鸟的根本方法,而且要把它贯穿到训练、表演和竞赛的全过程之中。以食物为诱饵,利用鸟类的觅食本能,让鸟学会各种动作。鸟为了吃食,便会自觉或不自觉地顺从主人的巧妙调教。在训练期间,要根据鸟的表现好坏进行赏罚,巩固条件反射的成果,激励和调动鸟习艺的积极性。驯鸟要注意科学喂养,一般使鸟处于半饥饿状态,这是保持鸟儿接受训练调教的最佳状态。

②先易后难。驯鸟如同其他任何教育工作一样,一般都要遵循先易后难、由浅入深、循序渐进的原则。对鸟儿的训练,也应从鸟的实际情况出发,选用适当的方法,来实施调教训练,不能拔苗助长,急于求成。驯鸟需要认真,要有创新的勇气,才能出奇制胜。

③早期教育。"人勤鸟好,贵在驯小。"一足岁鸟龄,体型大小已基本定型,这个时候开始驯化最为适宜。一足岁鸟龄的鸟,可塑性大,容易调教完成较为复杂的高难度动作,如驯鸟鸣唱、驯鸟学话、驯鸟技艺、驯鸟打斗、驯鸟竞翔、驯鸟狩猎等。

2)驯鸟鸣唱

鸣唱是各种鸣禽的本能和天性,但要使鸟鸣叫更加悠扬,音调、节奏更加有序,还需经过反复的训练才行。

鸣唱的训练,最好从幼龄开始,选择幼年的雄性个体进行定时、定环境不间断的训练。训练时间应在每天清晨日出前后,选择无惊扰、无杂乱声音的安静场所和草木、花卉繁茂的环境，此时笼鸟精力最充沛，可使之静听准备要学习的1～2种简短鸣唱声音。

鸣唱训练的方法主要是带教和遛鸟。带教是指由“教师鸟”教唱，如驯芙蓉鸟，可以选用鸣叫好的成鸟带，也可以由百灵、大山雀带。教唱鸟应认真选择，其本身定要具备悠扬婉转、音调有序、节奏感强的功底。带教的做法：要找清静的场所，以老带幼，两笼并悬，一鸟欢鸣，幼鸟则在密罩的笼内洗耳恭听。翻来覆去，自然学成。接受训练的鸟宜单笼饲养，一般聪明的个体大约1周时间即可学会类似的鸣唱。另外，还可利用录音带调教鸟儿学话和鸣唱。这种方法易调动幼鸟学仿的积极性，且比较省力，效果也较好。

具有悦耳鸣声的小鸟，最好雌雄分开饲养。具有良好音量的雄鸟，除了炫耀它的声音外，还有寻求配偶的意图存在。如果和雌鸟养在一起，常常会造成失音的现象。鸣鸟突然失音嘶哑，多由喉管受刺激、鸣肌撕破或鸣肌疼痛，喉管和鸣管患有疾病等因素造成。将失音鸟放入温暖处，用一碗水加3滴葡萄酒让鸟饮用，有使鸟恢复鸣叫的功效。一般年龄在10岁以上的鸟，到最后会停止鸣叫。

3）驯鸟学话

常被人们用以训练“说话”的鸟，主要有椋鸟科（八哥、鹩哥、黑领椋鸟）、鸦科（红嘴山鸦、松鸦）、鹦鹉科（大徘胸鹦鹉、葵花鹦鹉、灰鹦鹉）、长尾蓝鹊等鸟，但八哥需捻舌后才能教以人语。对鸟进行语言训练，要选择羽毛长齐或即将离巢的幼鸟，经过饲养后可以温驯地适应人工饲养。要求在教学前能在笼内或架上安定地生活，愿意接受主人抚摸或靠近，也能直接从主人手上接食。

教学环境应选择一个安静无噪声的场所，否则容易分散鸟的注意力。教学时间应以清晨、空腹时进行最好，因鸟的鸣叫在清晨最为活跃，且鸟尚未饱食，教学效果较好，可以一边教一边投以少量喜食食物。

所教语言应由简入繁，音节由少增多。开始时，应选择简单的短句，如“您好”“欢迎”等，教时口齿要清晰，发音要缓慢，具备耐心。每日反复对鸟教同一语句，不应变换，一般一句话教一周左右即能学会，学会后再巩固几天，再教下一句，如果反应比较灵敏的鸟，还可教以简单的歌谣。若让鸟对着镜子或将鸟儿挂水盆上方，让它看见自己的影子，像与同类对话一样，效果会更好。

4）驯鸟手玩

手玩鸟是指经过训练后能够立于人手或与人玩耍的鸟。一只对环境已完全熟悉的手玩鸟能听懂主人的号令，它可以在手掌上取食，在肩膀上逗留，片刻不离主人的左右，所表现出的动作惹人喜爱。此类鸟一般有白腰文鸟、芙蓉鸟、珍珠鸟、虎皮鹦鹉和牡丹鹦鹉等。这些鸟不仅羽色艳丽、体态优美、而且易于繁殖，很适合初学者饲养。

具体训练方法：选择雏鸟受驯，饲养者可在手上喂养，让它啄食。在进食前后，要有一定的时间与它游戏，克服鸟对人的恐惧感，增加小鸟与饲主的感情。采取食物控制的方法掌握“食口”，也就是选择清晨鸟空腹的时候，投些好食料喂它，但一次不宜喂得太饱。将鸟喜欢吃的食物用手一点点地喂，多次引诱其活动，每天保证1～1.5小时的运动量，使其形成条件反射。时间一久，自然能成功驯服，但驯鸟一定要耐心、细致，切不可急躁。

5）放飞

鸟的放飞训练以将鸟放出笼舍后而不逃逸为标准，是教以杂技的最基本要求。鸟必须在学会此项技能的基础上才能教以其他技艺，否则会有逃逸的危险。

训练前，最好将准备训练放飞的笼鸟放在单独的笼中饲养或上架饲养。其颈部用线拴住，线的长短根据训练成绩逐渐放长，最终除去。被驯鸟应时刻保持半饥饿状态，待学会一定技艺后才喂以食物，加深笼鸟的印象。驯养人将饲料置于手中，给鸟啄食，形成展开便有食物的状态，多次训练后鸟才会不再惧怕手。然后将拳头握紧，让鸟无法啄食，鸟暂时离开又将手掌摊开让其飞回，如此反复鸟会不断得到强化，逐步养成追手、追拳的习惯，使被驯鸟在栖架、空中、手掌间往返飞跃。当然，在此之前一定要让鸟对自己的栖息架、鸟笼有所识别，这样它才能准确地飞回栖架或笼子。

黑头蜡嘴雀、黑尾蜡嘴雀、锡嘴雀、交嘴雀、黄雀以及白腰文鸟、斑纹鸟、八哥、白玉鸟等都是常用于训练放飞的笼鸟种类。

6）接物

接物技艺是将物体抛向鸟或空中，鸟能准确判断用嘴接住。一般用骨质的弹子作为接物，弹子大小根据鸟种决定，常用的训练鸟有蜡嘴雀、朱顶雀、黄雀，训练前应上架饲养。

训练者手握饲料在鸟嘴前挑逗其啄食，待其能啄食手中的食物时，将饲料抛向正前方，诱导其接住啄食。经过1~2天，一般能训成，然后先丢出几粒饲料，再丢出弹子，鸟接住后会因为无法吞咽而吐出，这时训练者应及时接住弹子，再奖励1~2粒饲料，如果没接住弹子则不给食物。如此形成条件反射后，弹子可逐渐抛远或抛离，并增加弹子数。训练成绩好的鸟可连续接住抛向高空的3~4粒弹子。但接物训练和表演只能在秋季、冬季和早春。

7）戴面具

戴面具的技艺是用各种小型面具由鸟嘴衔住像戴面具一样的感觉。面具用白果壳做成，将果壳劈成两半去除果仁，中部用24号细铜丝串联固定，然后在白果壳的正面画成脸谱。主要用于小型鸟的训练，如朱顶雀、黄雀、山麻雀等。

受驯鸟的基本要求是会放飞技能，保持其饥饿感，先在白果壳内放置一些饲料任其啄食，这样鸟便不会惧怕果壳。接着将食物粘在果壳内的铜丝上诱其啄食，当它衔起时便给予奖励，逐渐驯导铜丝上无饲料也能衔起，每衔起一个便奖励一次。训练成绩优良者，可接连调换3~4个面具。

8）信鸽竞翔

鸽子分为观赏鸽、信鸽和食用鸽3大类，其中信鸽在国防、科研上都有其特殊用途。鸽子具有极佳的飞翔能力，受过训练后可以用来传递讯息。竞翔鸟类主要是指信鸽，鸽子竞翔比赛，是人们喜爱的体育项目之一，为人们提供了休闲的乐趣。信鸽竞翔前需经以下一些训练，直至长距竞翔。

（1）城区训练

每天清晨将信鸽装入笼内，在城区内进行训练，由近及远，使信鸽熟悉它的住处和鸽舍。

(2)**郊区训练**

鸽进行短期的城区训练以后,即可将信鸽带到郊区训练,一般要进行东、南、西、北4个方向的城郊训练。信鸽在训练初期,可先集体放出,进一步再作单只放飞,如果它们均能迅速归巢,证明环境训练已收到初步成效。

(3)**近站多放训练**

信鸽通过城区、郊区训练后,即可开始进行较远距离的训练。

开始时,将信鸽运到20~30 km处驯放。以后每隔三四天或一周时间,逐步延伸十多千米。信鸽经过多次近站训练,就增加了信鸽归巢的记忆力,并为今后参加竞翔迅速归巢打下了基础。

(4)**中距离**(300~500 km)**训练**

每站距离增加300~500 km,如果信鸽体格健壮、归巢速度很快,又无疲劳现象,训练的距离可以增加50~60 km。每次训练以后,要让信鸽休息5~7天,这样做既可避免损失,又可为将来参加竞翔养精蓄锐,创造好的成绩。

(5)**长距离**(800~1 000 km)**竞翔**

"近站多放,远站距离成倍翻"或"近站多放,远站一直线",这都是多年来的经验积累,已成为了常规。

目前,国内放飞时间一般都在早上。放飞时间可以根据放飞地点的气候而定,能见度高的可以早一些时间放飞,能见度低的应该等到能见度高时再放飞。

如果条件许可的话,放飞竞翔地理位置的选择,应该尽量避免在高山脚下、海面、大面积的江湖、四周是高山的盆地进行放飞,这样可以减少不必要的损失。信鸽通过一般日常飞翔训练以后,已练好基本功。然后根据信鸽的年龄参加春、秋两季的竞翔,但在竞翔之前,仍需进行以上训练。

信鸽在训练、竞翔阶段,消耗体力较大,热量需要较多,最好多喂玉米、豌豆,以弥补它的体力消耗。竞翔归来的鸽子,不要急于让它们就食,应让它们休息几分钟,使它们心肺恢复到常态后,再给以少量的饮水,饮水中适量加点食盐和葡萄糖等,使它们尽早消除疲劳,待1小时后未见异常症状,方可喂食。

参加训练或竞翔的信鸽,最好为其物色一个配偶,以促使它迅速归巢。为了避免和防止其他信鸽争夺鸽窝,参加竞翔信鸽的鸽窝,必须及时关闭或用砖抵住鸽窝门,以免与侵占它鸽窝的信鸽打架而影响健康。另外,还要防止它的配偶与其他信鸽配上,以保持竞翔良好竞技状态。

3.2 常见观赏鸟

3.2.1 画眉

画眉(如图3.2)又名百舌鸟、金画眉、虎鸫,属雀形目、鹟科、画眉亚科。画眉主要分布于甘肃、陕西、河南、安徽、江苏、浙江、福建、四川、贵州、云南、海南以及台湾地区等地,

图3.2 画眉

是我国独有的珍贵鸣鸟。由于其鸣声洪亮、婉转多变、富有韵味而闻名于世，有“林中歌手”“鹛类之王”的美誉，受到中外养鸟爱好者的好评。

1)画眉的形态特征

画眉体长21～24 cm，体重60～80 g，尾长占体长的近1/2。上体橄榄褐色，头和上背羽毛具深褐色轴纹，下体棕黄色，腹部中央灰色。嘴和腿都呈黄色，眼周围白色，眼的上方有清晰的白色眉纹向后延伸呈娥眉状，眉细曲而长如画，犹如用白色的漆描绘而成，故曰“画眉”。

画眉雌雄同色，从外形上看很难区别，因此有“画眉不叫，神仙不知”的说法，也就是说要想判定雌雄，最为准确的方法就是听其鸣声。雄鸟鸣声动人，音韵多变；雌鸟叫声单调，只有一个音阶。当然，有经验者还是能通过仔细观察，从体表的细微差别分辨雌雄。

表3.4 画眉的雌雄鉴别

类别	鸣声	眼睛	体形	头形	羽腿
雄鸟	婉转动听 音韵多变	眼球蓝色 凸起有神 白眉细长	毛紧 体形修长	头大而宽	头顶、颈、胸部羽毛条纹明显而有光泽，尾羽宽厚，腿粗壮，爪盘较大，前趾较大，后趾短粗，末端有圆球。
雌鸟	鸣声单调 一个音阶	—	体形短胖	头圆而小	头顶、颈、胸部羽毛条纹较浅，且短于雄鸟，尾羽短薄，腿稍细，爪盘小，后趾细长，末端无圆球或球状不明显。

表3.5 窝雏的雌雄鉴别

根据窝只数	形态特征	声乐刺激
每窝5只者：1,3,5为雄雏，其余雌雏。每窝3只者：1,3雄性，中间雌性。	雄雏体格大，争食能力强，嘴叉大，张嘴时口腔颜色偏红，雌雏偏黄。	雄雏喉部出现一起一落的鼓动欲鸣之状。

2)画眉的生活习性

画眉栖息于山区、丘陵地带的灌木丛或村落附近的竹林、树木丛中。喜单独活动，性情安静，秋冬也结成小群。性机敏、胆怯、好隐匿，常立于树枝杈梢间鸣叫。

画眉食性较杂，但以昆虫为主，可食蝗虫、金龟子、松毛虫卵、椿象卵等，植物性食物主要以植物种子、果实、草籽、野果、草莓等为主。

画眉从3月底4月初开始繁殖，一直延续到7月中下旬，一年可繁殖2～3窝。每窝产3～5枚卵，卵椭圆形，呈浅蓝色或天蓝色具褐色斑点。孵化由雌鸟完成，孵化期14～15天。育雏由雌雄亲鸟共同担任，雏鸟需哺育20天左右方可离巢。

3)画眉的饲养管理

(1)水浴

画眉鸟产于我国南方，喜欢水浴，因此，每天都应该给予水浴。根据季节变化，冬天可适当减少水浴次数，水温控制在30 ℃左右。

(2)饲料配置

饲喂画眉的饲料主要有小米、碎大米、玉米面、玉米渣等，这些饲料营养丰富，碳水化合物含量高。除此之外，还要饲喂一些鸡蛋、瘦肉、虾蟹等。在特殊时期可配以蛋肉米、炒蛋米，制作方法见上节的补充饲料。需注意的是，饲料一定要新鲜、干净，配置方法和比例得当，否则画眉很易生病甚至危及生命。

(3)遛鸟

画眉鸟有个特点，即越遛鸣叫得越起劲，所以，养画眉应养成一个习惯，每天清晨或下午带着画眉到郊外或公园遛一趟。但要注意，如果要将其带到闹市区，由于画眉易受惊，因此需用罩子罩住笼子，到达目的地才能揭开。画眉好斗、爱逞强，尤其在发情期表现最为明显。当两只鸟对鸣时，要注意其声调，很有可能会因为争强好胜而过分鸣叫被累死或受伤。在两鸟"排叫"时，如果不太会叫的不应与叫口好的鸟挂在一起，如果发现有鸟不愿开口、精神委顿或头顶羽毛竖立是其认输的表现，应立即将其提走，否则容易出现自尊心受损再不愿开口鸣叫的现象。

3.2.2 百灵鸟

百灵鸟(如图3.3)又名蒙古百灵、口百灵、赛云雀等，属于雀形目、百灵科，是著名的小型观赏鸣禽。百灵鸟主要分布于我国的内蒙古呼伦贝尔盟、锡林郭勒盟、林西县，以及青海东部、东南部等地，国外见于蒙古、俄罗斯外贝加尔地区，朝鲜偶见。百灵鸟能歌善舞，具有天赋的歌喉，鸣声嘹亮宽广、悠长，音律婉转多变、悦耳动听。最神奇的是它能模仿其他动物的叫声，并编成套数组合演唱。

1)形态特征

百灵鸟体型较大，体长18～20 cm，羽色素雅，雌雄相似。背部羽毛呈棕色，两翼和尾部棕红色，尾羽两侧有对称的白斑，头顶中部为棕黄色。喉部白色，胸部两侧有黑色斑块，腹部沙白色。腿的皮肤呈淡褐色，脚趾粗壮，善于行走。嘴短而钝圆，适于啄植物种子。百灵的寿命一般比其他鸣鸟长，如果饲养得当，有的可活到20～30年。其身价也比其他鸟高。在过去，一只训练好的百灵可换一头

图3.3 百灵鸟

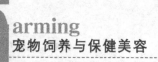

牛。如今虽然没有那么高,但仍比其他品种贵得多。

2)生活习性

百灵鸟属于寒带鸟,栖息于草原和沙漠草原。应地面生活,飞翔能力强且能边飞边唱,鸣声嘹亮,音韵多变。常结小群生活,迁徙时大群结队。食物主要以各种野生植物的种子为主,但也食少量昆虫。营巢于草下坑田内或露天地面凹陷处,窝内铺有杂草分为两层。繁殖季节是每年的5月中旬至7月末,旺盛期在6月中旬,每年产1~2窝卵,每窝产卵3~5枚。卵色有灰色、黄白色,表面具褐色斑点,平均大小为18.5 mm×23.5 mm,蛋重2.3~2.7 g。孵化期12~16天,由雌鸟担任孵化任务,雄鸟偶尔会换孵。雏鸟为晚成鸟,需双亲喂食,待其独立飞行后便各奔东西。

3)百灵鸟的选择

百灵鸟因产地不同,品质也不一样。产于河北张家口的称为关内品种,产于内蒙地区的称为关外品种。无论饲养成鸟还是幼鸟,都以选择关外的品种为好,关外的百灵个头大,体型如同琵琶,鸣声洪亮、婉转,为最佳品种。

(1)幼鸟的选择

百灵鸟的人工繁育目前还未普及,一般是从野外捕获幼雏饲养驯化。在选择时,最好选择出壳10天左右的幼鸟,此时其全身绒羽已较丰满,有一定的保温能力和抗病能力,饲养存活率高。选择的标准是:体型大而魁梧,精神抖擞,头大而扁、嘴钝、两眼突出有神,胸宽、脖粗、腿壮,争食能力强,胆大不畏人的鸟。

表3.6 百灵鸟雏鸟雌雄鉴别

雄性幼百灵的特点	头部较大、额较宽、嘴阔大而尖端微钩	眼睛大、有眼角、眉毛白而粗	食欲旺盛、拼抢力强、食量大	叫声响而勤	翅膀上鱼鳞状斑纹大而清晰
雌性幼百灵的特点	上胸宽阔、肌肉厚实	静立时,精神抖擞,头高昂	眉毛呈白色不粗长,不泛黄,眼睛离嘴裂的距离稍远,靠上不靠下	次级飞羽呈白色,不泛黄,全身羽毛略具光泽,背上的白圆斑纹和黑色羽毛对比明显	后趾爪长而直

(2)成鸟的选择

表3.7 百灵成鸟的选择标准

外貌的选择	体型粗短,匀称,羽毛有光泽,斑纹清晰羽色稍带晦暗	胆子大,不怕人	腿粗壮,足趾粉红,爪黄色	眼珠突出,呈天蓝色,清似水晶
鸣叫声的选择	鸣叫膛音宽有水音,柔润而不干	鸣叫套句不千篇一律	套句内发音抑扬顿挫,有高有低	叫口多而不杂,始鸣终鸣有规律,鸣叫多轮不丢口

续表

雌雄鉴别	雌鸟额部和颈部呈棕黄色,胸部两侧的黑斑不如雄鸟明显	雄性善于鸣叫,雌性只能发出低细单调的声音	雄性个头大于雌性	—
年龄鉴别	3 年以内的成鸟跗为乳白色,脚爪、脚趾较嫩,油亮,无鱼鳞状的老皮;3 年以上的鸟为青色,爪趾干燥,无油亮并有鱼鳞斑状老皮	3 年以上的成鸟鸣叫比 3 年以内的成鸟鸣叫声更富有多变的音律,套数更多,更为老练成熟	3 年以上的成鸟比 3 年以内的成鸟体型胖,且双翅硬而有力	—
性格鉴别	脚短、趾稍向内弯,体圆尾细的容易驯熟	高腿、体细长的性大难于调教	—	—

4)饲养管理

(1)人工填喂

百灵鸟雏鸟需由人工填喂,饲料为绿豆(豌豆)面、熟鸡蛋黄、玉米面,以 5 : 3 : 2 的比例配制。也可用豆面 1 份加蛋黄 3 份组成。每 2 小时饲喂 1 次,每次饲量以喂饱为止,不用喂水。当体形、羽色接近成鸟时,将比例改为 6 : 1 : 3,可饮水。

(2)笼养

百灵鸟善于飞行和步行,不善握栖架,最好选用高大的百灵笼饲养。笼底应铺一层细沙,既可供沙浴,又可保护百灵的爪。笼内设一圆形台架供鸟鸣唱用。食罐、水罐应选择较深而不太大的罐子,保持笼内物品的卫生。

(3)换羽期和繁殖期的特殊照顾

春秋两季除正常的饲养之外,应增加蛋白质含量高的动物性饲料。多遛鸟增强体质,呼吸新鲜空气,适当地晒太阳。鸣叫旺盛期,注意休息,避免过度疲劳。

3.2.3 八哥

八哥(如图 3.4)又名鸲鹆、黑八哥、中国凤头、别别鸟等,雀形目、椋鸟科。广泛分布于我国西南和华南地区及海南、台湾地区等地。八哥全身羽毛黑亮有光泽,初级飞羽有一白色横斑,在空中展翅飞翔时两翅白斑似一“八”字,故称八哥。

1)形态特征

八哥体长 24 ~ 27 cm,体重 100 ~ 150 g,全身羽毛黑色而富有光泽,前额具一束冠状羽,形似凤头,故名中国凤头。下体略带灰褐色,尾羽具灰白色羽端,嘴、跗跖、脚为黄色,雌雄同色。

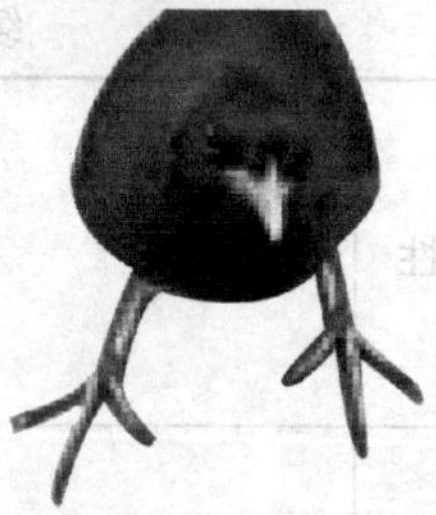
图 3.4　八哥

2) 生活习性

野生八哥喜爱群居，栖息于山林、平原、村落的边缘，尤喜结群在果树林中活动，在城市中也可见到。它们在繁殖期外的季节里结成小群，于清晨聚集高处，喧哗一番后便分散活动。每到傍晚常结群于空中飞翔，夜间栖息于竹林、大树或芦苇丛中，翌日又原处聚集，这是八哥的一个独特之处。

八哥食性杂，食物包括蝗虫、蚯蚓、甲虫、蛹等，植物性食物有各种植物及杂草种子，以及榕果、蔬菜的茎叶等。

每年 4—8 月为八哥的繁殖期，巢无定所，树洞、房隙、屋檐、废烟囱或其他鸟的弃巢都可成为其巢穴。每窝产卵 5 ~ 6 个，一年繁殖 2 ~ 3 次，卵呈蓝色，非常好看。

3) 饲养管理

(1) 笼养

八哥体型较大，笼子应该选择大一些的，而且它极喜水浴，夏天应每天或隔天进行水浴。

(2) 饲料

幼年八哥可用混合粉料或肉末、小米加鸡蛋黄调水制成粥状，捏成团喂食，每天喂 5 ~ 8 次，待鸟自己能吃食时改为软食，羽毛长齐后再加鸡蛋大米。

成年八哥每天以鸡蛋大米为常用饲料，另外辅以一些软食和少量水果，并且每天或隔天喂些蝗虫、蚯蚓、小虾、小鱼等动物性活饲料。

(3) 日常注意事项

幼鸟易受凉或受热，导致拉稀或感冒，甚至死亡。所以气温低时应加上笼罩，气温高时注意通风。饲料饮水要清洁卫生，平时多洗刷，还要注意预防天敌的侵扰，鸟笼要挂在安全的地方。

3.2.4　红嘴相思鸟

红嘴相思鸟(如图 3.5)别名五彩相思鸟、红嘴玉、红嘴绿观音，属雀形目、鹟科。主要分布于我国的江苏、浙江、安徽、四川、江西、福建、广西、云南等地。相思鸟小巧玲珑、歌声优美、羽毛色彩艳丽。又因为其从一而终的天性被人们视为爱情的象征，而深受人们的喜爱。红嘴相思鸟在国际上享有盛誉，每年有几十万只出口东南亚地区。

1) 形态特征

红嘴相思鸟体长 14 ~ 15 cm，体重 19 ~ 25 g。额、头顶及后颈等均为带黄的橄榄绿色，耳羽淡黄绿。嘴鲜红，脸颊淡黄色，胸部为赤橙黄色，腹部及尾下覆羽为污白色，两翅具红黄色的翼斑。雌鸟羽色较纯，特别是胸部的橙红色。跗跖、趾均为黄色。

图 3.5　红嘴相思鸟

2)生活习性

红嘴相思鸟生活于野外平原地区至2 000 m的山地,常栖息于山区、丘陵的树林、竹林、灌丛,主要食昆虫、幼虫以及植物的果实和种子,属杂食性鸟。喜结群或与其他鸟类混群生活,雌雄形影不离,性情活泼不畏人。

每年4—8月为红嘴相思鸟的繁殖季节,4月中下旬雄鸟鸣啭占区,尔后夫妻生活于同一巢穴。巢呈深杯状,用竹叶、藤须、植物纤维或其他柔软物质加一点苔藓做成。每巢产卵3~5枚,卵色淡青绿,上有褐色斑点,孵化期为14天,由双亲共同承担。

3)饲养管理

人工繁殖该鸟目前比较困难,国内尚无先例,不过对于其饲养管理有一定经验。红嘴相思鸟比较耐寒,性情温顺,容易饲养。红嘴相思鸟生性爱洁,喜欢水浴,夏季应每天进行一次水浴,平时要预防自行水浴,所以最好用小口的水罐。鸟笼无严格标准,有的用点颏笼,也有的用金丝雀笼,底为亮底,下设托粪板,设栖杠。该鸟肠道短、食量大、粪便多,笼子污染较快,应每周清扫消毒一次。

红嘴相思鸟食性杂,嗜食昆虫,对饲料要求不十分严格,但在发情期和换羽期应适量增加蛋白质较高的动物性饲料。饲料可按玉米面、黄豆粉、鱼粉、熟鸡蛋黄、青菜叶6∶1∶1∶1∶0.5的比例配置,注意黄豆粉切忌生喂。另外,每天加2~4条面包虫,再适当喂些苹果、番茄、熟南瓜、香蕉、昆虫及其幼虫等,可增加抵抗力、保持体羽鲜艳。

3.2.5 虎皮鹦鹉

虎皮鹦鹉(如图3.6)又名阿苏尔、娇凤、彩凤、鹦哥,属鹦形目,鹦鹉科。原产于澳大利亚南部,主要分布于中美洲、南美洲一带,是鹦鹉中最常见的品种之一。1780年由澳大利亚传入英国,1850年在比利时安特卫普动物园成功繁育,1975年在德国首次培育出黄化型虎皮鹦鹉,19世纪40年代传入我国。因其羽色艳丽,易于饲养繁殖,深受人们的喜爱。

1)形态特征

虎皮鹦鹉身体纤细,体长18~20 cm,头圆,嘴强壮,上嘴弯曲呈钩状,嘴基部具蜡膜。腿短,尾长呈楔形,足呈对趾,二三趾向前,一四趾向后。原种主要为黄绿色,头部及背部呈黄色而有黑纹,因身上花绞如虎皮而得名。人工培育品种分为玉头型、波纹型、白化型、黄化型、渍色型。

图3.6 虎皮鹦鹉

2)生活习性

野生虎皮鹦鹉常在山丘的林间活动,秋季飞至野外啄食谷物,其嘴坚硬如钳,再硬的果壳也可敲开。除此之外,野生虎皮鹦鹉还吃一些植物的籽实、果浆及嫩叶。

虎皮鹦鹉几乎一年四季均可繁殖,春秋两季为其繁殖旺季。其寿命为10~15年,以4~5岁龄繁殖能力最强。幼鸟长至5~6月龄即可达到性成熟,每窝产卵4~8枚,卵呈白色,重约20 g。

3)饲养管理

虎皮鹦鹉耐粗饲料,饲养简单,管理粗放。体质强壮不易生病,易繁殖。

(1)鸟笼

虎皮鹦鹉嘴硬有力,鸟笼必须用金属制成,笼内设置3个食罐和1个水罐,笼内设栖杠、吊环供鸟玩耍。繁殖时应用箱笼(巢笼),内铺铁皮,笼底做成抽屉式,以便清扫和铺沙。

(2)饲料

虎皮鹦鹉喜欢吃带壳的饲料,平时应以小米、谷子、稗子为主,每天喂以青菜或苹果,牡蛎粉或骨粉也应随时准备。

①幼龄鹦鹉的饲料配方。玉米粉50%、熟豆粕粉20%、鱼粉5%、蛋黄粉14%、青菜10%、贝壳粉1%。

②成年鹦鹉的饲料配方。

A.春夏秋:玉米70%、熟黄豆15%、葵花籽10%、青菜5%、其他适量。

B.冬季:玉米65%、熟黄豆10%、葵花籽20%、青菜5%、其他适量。

C.繁殖期:玉米60%、熟黄豆10%、葵花籽15%、鱼粉5%、蛋黄5%、青菜5%、其他适量。

(3)日常管理

每天应更换清洁饮水,每周清理1次粪便,夏季预防太阳直晒,冬季注意保暖,室温在15 ℃以上,繁殖期室温保持在20 ℃以上。

4)鹦鹉的雌雄鉴别

表3.8 虎皮鹦鹉的雌雄鉴别

项　目	区　别
蜡膜颜色	雌性浅蓝色,鼻孔周围白色,雄性浅蓝绿色
叫声	雄性会发出叽叽喳喳的鸣叫,雌性只发出喳喳的单音
体型和拼抢食物的能力	同窝鸟雄性个体大于雌性,拼抢能力也大于雌性
鼻梁	雄性鸟鼻梁青蓝色,雌性鸟鼻梁深肉色或姜黄
体形	雄鸟的体形苗条,雌鸟较短肥
羽色	雄鸟比雌鸟的羽毛艳丽

3.2.6　绯胸鹦鹉

绯胸鹦鹉(如图3.7)又名鹦哥、海南鹦鹉、达摩鹦鹉、四川鹦鹉,隶属鹦形目、鹦鹉科,属国家二级保护动物。主要分布于云南南部、广西、广东及海南岛,国外缅甸、印度可见,是唯一原产于我国的鹦鹉。

1)形态特征

图3.7 绯胸鹦鹉

绯胸鹦鹉大致分为两种:大绯胸鹦鹉和小绯胸鹦鹉。前者体长45 cm左右,体重约260 g,尾巴较长;后者体长35 cm左右,尾巴较短。此类鹦鹉头、眼周、颈、背及翅羽基本为绿色,额基有一黑纹,左右伸向眼睛,下喙基部有一对宽阔黑带伸至颈侧。尾羽天蓝色、喉胸绯红而带灰蓝色。腹部中央蓝色,两侧沾绿,尾下覆羽绿而缀黄。腋羽绿蓝色,眼淡黄色,上喙珊瑚红或黑色,下喙黑褐色,脚趾暗黄绿灰色。羽毛艳丽,上绿下红,有长长的楔形尾,十分漂亮。

2)生活习性

野生绯胸鹦鹉多栖息山麓常绿阔叶林间,喜结群活动,觅食浆果、坚果、幼芽、嫩枝,夜间栖树上,叫声粗粝洪亮。

野生绯胸鹦鹉春季繁殖,一般5月初发情、交配、营巢,5月中下旬产卵,每巢产卵3~5枚。孵化期23天,雏鸟孵出后,需亲鸟哺育50天左右方能离巢飞翔。寿命较长,约25年。

3)饲养管理

(1)饲料

绯胸鹦鹉的饲料可用稻谷、麻子、葵花籽按7∶2∶1的比例混合做主食,以各种蔬菜、水果为副食,并常饲喂绿树枝、沙粒。

(2)饲养条件

单只饲养宜用小型金属弓形架,带驯熟后挂于门口或廊下;成对饲养或成群繁殖需用大的金属丝笼或大笼舍,规格以每对鸟4 m^3左右为宜。巢箱用木头做成或利用天然树洞,内部空间以容下两只鸟为宜,除一端有8 cm的出入口外,其余全部封闭。笼底要铺细沙,粪便每周清扫一次,冬季注意保温。

3.2.7 竹鸡

竹鸡(如图3.8)又称泥滑滑、竹鹧鸪,属鸡形目,雉科。该鸟羽色艳丽,为国内特有的观赏鸟类,在南方为常见种类。雄鸟生性好斗,常被人们驯化为斗鸟,以供观赏。此鸟曾于1919年引入日本,很受欢迎。野生竹鸡分布在长江以南各省山地,是一种饲养价值较高的珍禽,生命力和抗病力极强,繁殖性能良好,适于我国各地饲养。其肉厚、骨细、内脏小、肌肉蛋白质含量高、脂肪少,肉质细嫩,味道鲜美,是优质野味滋补品。在人工饲养条件下,年平均产蛋数80个,产蛋性能好的个体在良好的饲养

图3.8 竹鸡

管理条件下可以达到120个。

1)形态特征

竹鸡体长约30 cm,体重200 ~250 g。喙黑色或近褐色;额与眉纹为灰色,头顶与后颈呈嫩橄榄褐色,并有较小的白斑;胸部灰色,呈半环状;下体前部为栗棕色,渐后转为棕黄色;肋具黑褐色斑,跗蹠和趾呈黄褐色。

2)生活习性

该鸟常在山地、灌丛、草丛、竹林等地方结群活动,3 ~5 只或十多只不等。夏季多在山腰和山顶活动,冬季移至山脚、溪边和丛林中觅食。晚上挨个在横树枝上排成一串互相紧靠取暖。

竹鸡以杂草种子、嫩芽、果实为食。人工饲养多食玉米、小麦等,也吃昆虫。竹鸡善鸣叫,鸣声尖锐而响亮,特别在繁殖期连鸣不已。每年3月进入繁殖期,此时由群栖转为分散活动,雄竹鸡具占地行为,在其领域内不许其他同类入侵,所以常发生争斗。产卵在4—5月,在茂密的灌丛、草丛、竹林地面营巢,内铺树叶、干草等物。每窝产卵7 ~12 枚,卵重15 g左右,呈暗乳色或淡褐色,具棕色细点和浅灰色斑。雌鸟孵卵,孵化期为16 ~18天,最长可达20天,雏鸟为早成鸟,出壳后便与成鸟一起奔跑、觅食。

3)饲养管理

散放饲养,需禽舍和运动场,使其既能安静吃食和休息又能飞翔,因此舍内饲养密度为15 只/m^2。饲料配制要合理,既要保证其正常发育又不发胖。饮水要清洁、充足,舍内空气新鲜,捉竹鸡应在晚上熄灯后进行,用手电筒照明一只一只地抓,若白天抓竹鸡会使全群飞蹿,造成严重应激,甚至死亡。免疫程序为:1周龄用鸡新城疫Ⅲ系疫苗滴鼻,10周龄肌肉注射鸡新城疫Ⅰ系疫苗,产蛋前再注射1次鸡新城疫Ⅰ系疫苗。

育成竹鸡养至28周龄时,转入种竹鸡饲养期。种竹鸡饲养得好,产蛋率、种蛋受精率、孵化率以及成活率均高,所以此前应再次严格选择个体,择优留用。饲料要新鲜,喂量以饲料槽内不断料为原则,每天3次。饮水中要加入土霉素和维生素B族药物,有利于消除应激。产蛋最适温度为16 ~24 ℃,光照时间和光照强度适度。产蛋期光照16小时/日,休产期光照8小时/日,可以根据饲料和光照强度与时间调整种竹鸡开产与休产。种用竹鸡利用年限一般为2 ~3 年。

附:竹鸡饲料配方。

①配方一:玉米粉42%、小麦粉30%、豆粕17%、鱼粉5%、石粉4%、微量元素1.4%、食盐0.2%、添加剂0.3%。另外,每100 kg饲料加多种维生素20 g,饲喂量每天30 ~35 g,每日投料3次。

②配方二:玉米粉61.25%、豆粕18.59%、小麦粉10.46%、蛋氨酸0.23%、石粉7.38%、食盐0.5%、磷酸氢钙1.09%、微量元素和维生素预混剂0.5%,如果饲喂鲜蛆还可提高产蛋量。

3.2.8 红腹锦鸡

红腹锦鸡(如图3.9)又名金鸡,属鸡形目,雉科。红腹锦鸡为中国特有鸟类,是国家二级保护动物。由于其羽色绚丽多彩,姿态高贵端庄,一直受到人们的喜爱。红腹

图 3.9 红腹锦鸡

锦鸡分布于我国中西部及华南部分地区，包括青海省东南、甘肃、陕西南部、四川、贵州、湖南及广西等地。

1）形态特征

雄鸟头具金黄色纹状羽冠，脸、颏和喉呈锈红色，后颈围以橙棕色扇状羽，形成披肩状；上背浓绿，背的余部和腰均为浓金黄色；下体自喉以后近乎纯深红色；尾羽黑色，布满桂黄色点斑，尾羽长为体长的2倍以上。雌鸟头顶和后颈呈黑褐色，上体其余部分为棕褐色；下体棕黄杂以黑斑；尾棕褐，具黑色横斑；虹膜、肉垂、眼周的裸部淡黄色，嘴脚均为黄色。

2）生活习性

红腹锦鸡大多生活于山间台地和峻峭的延坡处，其栖息地植被多为常绿阔叶林和针阔混交林。性情机警，视觉、听觉敏锐畏人，白天多在地面活动，夜间在树上过夜。

在野生条件下，红腹锦鸡每年3月下旬进入繁殖期直至6月中旬。繁殖开始后，雄鸟争雌活动相当激烈，获胜方占据一个山头，雄鸟可同时与2～4只雌鸟配对。4月下旬营巢产卵，巢很简陋，仅为一椭圆形浅土坑，坑深10 cm左右，其上用树叶或残羽铺垫。每窝产卵5～9枚，平均卵重26.2 g，大小为44.9 mm×32.9 mm。人工饲养条件下，每窝产10～15枚卵，浅黄色，表面光滑无斑，卵重、大小与野生状态相似。孵化期23～25天，雏鸟孵出后还需雌鸟再孵抱1～2天。

3）饲养管理

人类饲养红腹锦鸡已有很多年的历史，在饲养过程中常与白腹锦鸡杂交形成各种羽色的杂交种。红腹锦鸡的卵、肉都是美味佳肴，营养丰富，是除具备观赏性外还具有较高经济价值的珍禽。

（1）**饲养方式**

红腹锦鸡的饲养方式分为小笼舍饲养和成群饲养。前者为成对或一雄多雌准备，设备简单，占地面积小，易于观察、研究和繁殖。后者由运动场、产卵舍、房舍、围栏、保温设备组成。地面为硬底，上铺厚土和沙，排水良好。舍内铺垫草，设栖木。

（2）**饲料**

红腹锦鸡是杂食性鸟类，人工饲养时要保持饲料多样化。主要的饲料为谷物种子、油料种子，动物性饲料如肉末、鸡蛋、鱼粉、面包虫、蚕蛹、蝗虫等，青绿饲料如各种菜叶、苜蓿、禾本科草、水果和浆果以及补充饲料如矿物质、维生素（鱼肝油、维生素B_1、维生素B_2、维生素E）等。

饲喂应遵循勤添、少添的原则，并及时清除剩下的饲料。

3.2.9 环颈雉

环颈雉又名山鸡、野鸡、雉鸡，隶属鸡形目、雉科、雉属。国内分布于各地山区，国外

图 3.10　环颈雉

分布于欧洲东南部、亚洲的温暖地方。由于其颈部下方具有一条白色颈环，故名环颈雉。环颈雉不仅是著名的肉用珍禽，而且是人们非常喜爱的观赏禽类。

1）形态特征

环颈雉雌雄异色，雄性环颈雉羽色艳丽，体长 75 ~ 90 cm，体重 1 500 ~ 2 000 g，虹膜呈栗红色。头青铜褐色，两侧有白色眉纹，脸部皮肤裸露呈绯红色，头顶两侧各有一束黑色闪蓝的耳羽簇，羽端呈方形，颈部金属绿色，下部有一白色颈环，上背黄褐色带黑色斑纹，尾羽黄褐色带黑色横斑。雌雉头顶米黄色，间有黑褐色斑纹，脸淡红色，颈部浅栗色，胸部沙黄色，上体褐色或棕黄色，下体沙黄色，尾羽褐色带灰色斑纹。雄雉羽毛艳丽，体型大，体重 1.3 ~ 1.5 kg，尾羽硬长，加上体长可达 90 cm。雌雉重 0.8 ~ 1 kg，体型较小，羽色暗淡，尾羽短。

2）生活习性

雉鸡适应性强，生活于山坡上的灌木丛中。食物主要以杂草种子、野生浆果、昆虫等为主。雉鸡飞翔能力差，往往连续飞行 2 ~ 3 个起落便不能再飞。善于奔走且性情活泼，到处游走觅食。

每年 5—7 月为雉鸡的繁殖期，一只雄鸟和多只雌鸟为一群，占地 2 ~ 10 公顷。雌鸟在隐蔽的灌木丛中营巢，内铺落叶和枯草。每窝产卵 6 ~ 15 枚，卵呈浅黄褐色，雌鸟孵卵，雄鸟警界，孵化期 22 ~ 29 天，性属早成鸟类。

3）饲养管理

（1）雏雉鸡的饲养管理

雉鸡 6 ~ 8 周龄为育雏阶段，饲养人员一定要注意与雏雉建立良好的关系，尽量减少捕捉，否则易造成大批死亡。因此，雏雉鸡的饲养管理要注意以下几个方面的问题：

①精心饲喂，保证营养。调教雏雉饮水、开食，每天饲喂高营养全价饲料，少喂勤添。根据日龄逐渐减少饲喂次数。

②保持适宜温度。温度是保证育雏成功与否的关键，育雏温度根据日龄逐渐降低，见表 3.9。

表 3.9　雏雉鸡的育雏温度控制表

日龄/天	适宜温度/℃	日龄/天	适宜温度/℃
1 ~ 3	34 ~ 35	11 ~ 14	31 ~ 28
4 ~ 5	33 ~ 34	15 ~ 20	28
6 ~ 8	32 ~ 33	21 ~ 28	过渡
9 ~ 10	31 ~ 32	28 天后	脱温

③加强管理。由于雏雉神经敏感，特别容易受到外界环境的影响，稍有动静便会四处惊走，因此，饲喂时要特别注意保持环境安静，减少惊扰。雉鸡喜欢互啄，在10~14日龄应断喙，注意改善通风、光照强度、营养。

(2)**成雉鸡的饲养管理**

环颈雉的饲养场地设在地势干燥、平缓、背风向阳、安静、排水便利的地方。在南一面修建带网的运动场，并有一定坡度，易于排水；门与网之间要严密，运动场内有遮荫设施，场内搭凉棚，再种上藤蔓类植物攀爬或种一些低矮开阔状树木。环颈雉喜欢沙浴，可在运动场内设沙池，池内放干净清洁的沙子，最好是河沙。平时要经常清除粪、树叶等杂物。

环颈雉喜欢在高处栖息，舍内或场内设置栖架。栖架由支架和栖木组成，支架可采用竹木或金属结构；栖木则以竹木为宜，栖木的形状大小以雉鸡爪能平展舒适地抓住为宜。

发情期前后，以喂粮食为主；发情期，要喂动物质较多的饲料。

3.2.10 鸽子

1)形态特征

鸽子躯干呈纺锤形，胸宽而且肌肉丰满；头小圆形，鼻孔位于上喙的基部；眼睛位于头两侧，视觉十分灵敏；颈粗长腿粗壮。鸽子的羽毛有纯白、纯黑、纯灰、绛红、宝石花、雨点等。成年鸽体重一般为700~900 g。

2)生活习性

鸽子对配偶非常忠诚，一般是一夫一妻制。雄鸽8月龄达到性成熟，雌鸽6月龄达性成熟。在繁殖季节有筑巢的习性，雏鸟属于晚成鸟，需要亲鸟的哺育。它们还具有归巢性，一般昼出夜归，再加上鸽子的记忆力非常好，对外界反应敏感，利用这一特性，在很久以前人们就刻意训练其成为送信的工具。食物以植物性饲料为主，辅以动物性蛋白。

图3.11 鸽子

3)饲养管理

鸽子饲养容易、生长快、成本低、适应强。在饲养和管理上最好定人、定时、定工作程序，谢绝参观，管理工作要本着少干扰的原则，防止犬、猫、鼠等动物窜入鸽舍。

本章小结

本章综合叙述了鸟的饲养要点，并通过不同鸟只饲养特点的差别，分别介绍了常见观赏鸟的饲养管理方法及训导。要求学生在学习后熟悉各类鸟的生活习性，初步具备识鸟的能力，能准确分辨鸟的雌雄并挑选出优良的种鸟。

复习思考题

1. 鸟类繁殖的特点包括哪些方面?
2. 种鸟的选择有何要求?
3. 如何鉴别鸟的雌雄?
4. 常见的晚成鸟有哪些品种? 如何哺育其幼雏?
5. 举例说明如何选择一只优良鸟只。

技能题:鸟的技艺训练

选择安静的技艺训练场,准备好师鸟及鸟笼、金属脚环、挂架、细金属链、放飞绳、衔取物、奖励食品、面具、小滑车、小木梯、纸牌、小灯笼、录音机等特制的训练用具。

序号	评估内容	标准分值	评估方法	评估标准	得分
1	选择训练鸟	2	口述、操作	正确操作完成训练鸟的每个步骤得14分,口述完整者得20分。根据操作和口述情况分为优(80% ~ 90%)、良(70% ~ 80%)、及格(60% ~ 70%)、不及格(在老师指导下完成60%以下)。	
2	准备训练场和训练器材	2	口述、操作		
3	放飞	4	口述、操作		
4	戴面具	4	口述、操作		
5	空中接物	4	口述、操作		
6	学人语	4	口述、操作		
合计		20			

技能题:虎皮鹦鹉的选择

项　目	区　别
蜡膜颜色	雌性浅蓝色,鼻孔周围白色,雄性浅蓝绿色
叫声	雄性会发出叽叽喳喳的鸣叫,雌性只发出喳喳的单音
体型和拼抢食物能力	同窝鸟雄性个体大于雌性,其拼抢能力也大于雌性
鼻梁	雄性鸟鼻梁青蓝色,雌性鸟鼻梁深肉色或姜黄色
体形	雄鸟的体形苗条,雌鸟较短肥
羽色	雄鸟比雌鸟的羽毛艳丽
评分标准	总分20分,口述详细,握鸟姿势正确答对一点给3分(项目1分,标准2分)

第4章 淡水观赏鱼

本章导读:观赏鱼是指那些具有观赏价值的、有鲜艳色彩或奇特形状的鱼类。它们分布在世界各地,品种不下数千种。它们有的生活在淡水中,有的生活在海水中,有的来自温带地区,有的来自热带地区。它们有的以色彩绚丽而著称,有的以形状怪异而称奇,有的以稀少名贵而闻名。本章主要介绍淡水观赏鱼的种类及饲养管理等方面内容。

4.1 淡水观赏鱼的种类

观赏鱼养殖从20世纪80年代开始在我国粗具规模,其发展具有产业链延伸较广、产品附加值较高、生产要素集约性较强、产业运营模式较多、单位面积产出较高5项独特的优点。淡水观赏鱼按其外部特征的不同大致分为:鲤科、脂鲤科、鲶鱼科、鳅鱼科、花鳉科等。

4.1.1 鲤科

鲤科的观赏鱼种类繁多,大、中、小型鱼都有,有1 600多种。

1)金鱼

金鱼(如图4.1)是鲫鱼的变种,产于中国,广泛分布于我国江河、湖泊中的红黄色鲫鱼是一种原始的观赏鱼,可以说它就是目前各种品种金鱼的鼻祖。经过长期的人工选育,鱼体活动面积减少,鱼的体形也由原来的纺锤形,逐渐变成短圆形,尾鳍也经上、下分叉形成左、右分叉,成为形似"文"字的文鱼,继而又演化出"高头金鱼""龙睛""珍珠鳞""水泡眼"等多种品种。

图4.1 金鱼

金鱼对水质的要求并不高,洁净的水中一般矿物质和pH值对金鱼的影响并不是很大,但溶氧、温度及微生物的含量对金鱼有很大的影响,所以饲养金鱼的水一定要经过处理。金鱼生活的水温范围较宽，为 0 ~ 39 ℃，但最适的水温为 20 ~ 28 ℃。金鱼在水的 pH 值为 6.8 ~ 9.0 的范围内都能生存。但它更喜欢偏碱的水质，pH 值为 7 ~ 8。金鱼属杂食性，可投喂水蚯蚓、水蚤等动物性饵料，也可投喂含有多种维生素的人工合成饲料及面条等植物性饵料。

金鱼的雌雄不易辨认，性成熟的金鱼，雄鱼在鳃盖和胸鳍第一鳍条上有肉眼可见的乳白色圆点，即"追星"；雌鱼没有。性成熟的雌鱼腹部近尾处大而下重，用手触摸时很柔软；雄鱼腹部呈椭圆形，用手触摸有一条明显的硬棱，而且其腹部鳞片排列得也很紧密。繁殖箱中应种植水草，然后将发情的金鱼按雌：雄为 1 : 2 的比例放入。雌雄金鱼进入繁殖箱后，便相互追逐，雄鱼将雌鱼推向水草丛，并用头部撞击雌鱼的腹部和肛门处，使雌鱼兴奋，尾柄剧烈摆动，将卵排出体外。雄鱼随即排精，受精卵黏附在水草上，在适宜的条件下孵化。金鱼繁殖的适宜水温为 15 ~ 20 ℃。在 20 ℃的水温下，鱼卵 4 ~ 5 天孵出幼鱼，若水温 20 ~ 25 ℃，孵化只需 3 天。幼鱼 3 ~ 5 天后开始离开附着物，游动、摄食。此时可喂以灰水（也称洄水，是卵生类观赏鱼幼鱼的饵料），以及熟蛋黄水等。半月龄的幼鱼体长可达 1 cm，这时可以投喂小型水蚤。如幼鱼过多，应分箱饲养。

金鱼 8 ~ 10 个月性成熟，但选为亲鱼的鱼最好是 2 ~ 3 龄，体力健壮、性状稳定的鱼。成熟的鱼每年可繁殖 3 ~ 5 次。

2）银鲨鱼

银鲨鱼（如图 4.2）又名黑鳍银鲨鱼，产于泰国、菲律宾、印度尼西亚。银鲨鱼鱼体呈纺锤形，稍侧扁，尾鳍呈深叉状，体长可达 36 cm，整个鱼体呈银白色，鳞片排列整齐、清晰，各鳍都镶有黑色边缘，外形酷似鲨鱼，游动迅速，在水族箱里经常结伴游动，非常壮观。银鲨鱼体格健壮，摄食量大，且性情温和，从不互相攻击，也不袭击其他品种的热带鱼，适宜与大型热带鱼混养，饲养容易。它对水质并无过高要求，喜欢弱酸性的软水，水温 18 ℃以上。银鲨鱼以动物性饵料为食。

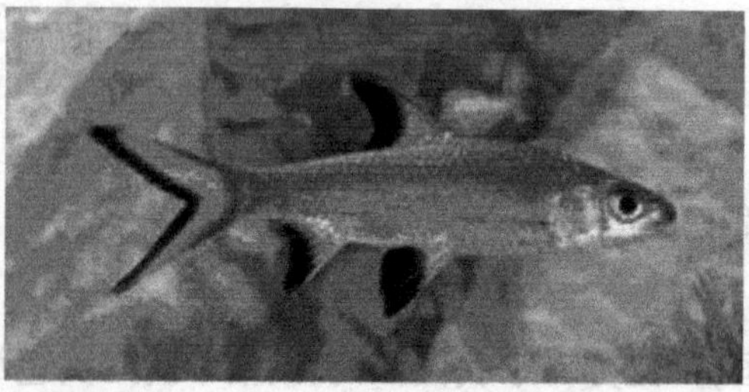

图 4.2　银鲨鱼

图 4.3　玫瑰鲫鱼

3）玫瑰鲫鱼

玫瑰鲫鱼（如图 4.3）又名玫瑰刺鱼、编鲫鱼，产于印度。玫瑰鲫鱼鱼体呈纺锤形，侧扁，尾鳍呈叉形，体长可达 6 cm，其背部为银白色，其余部分为红、黄、绿相间色，在光线照射下闪闪发光。在玫瑰鲫鱼的尾柄基部前有一块黑色斑，其背鳍、腹鳍、臀鳍和尾鳍均较宽大，游动起来非常好看。玫瑰鲫鱼性情温和，容易饲养，对水质要求不严，喜欢中性水，水温 18 ℃以上，它们从不攻击其他品种的热带鱼，是混养的好品种，以动物性饵料为食。玫瑰鲫鱼是卵生鱼类，繁殖比较容易。雄鱼体色鲜艳，背、腹、臀鳍较雌鱼宽大。每对亲鱼每次产卵 500 粒左右，多者可达 1 000 粒以上，幼鱼 8 个月性成熟，一年可繁殖多次。

4）闪电斑马鱼

闪电斑马鱼又名虹光鱼、珍珠斑马鱼，产于泰国、缅甸、马来西亚、印度尼西亚。闪电斑马鱼鱼体呈纺锤形，稍侧扁，尾鳍叉状，体长可达6 cm，其背部体色远比斑马鱼艳丽，背部为暗绿色，腹部为银白色，臀鳍中间为暗红色，外背为淡黄色，尾鳍的中间及鱼体后部为暗红色。这些颜色在鱼游动时交相辉映，十分惹人喜爱。闪电斑马鱼性情温和，从不攻击其他品种的热带鱼，适宜混养，它们对水质要求不严，喜欢中性水，在16 ℃以上的水中也能很好地生长。这种鱼以动物性饵料为食。

闪电斑马鱼是卵生鱼类，繁殖比较容易，但雌雄鉴别比较困难。雄鱼颜色较鲜艳，身体细长，雌鱼颜色不如雄鱼鲜艳，身体较粗壮。饲养水温以25 ℃左右为宜。饲养前，先在箱底铺垫一层小卵石，再将挑选好的亲鱼按雌雄1∶2的比例放入。雄鱼立即闪电般地追向雌鱼，闪电斑马鱼也因此而得名。经过一番追逐后，雄鱼用身体挤压雌鱼腹部，使雌鱼卵排出，雄鱼同时射精，使卵受精，受精卵沉入小卵石的缝隙间。产卵结束后应立即将亲鱼取出，以免其吞食鱼卵。闪电斑马鱼经常跳出水面，因此，在饲养和繁殖时都应加箱盖。

5）斑马担尼鱼

图4.4 斑马担尼鱼

斑马担尼鱼（如图4.4）又名蓝条鱼、花条鱼、印度斑马鱼、斑马鱼、孟中拉斑马鱼，产于印度、孟加拉国。斑马担尼鱼鱼体呈纺锤形，尾部稍侧扁，头微尖，臀鳍较长，尾鳍呈叉形，体长4～6 cm。在这种鱼的身上有像斑马一样的纵向条纹，它的背部为橄榄色，条纹为银蓝色，在体侧从鳃盖后直伸到尾末。在臀鳍上也有与体侧相似的纵纹。一般雌鱼为蓝色纵纹夹杂有灰色纵纹；雄鱼为柠檬色纵纹，而且雌鱼比雄鱼丰满，且体色鲜艳。

斑马担尼鱼饲养容易，活泼玲珑，几乎终日在水里不停地游动。它适合中性水质（pH6.8～7.8），水温以20～23 ℃为宜，但它的耐寒性和耐热性都很强。

斑马担尼鱼一般在春季繁殖，繁殖时喜欢在水底产卵，因此，产孵箱的箱底应铺以少量的小卵石，繁殖水温为24～28 ℃。产卵后，鱼卵就落入小卵石的空隙中。在产卵结束时，要立即取出亲鱼。雌鱼每次产卵约300余粒，体大者有时可产上千粒。受精卵约经36个小时即可孵出幼鱼，封肚后的幼鱼可饲喂草履虫、轮虫等。一般经4～5个月，幼鱼即达性成熟，每年可繁殖6～8次。

6）棋盘鱼

棋盘鱼（如图4.5）又名捆边鱼、七星灯鱼，产于印度尼西亚。棋盘鱼鱼体呈梭形，稍侧扁，鳞片较大，尾鳍呈叉形，体长可达6 cm。幼鱼时体侧有不规则的黑点，很像棋盘上的棋子，因此又称其为棋盘鱼。随着幼鱼的生长，这些黑点会逐渐消失，同时，每个鳞片边缘的颜色变黑，像黑色的线条捆在鳞片的边缘，所以又称其为捆边鱼。棋盘鱼性情温和，多在水中下部游动，适宜与其他品种的热带鱼混养，它对水质无过高要求，喜欢弱酸性的软水，能忍耐较低的温度，最适宜的水温是22～25 ℃，以食动物性饵料为主。

棋盘鱼是卵生鱼类，繁殖比较容易，雄鱼颜色鲜艳，体侧有红绿色的斑点，背鳍、腹鳍和臀鳍没有黑边，呈玫瑰黄色。繁殖水温以24～26 ℃为宜，可先在繁殖箱里铺一层金丝草。亲鱼经过仔细挑选后，可按雌：雄1：1的比例放入繁殖箱，亲鱼一旦放入后就会发情，在雄鱼的激烈追逐下，雌鱼排卵，雄鱼随之排精。受精卵沉水，或黏附在金丝草上。每对亲鱼一次可产卵150粒左右，多则可达300粒以上，产卵后，应立即捞出亲鱼。受精卵经过60小时后，便可卵化出幼鱼，再经1个星期左右，幼鱼便可游动、摄食，此时可喂以"灰水"。

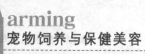

图4.5　棋盘鱼

图4.6　黑四间鱼

7）黑四间鱼

黑四间鱼（如图4.6）又名虎皮鱼、品品鱼、虎侧鱼，产于马来西亚、印度尼西亚。黑四间鱼鱼体呈卵圆形，侧扁，尾鳍呈叉形，鳞片大，体长可达6 cm。健康的黑四间鱼呈浅黄色，背部为金黄色，腹部白色，背鳍边缘及腹鳍、尾鳍和吻部都是鲜红色，鱼体两侧通过眼部、腹鳍前、背鳍前和尾鳍前部共有4条横向的深黑色宽条纹，远看犹如老虎皮，故又称其为虎皮鱼。黑四间鱼对水质要求不高，但它们对水温要求较高，以24～26 ℃为宜，当水温低于15 ℃时，它们就会死亡。这种鱼主要以动物饵料为食。黑四间鱼喜欢群居游动，因此，饲养时，数量最好多一些。它在游动中，互相之间常发生殴斗和黑心圈追咬的现象，也经常袭其他游动较缓慢的热带鱼，尤其是神仙鱼，所以，在养这种鱼时，水族箱里只能混养一些游动较快的热带鱼。常见的虎皮鱼品种还有：金虎皮鱼、绿虎皮鱼、红虎皮鱼等，它们都是虎皮鱼的定型变种，可混养在一起。

黑四间鱼是卵生鱼类，繁殖比较容易，雌鱼背鳍边缘呈深红色；雌鱼则色浅，腹部较丰满。饲养水温以25～28 ℃为宜，繁殖时，应将经过仔细挑选的亲鱼按雌：雄1：1的比例放入繁殖箱。亲鱼入箱后，非常活跃，并出现婚姻色，显得鲜艳、光亮。雌雄亲鱼互相尾随追逐，在水中打黑心，如同跳双人舞一般，这时雌鱼开始排卵，雄鱼同时射精，受精卵沉入水底或黏附在金丝草上，每对亲鱼每次可产卵仅70～80粒。产卵结束后，应立即将亲鱼捞出，以免它们吞食鱼卵。受精卵经过30小时左右可孵化出幼鱼，幼鱼不食、不动，头朝上悬浮在缸壁和水草上，再经过36小时才能浮动、摄食，这时应及时喂以"灰水"，7天后改喂小型鱼虫，这种鱼6个月性成熟，一年可繁殖多次。

4.1.2 拟鲤科

拟鲤科又称脂鲤科或加拉辛科，此类鱼主要产于非洲、南美洲、中美洲与北美洲。拟鲤科种类繁多，主要以小型而美丽的鱼类为主。此种鱼的特征是第二背鳍为脂鳍（无鳍条的小鳍）。另一特征是口中具有牙齿。拟鲤科鱼体质强健，容易饲养，外型美丽，价格低廉，是极受欢迎的观赏鱼。

1）墨西哥丽脂鲤

图 4.7 墨西哥丽脂鲤

墨西哥丽脂鲤（如图 4.7）又名盲鱼、墨西哥盲鱼、无眼鱼，产于墨西哥中部。墨西哥丽脂鲤鱼体呈长形，侧扁，尾鳍呈叉形，头较短，吻端圆钝，眼退化，体长可达 8 cm，鱼体呈乳白色，有脂鳍，各鳍颜色均体色相同，且透明。墨西哥丽脂鲤是一种生活在墨西哥的、一些长年不见光线的地下山洞中的小型热带鱼。很早以前，墨西哥丽脂鲤可能是有眼睛的，刚孵化出的幼鱼就是有眼睛的，当幼鱼长到 2 个月左右，眼睛才逐渐退化，直到完全消失。这也说明，墨西哥丽脂鲤原来生活在有光的水域中，后来由于环境的变迁和时间的推移，它的眼睛越来越不起作用，而渐渐退化、消失。

墨西哥丽脂鲤容易饲养，但成鱼有时喜欢挑衅，所以如果条件允许，最好单独饲养。墨西哥丽脂鲤喜欢 pH 值为 6.8 ~ 7 的硬水，适宜生活在 25 ~ 29 ℃的水温里，不择食，主要以动物性饵料（如昆虫的幼虫）和浮游动物为食。墨西哥丽脂鲤喜欢在水面跳跃，因此，在饲养鱼水族箱上一定要加盖，以防其跃出缸外。

墨西哥丽脂鲤繁殖比较容易，其雌雄不易区别，只是雄鱼比雌鱼稍长，雌鱼比雄鱼粗壮，繁殖水温 26 ~ 28 ℃。饲养前要先在产卵箱里种植水草，墨西哥丽脂鲤产卵非常有趣，产卵前亲鱼互相绕圆，旋转，可长达数小时，如同跳慢节奏的水中华尔舞，然后，雌雄亲鱼身体靠在一起，雄鱼抖动，促使雌鱼排卵，雄鱼同时射精，使卵受精，雄鱼将精排完后便离去，这时雌鱼还继续排卵，并追逐和吞食排出的卵。因此，当雄鱼离开雌鱼时，应立即将雌雄亲鱼同时取出。受精卵在 26 ℃温水中经过 24 小时左右可孵化出幼鱼，幼鱼再经过 48 小时左右，可发育成能游动、摄食的幼鱼，此时可投喂“灰水”，7 天后可改喂小型鱼虫，墨西哥丽脂鲤 7 个月性成熟，一年可繁殖数次。

2）黑线钢笔鱼

黑线钢笔鱼又名赤线大铅笔鱼，产于巴西、哥伦比亚、圭亚那、秘鲁。黑线钢笔鱼体长，稍侧扁，尾鳍呈叉形，体长可达 15 cm。黑线钢笔鱼体背部为浅褐色，腹部为银白色，其身体中线从头部至尾柄基部有一条赤色粗条纹。各鳍均为银白色。黑线钢笔鱼适应性强，容易饲养，适宜与大型热带鱼混养。它游姿特殊，游动时部稍向下倾斜，尾部向上成一斜面。黑线钢笔鱼喜欢中性水，水温 20 ℃以上。黑线钢笔鱼不择食，动物性饵料与植物性饵料它们都吃，但繁殖时不宜种植水草。

3)红绿灯鱼

红绿灯鱼(如图4.8)又名红莲灯鱼、霓虹灯鱼、红绿霓虹灯鱼、红灯鱼,产于南美洲秘鲁境内的亚马逊河上游的各支流中。红绿灯鱼体型娇小,全长3~4 cm,鳍也不大。全身笼罩着青绿色光彩,从头部到尾部有一条明亮的蓝绿色带,体后半部蓝绿色带下方还有一条红色带,腹部蓝白色,红色带和蓝色带贯穿全身,光彩夺目。在不同的光线下或不同的环境中,其色带的颜色时深时浅。

图4.8 红绿灯鱼

红绿灯鱼性情温和且胆小,喜群游,是典型的底层鱼,对饲养环境要求比较高,适宜水温22~24 ℃,水质要求弱酸性软水,保持清澈、少换水,环境要安静,避免强光直射。红绿灯鱼对饵料不苛求,鱼虫、水蚯蚓、干饲料都肯摄食。红绿灯鱼喜欢集体活动,几十尾一群,它们将整日欢快泳游。红绿灯鱼6月龄进入性成熟期,8~10月龄为最佳繁殖期。

图4.9 宝莲灯鱼

4)宝莲灯鱼

宝莲灯鱼(如图4.9)又名红莲灯、新日光灯鱼、新红莲灯鱼,产于巴西、哥伦比亚、委内瑞拉境内的流速缓慢的河流里。宝莲灯鱼是自红绿灯鱼被发现以后最为瞩目的脂鲤科小型热带鱼,为了便于与红绿灯区别,宝莲灯鱼又被称为新红莲灯鱼。宝莲灯鱼体长4~5 cm,体色绚丽,体侧从眼后缘到尾柄处有两条并行的色带,上方是一条较宽的蓝绿色带,下方是一条较宽的红色带,红绿相映,色彩夺目。在光线照射下从不同角度观察,时蓝时绿,不断变换;从胸鳍到尾柄基部的腹面则完全呈鲜红色。宝莲灯鱼性情温和,游动敏捷,喜欢群居,可与温和的热带鱼混养。饲养的水族缸中宜多种植水草。

宝莲灯鱼繁殖较困难,水质宜酸性(pH为5.6~8)。繁殖箱中植水草或放尼龙丝,置于光线较暗处,在黄昏时将亲鱼按1∶1的雌雄比放入箱中。宝莲灯鱼通常在早晨产卵,卵小而透明。每对亲鱼可产卵120粒左右，产卵后应立即将其亲自捞出另养。受精卵约经36小时孵化，3天后可游泳摄食。幼鱼生长极迅速，约5个月便可达性成熟，一年可繁殖多次。

5）三角灯鱼

图4.10 三角灯鱼

三角灯鱼（如图4.10）又名三角鱼、蓝三角鱼，产于亚洲的泰国、马来西亚、印度尼西亚。三角灯鱼鱼体呈纺锤形，稍侧扁，尾鳍呈叉形，体长可达5 cm，其背鳍、臀鳍、尾鳍均为红色，并有白色的边缘，胸鳍和腹鳍为无色透明，身体中部自腹鳍至尾鳍基部有一块黑色的三角形图案，因此又称为蓝三角或黑三角鱼。

三角灯鱼性情温和，适宜与其他品种的小型热带鱼混养，以吃动物性饵料为主。三角灯鱼对水质要求较严，以水温20～26 ℃昼夜温差不越过3 ℃的弱酸性（pH5～6.5）水为宜，必要时，还要在水中添加一些腐殖酸。

三角灯鱼是卵生鱼类，繁殖比较困难，雄鱼身体较细，雌鱼身体较粗壮。性成熟时，雌鱼腹部比较膨胀，繁殖水温以26 ℃为宜。繁殖前，可先在繁殖箱里种一株吉尔吉斯草，然后将挑选好的亲鱼按雌雄1∶1的比例放入，亲鱼放入后马上发情，雄鱼在雌鱼的上方和周围游动，待雌鱼发情准备产卵时，雄鱼便在水草周围与雌鱼共同旋转，雌鱼在水草的宽叶上蹭来蹭去，并将鱼卵排在水草叶的背面。鱼卵有黏性，会立即黏附在水草上，雄鱼则排精，使卵受精，雌鱼每次排卵数粒，要重复多次才能将卵产完。每对亲鱼每次可产卵80粒左右，多者可达200粒以上。产卵结束后，应立即将亲鱼捞出，以免它们吞食鱼卵。受精卵约经过30小时可孵化出幼鱼，幼鱼再经过30小时左右便可游动、摄食，这时可喂以“灰水”，约10天后可改喂小型鱼虫。幼鱼约需8个月达到性成熟，每年可进行多次繁殖。

6）刚果扯旗鱼

图4.11 刚果扯旗鱼

刚果扯旗鱼（如图4.11）又名刚果鱼、霓虹鱼，产于非洲刚果河水系。刚果扯旗鱼鱼体长达8～10 cm，纺锤形，头小，眼大，口裂向上，背鳍高窄，腹鳍、臀鳍较大。尾鳍外缘平直，但外缘中央突出。体色基调青色中混合金黄色，大大的鳞片具金属光泽，在光线的映照下，绚丽多彩，非常美丽。刚果扯旗鱼喜弱酸性软水，水质清洁，水温22～26 ℃，性好群聚，宜群养，也能和其他大小相同的鱼混养。

刚果扯旗鱼9月龄性成熟。选择雄鱼体长8～10 cm，雌鱼6～8 cm的为亲鱼。雄鱼尾鳍外缘中凸，背鳍高尖；雌鱼色泽较浅，腹部肥大。产卵箱用大的水族箱，可放2组。要求水质清洁，pH5.6～5.8，软水。亲鱼入箱后2天如无动静，可降低水的硬度3度以下，提高水温1~2 ℃，加入金丝草等，以刺激亲鱼。1尾雌鱼产卵100~300粒，卵无黏性，沉在水草叶上或水底。受精卵经3~4天孵出仔鱼，再过2~3天，仔鱼开始游动觅食，但它们非常纤弱细小，要用过筛的“灰水”喂养。

4.1.3 鲶鱼科

1）虎皮鸭嘴鱼

虎皮鸭嘴鱼（如图4.12），产于南美洲的亚马逊河流域、巴拉圭、委内瑞拉以及秘鲁境内。虎皮鸭嘴鱼主要分布在南半球，尤其以南北回归线之间最盛。虎皮鸭嘴鱼体长25~100 cm，适合水温22~28 ℃，pH值5.5~7.8。虎皮鸭嘴鱼鱼体呈优雅的流线型，体上有十几条横纹，头稍呈扁平，吻大而扁平似圆锹。经常以迅雷不及掩耳的速度在水中遨游。因地域的不同，其鱼身的斑纹也会为之改变，并且会随着蜕皮而成长，脱下的皮也会被其吃掉，这是其最大的特征。因身上的花纹不一，也有别的种类，如圆点鸭嘴鱼、珍珠虎皮鸭嘴鱼等。虎皮鸭嘴鱼属肉食性，可接受各种活饵，在适应之后也可接受切碎的鱼肉及其他肉的喂养。

图4.12 虎皮鸭嘴鱼

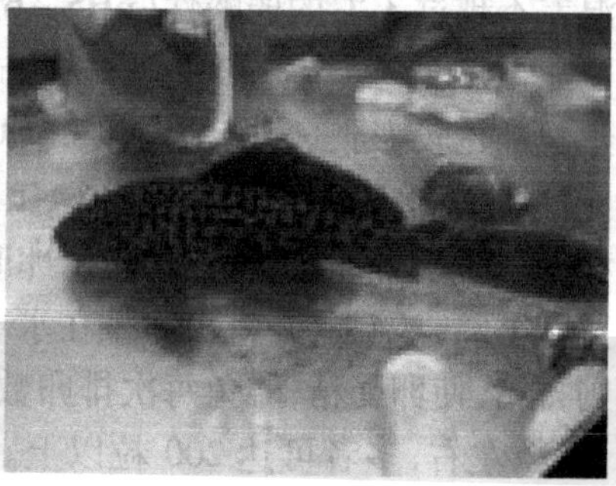

图4.13 吸石鱼

2）吸石鱼

吸石鱼（如图4.13）又名赤吸盘鱼、琵琶鱼、皇冠琵琶鱼，产于巴西、委内瑞拉。吸石鱼鱼体呈半圆筒形，侧宽，尾鳍呈浅叉形，体长可达25 cm，体呈暗绿褐色，布满黑色斑点。其背鳍宽大，腹部扁平，口位于腹面，经常吸附在玻璃或水草上，吸食青苔，是水族箱里最好的“清道夫”，从其腹部看，很像一个小琵琶，所以又称为琵琶鱼。吸石鱼体格健壮，适应性强，容易饲养，可与大型热带鱼混养，但同类之间有时发生争斗。吸石鱼喜欢弱酸性的软水，水温20 ℃以上。吸石鱼是卵生鱼类，繁殖非常困难，其雌雄鉴别也比较困难，性成熟的雌鱼腹部比雄鱼略膨胀。

3）黑腹歧须鮠

黑腹歧须鮠又名反游鼠鱼、反游猫鱼、向天猫鱼、向天鼠鱼、倒天猫头鱼，产于刚果、扎伊尔。黑腹歧须鮠鱼体呈纺锤形，后部侧扁，尾鳍呈深叉状，体长可达13 cm，鱼体呈棕褐色，全身布满黑紫色斑点，背鳍为黑色。吻部有3对触须，其中位于上颚的一对较长。黑腹歧须鮠的幼鱼是正常游动的，成鱼时爱背朝下，肚皮朝上游泳。

黑腹歧须鮠性情温和，适宜与其他品种的热带鱼混养。它对水质要求不严，喜欢弱酸性（pH6.8）的软水，饲养水温以24~26 ℃为宜。这种鱼属杂食性，可食动物性饵料和植物性饵料,甚至吃残饵和死鱼虾等,是水族箱里的“清道夫”。但这种鱼胆子较小,在水族箱里应多种水草,供其栖息。它属夜行性鱼,常在夜间游动、摄食。黑腹歧须鮠是卵生鱼类,其雌雄的主要区别是性成熟的雌鱼腹部比雄鱼膨胀。

4)三间鼠鱼

三间鼠鱼(如图4.14)又名皇冠三间鼠、皇冠泥鳅鱼,产于印度尼西亚。三间鼠鱼体呈圆筒形,稍侧扁,尾鳍深叉形,体长可达20 cm。鱼体呈淡橘黄色,体侧有三条很宽的横向赤条纹,前面一条通过眼睛,第二条在身体前部,第三条在尾柄基部。基胸鳍、腹鳍和尾鳍均为鲜红色。

图4.14 三间鼠鱼

三间鼠鱼适应性强,容易饲养,水温20 ℃左右。它们喜欢弱酸性的软水。三角鼠鱼胆子较小,爱在水的底层游动、摄食。繁殖时,水族箱里应多种水草,以方便其休息和躲藏。三间鼠鱼眼下有暗刺,遇到攻击,就会弹出暗刺,进行自卫。

5)豹兵鲇

豹兵鲇又名豹鼠鱼、花豹鼠鱼、花鼠鱼,产于南美洲的巴西、阿根廷。豹兵鲇鱼体呈圆筒形,后部稍侧扁,尾鳍叉形,体长可达9 cm。鱼体为灰白色,全身布满黑色小斑点,背鳍前部有一块黑色斑块,由于其鱼体似小老鼠,所以又称其为鼠鱼。

豹兵鲇性情温和,容易饲养,适宜与其他品种的热带鱼混养。它喜欢弱碱性(pH 7.4)的水质,水温以24~26 ℃为宜。它平时喜欢在水的底层活动,但有时会突然向上浮至水面呼吸空气,然后再迅速沉到水底。它喜食沉在水下的残渣余饵,有“清道夫”的美称。

豹兵鲇是卵生鱼类,繁殖比较容易,其雌雄的主要区别是:雄鱼身体较小,雌鱼性成熟时腹部较膨胀。繁殖水温以22 ℃左右为宜,繁殖前可先在繁殖箱里放一块平的石块,然后将挑选好的亲鱼按雌雄1∶1的比例放入。繁殖时,雄鱼先射精,雌鱼将雄鱼射出的精液用嘴含着粘在岩石上,再往精液上排卵,每次可产卵5粒左右,以此重复数次,直至将卵排完。每对亲鱼每次可产卵100粒左右,产卵结束后,应将亲鱼捞出。

受精卵经过96小时左右便可孵化出幼鱼,幼鱼再经过24小时左右便可游动、摄食,这时应喂以“灰水”。幼鱼约需9个月达性成熟,一年可繁殖多次。

图4.15 玻璃猫头鱼

6)玻璃猫头鱼

玻璃猫头鱼(如图4.15)又名猫头水晶鱼、猫头玻璃鱼,产于泰国、马来西亚、印度尼西亚。玻璃猫头鱼鱼体呈长纺锤形、侧扁,尾鳍深叉形,体长可达12 cm。鱼体各鳍均呈无色透明状,其透明度超过玻璃拉拉鱼,如不仔细观察,几乎看不到它们的身体,而只能看到骨和内脏,其吻端长有二根细长的触须,因此称其为猫头鱼。

玻璃猫头鱼性情温和，容易饲养，适宜与鲤科和脂鲤科的小型热带鱼混养。它对水质要求不严，喜欢弱酸性的软水，水温20 ℃左右。这种鱼胆子较小，饲养时应多种水草。它主要以动物性饵料为食。这种鱼是卵生鱼类，雌雄鉴别比较困难，性成熟的雌鱼腹部比雄鱼膨胀。

4.1.4 鳅鱼科

1）虎沙鳅

虎沙鳅又名三间鼠、丑鳅鱼，产于南亚、东亚。虎沙鳅体呈宽纺锤形，侧扁，尾鳍呈扇形，鱼体为金黄色，全身布满金红色的小点，鱼体从鳃盖后端开始有10条纵向的由金红色小点组成的条纹，一直延伸到尾柄基部。背鳍宽大，展开时其宽度与鱼体高差不多。其体长一般为10～20 cm。虎沙鳅饲养容易，对水质要求不高，喜欢弱碱性的硬水，适宜水温为20～24 ℃，水温低于18 ℃易患水霉病和白点病。性情温和，从不攻击其他鱼，是混养的好品种。虎沙鳅属杂食性，可常喂些开水烫过的碎菠菜叶。虎沙鳅卵胎生，繁殖容易，雌雄比例为1∶2。将密植水草放入繁殖箱中，待雌鱼腹部膨大，捞出雄鱼，每条雌鱼每次产仔30～50尾，仔鱼产出后即可游动摄食。

2）皇冠九间

皇冠九间（如图4.16）又名短鼻六间、六间鱼，产于非洲刚果河、安哥拉河。皇冠九间背弧高，腹弧平缓。背鳍宽大，起点与腹鳍起点对称，尾鳍叉形。全身红黄色偏红，有6～7条基本等宽等间距的黑色横带，各鳍都是鲜红色。幼鱼有些像虎皮鱼，长大至30 cm体长时，全身变黑，失去观赏性。皇冠九间对水质要求不高，喜弱酸性软水，20 ℃的水温就能生存，动植物性饵料都能摄食，也吃水草。皇冠九间身体健壮，但性情暴躁，同种相斗，吞食小鱼，不宜与小型鱼混养。皇冠九间偏爱素食，卵生，适合生活在有水草和沉木的水族箱，且适合与中大型鱼混养。

图4.16 皇冠九间

图4.17 中华沙鳅

3）中华沙鳅

中华沙鳅（如图4.17）又名钢鳅，产于南亚、东亚。中华沙鳅吻长而尖，须3对，颐下具1对钮状突起。眼下刺分叉，末端超过眼后缘，颊部无鳞。腹鳍末端不达肛门，肛门靠近臀鳍起点，尾柄较低。此鱼属于小型鱼类，常栖居于砂石底河段的缓水区，常在底层活动。

4)横纹条鳅

横纹条鳅(如图4.18)又名沙钻、滑鱼、媒子鱼,产于南亚、东亚。横纹条鳅体前部稍圆,向后渐侧扁,颊部微鼓,头宽小于体高。口下位,弧形,上颌中部具齿状突,与下颌缺刻相对。须3对,较短,鳞小,侧线完全,背鳍起点位于腹鳍,尾鳍微凹。体侧具10~16条明显的横斑,一般体长5~12 cm。横纹条鳅是底层小型鱼类,多栖息于急流河段的砾石缝隙中。

图4.18 横纹条鳅

4.1.5 花鳉科

1)帆鳍玛丽

帆鳍玛丽(如图4.19)又名珍珠玛丽、大扯旗摩利鱼,产于中美洲墨西哥。帆鳍玛丽成鱼体长10~15 cm,头吻尖小,尾柄宽长。背鳍前高后稍窄,鳍基长,起自头后背部到尾柄前止;尾鳍宽大,外缘浅弧形;臀鳍很小。体色背部呈浅蓝黑色,体侧渐浅,至腹部泛灰白色,有红点。雄鱼背鳍鳍基黑色,间有点状细纹,外缘镶红色边,尾鳍浅红色,也有细纹及斑点,有变异为黑色或白化种玛丽。体色金色的种类叫金玛丽,它的白化种也是体色金黄,但眼睛是红色的。

帆鳍玛丽性格温和,从不攻击其他鱼,杂食,爱啃吃藻类,可喂碎的植物绿叶。帆鳍玛丽对水温适应性极强,适宜温度为18.0~30.0 ℃,主要活动于水的中层。帆鳍玛丽对水质比较敏感,宜生活在弱碱性水中,pH6.0~8.0,喜稍含盐水质(每10 L水中加1匙盐)。要常换新水,防止水质酸化,在偏酸性的老水中不易成活。

帆鳍玛丽是卵胎生的鱼类,一般间隔35~40天可繁殖1次,产仔时一般无须特别照顾。繁殖水温以26 ℃左右为宜,雌雄比例为1:2。将密植水草放入繁殖箱中,待雌鱼腹部膨大,捞出雄鱼,每条雌鱼每次产仔30~50尾。仔鱼产出后即可游动摄食。产后将亲鱼移出分养,以免吞食幼鱼。

图4.19 帆鳍玛丽

图4.20 孔雀鱼

2)孔雀鱼

孔雀鱼(如图4.20)又名凤尾鱼、彩虹鱼、百万鱼、库比鱼,产于委内瑞拉、圭亚那、西印度群岛等地的江河流域。孔雀鱼体长4~5 cm,成体雄鱼体长3 cm左右,体色艳丽,有淡红、淡绿、淡黄、红、紫、孔雀蓝等，尾部长占体长的2/3左右，尾鳍上有1~3行排列整齐的黑色圆斑或彩色大圆斑。尾鳍形状有圆尾、旗尾、三角尾、火炬尾、琴尾、齿尾、燕尾、裙尾、上剑尾、下剑尾等。成体雌鱼体长可达5~6 cm，尾部长占体长的1/2以上，体色较雄鱼单调，尾鳍呈鲜艳的蓝、黄、淡绿、淡蓝色，散布着大小不等的黑色斑点，这种鱼的尾鳍很有特色，游动时似小扇扇动。

孔雀鱼适应性很强，最适宜生长温度为22~24 ℃，喜微碱性水质，pH 7.2~7.4，食性广，性情温和，活泼好动，能和其他热带鱼混养。孔雀鱼属卵胎生鱼类，4~5月龄性腺发育成熟，但是繁殖能力很弱，在水温24 ℃，硬度8度左右的水中，每月能繁殖1次，每次产鱼苗数视鱼体大小而异，少则10余尾，多则70~80尾。当雌鱼腹部膨大鼓出，近肛门处出现一块明显的黑色胎斑时，是临产的征兆。

3）剑尾鱼

剑尾鱼（如图4.21）又名剑鱼、青剑，产于墨西哥的江河流域。剑尾鱼体长10~12 cm，雌鱼体肥大，体色稍逊雄鱼，无剑尾。剑尾鱼原为绿色，体侧各具一红色条纹，但已培育出许多花色的品种。雄鱼尾鳍下叶有一呈长剑状的针状鳍条。剑尾鱼性情温和，很活泼，可与小型鱼混养。剑尾鱼食性杂，食量大，体强壮，易饲养，无论是弱酸性水或弱碱性水都能适应，适宜饲养的水温为24~26 ℃。剑尾鱼6~8月龄性成熟，每隔4~5周繁殖1次，每次产鱼苗20~30尾，适宜繁殖的水质为pH7~7.2，硬度6~9度。

图4.21 剑尾鱼

图4.22 黑玛丽

4）黑玛丽

黑玛丽（如图4.22）又名黑茉莉，产于墨西哥。黑玛丽成年雄鱼体长7~8 cm，雌鱼体长可达10~12 cm。黑玛丽全身漆黑如墨，其代表鱼有圆尾黑玛丽、燕尾黑玛丽、皮球黑玛丽等。黑玛丽性情温和，可与其他性情温和的鱼类品种混养。喜弱碱性（pH为7.4）硬水，在水温为22~28 ℃的水中生活良好，属杂食性鱼类，日常饲养中，可投喂活水蚤、摇蚊幼虫等动物性饵料，也可投喂一些新鲜的菠菜叶或莴苣叶。仔鱼出生后生长5~6个月，就能进行繁殖。雄鱼体较小，后半身扁平，游动迅速，臀鳍演变成棒状的交接器；雌鱼体大，腹部浑圆。合群饲养时，雄鱼经常追逐雌鱼，受精后的雌鱼腹部逐渐隆起，接近生殖期，其生殖孔呈"白色状"时，常待在水草丛中，这就是临产前的征兆。这时将雌鱼捞出放入繁殖缸中，水温保持在25~28 ℃，缸底铺放卵石或水面漂浮水草，以便刚出生的仔鱼藏身。也可在特制的小笼中产仔。在饵料充足、水质良好的情况下，雌鱼经30天左右就可繁殖1次，初胎10~50尾，以后逐渐增加，最多时可产200余尾。

4.1.6 慈鲷科

1)神仙鱼

神仙鱼(如图4.23)又名燕鱼,产于亚马逊河流域及贝伦地区和秘鲁、委内瑞拉、巴西、圭亚那。神仙鱼体呈菱形,极侧扁,尾鳍后缘平直,背鳍、臀鳍鳍条向后延长,上下对称,似张开的帆。腹鳍特长,呈丝状。从侧面看像空中飞翔的燕子,故又称其为燕鱼。神仙鱼没有艳丽的色彩,原种鱼体基色是银白色,背部为金黄色,体侧有四条黑色横向条纹,第一条穿过眼眶,第二条在背鳍和臀鳍基部前缘,第三条从背鳍末端至臀鳍末端,第四条在尾柄基部。其背鳍和臀鳍为浅黄色,尾鳍透明,布满黑色纵向条纹,眼眶为红色。神仙成鱼体长可达15 cm,体高可达20 cm。神仙鱼喜生活在pH6.5~7.0的弱酸性软水中,适宜温度26~30 ℃。神仙鱼喜欢经晾晒过的新水,经常换水会减少其患病机会。神仙鱼不挑食,但喜食蚯蚓等较大的鲜活饵料,一般每天喂2次就可以了。

神仙鱼的雌雄鉴别在幼鱼期比较困难,但是在经过8~10个月进入性成熟期的成鱼,雌雄特性却十分明显。其特征是:雄鱼的额头较雌鱼发达,显得饱满而高昂,腹部则不似雌鱼那么膨胀,而且雄鱼的输精管细而尖,雌鱼的产卵管则粗而圆。神仙鱼是卵生鱼类,繁殖比较简单。产卵数量视成鱼的大小,一般为400~1 000粒不等。

图4.23 神仙鱼

图4.24 七彩鱼

2)七彩鱼

七彩鱼(如图4.24)又名七彩神仙鱼、五彩神仙鱼,产于亚马逊河流域和秘鲁、巴西、圭亚那。七彩鱼体侧扁呈圆盘状,尾扇形体,体长15~20 cm,从鳃盖至尾柄基部分布着9条间距相等的纵向条纹,随品系的不同体色也不一样。鱼的体色丰富多变,有以红色为主基调的红七彩,以棕色为主基调的棕七彩,以蓝色为主基调的蓝七彩,并以红、黄、蓝、绿、黑、棕、白、紫色等为点缀,花色繁多,美不胜收。七彩鱼分为野生七彩和人工育种七彩两大品系。其中,野生七彩有野生黑格尔七彩、野生棕七彩、野生蓝七彩、野生绿七彩。

七彩鱼属于高温高氧鱼,对水质和饵料的要求都较为苛刻,饲养起来非常不容易。不仅要水质清洁、含氧量丰富、光照适宜,而且水温需常年保持在26~30 ℃。七彩喜欢的水是弱酸性软水,pH值在6.5以下。一般来说七彩是杂食鱼,饵料主要是冷冻的虫类,现在常喂食的饲料是冷冻的红虫、汉堡、虾等。

七彩鱼繁殖水温以28 ℃左右为宜,硬度3~6,pH5.5~6.9。每对亲鱼每次产卵300粒左右,多者可达800粒以上。产卵后,亲鱼会守护鱼卵,轮流用胸鳍扇水,使受精卵更多地吸收氧气，并且将未受精的白卵吃掉。经过48小时左右可孵化出仔鱼，仔鱼吸附在卵基上，经过5天才能发育成游动的幼鱼，幼鱼自己并不摄食，而是黏附在亲鱼身上，吸食亲鱼身上分泌的黏液，再经过10天左右幼鱼能自己摄食。七彩神仙鱼18个月性成熟，一年可繁殖多次。

图4.25 鹦鹉鱼

3）鹦鹉鱼

鹦鹉鱼（如图4.25）又名鹦嘴鱼，产于东亚。鹦鹉鱼体长而深，头圆钝，椭圆形，鳞大，体形似金鱼。成鱼体长10～12 cm，体色鲜艳，头部鲜红色，头顶有少许肉瘤，体色粉红色或血红色，体态丰满，满身透着红宝石般的光泽。其腭齿硬化演变为鹦鹉嘴状，用以从珊瑚礁上刮食藻类和珊瑚的软质部分，牙齿坚硬，能够在珊瑚上留下显著的啄食痕迹，并能用咽部的板状齿磨碎食物及珊瑚碎块。同种中雌雄差异很大，成鱼和幼鱼之间差别也很大。鹦鹉鱼可与其他品种混养，饲养水温22～28 ℃，需弱酸性软水，喜清澈水质。鹦鹉鱼爱食小型活食，也可食人工合成饲料，如人工饵料、红虫、丰年虾、水虱等。鹦鹉鱼在繁殖后代的时候，雄鱼先撒下精子，然后，雌鱼在精子的中央播撒卵子，这种繁殖方式只能使一部分卵受精。

4.1.7 攀鲈科

1）银曼龙鱼

银曼龙鱼（如图4.26）又名银龙鱼，原产于泰国、马来西亚，这种鱼体呈长椭圆形，侧扁，尾鳍浅叉形，体长可达14 cm。鱼体呈银白色，背部为银灰色，背鳍、臀鳍和尾鳍均为半透明状，上面布满银白色斑点。银曼龙鱼在光照下银光闪闪，其腹鳍呈丝状触须状。

银曼龙鱼和其他攀鲈科的鱼一样，长有辅助呼吸器官——褶鳃，可以在含氧量少的水中生活。它性情温和，可与要求相同的热带鱼混养。它们对水质无严格要求，水温一般不低于10 ℃，以动物性饵料为食。

图4.26 银曼龙鱼

2）五彩博鱼

五彩博鱼（如图4.27）又名博鱼、彩雀鱼、火炬鱼、泰国斗鱼、暹罗斗鱼，原产于泰国和马来半岛。五彩博鱼体呈长形，稍侧扁，尾鳍呈火炬形，体长可达8 cm，该鱼的背鳍、臀鳍、尾鳍特别发达，舒展开来就像一面展开的彩旗，飘逸壮观。整个鱼体呈暗红色，各鳍均为浅色，眼睛为黑色，有光泽，雌鱼颜色比雄鱼浅。这种鱼原来的体色已很少见，现在饲养的五彩博鱼绝大部分是人工培育出来的，其主要颜色有：鲜红、紫红、淡紫、蓝紫、艳蓝、草绿、深绿、漆黑、乳白等，还有许多其他杂色和各种颜色相间的复色等。如将不同颜色的鱼进行杂交，其后代不仅具有双亲色彩的特点，而且可能会出现其他颜色。

图4.27 五彩博鱼

五彩博鱼对水质无严格要求，喜欢中性（pH6.8～7.8）水，水温以20～23 ℃为宜。五彩博鱼主要吃动物性饵料，它们之间虽然互相争斗，但却能和其他品种的热带鱼和平相处。因为其活跃喜跳，所以水族箱应加盖。

五彩博鱼是卵生鱼类，繁殖比较容易。雄鱼颜色鲜艳，各鳍比雌鱼长得多；雌鱼则比较粗壮。繁殖温度以26～28 ℃为宜。亲鱼按雌雄1∶1的比例放入，每对亲鱼每次可产卵400粒左右，经过36小时左右便可孵化出幼鱼，幼鱼不会游动，只窜出泡巢，头朝上悬在水草叶和缸壁上，也有的会沉到缸底。幼鱼再经过36小时左右便可游动、摄食。五彩博鱼6个月可达到性成熟，一年可繁殖10次以上。

3）蜜鲈

蜜鲈（如图4.28）又名桃核鱼、小丽丽鱼、丽丽鱼，原产于亚洲的印度。蜜鲈鱼体呈卵圆形，侧扁，尾鳍扇形，稍内凹，体长可达6 cm。雄鱼体以红蓝二色为主色，其头部为橙色，眼眶为红色，鳃盖上部为艳蓝色，从鳃至尾柄基部以红蓝相间的横向宽条纹为主。此外，雌雄鱼的胸鳍均无色透明，腹鳍深化成丝状触须。蜜鲈饲养水温以22～25 ℃为宜，水质为弱酸性的硬水。它们主要以动物性饵料为食。

蜜鲈鱼是卵生鱼类，繁殖比较容易，性成熟的雌鱼腹部膨胀，繁殖水温以25 ℃左右为宜。蜜鲈是吐沫浮巢进行繁殖的，亲鱼按雌雄1∶1的比例放入，每对亲鱼每次可产卵600粒左右，受精卵经过48小时孵化出幼鱼，幼鱼再经过36小时便可游动、摄食。蜜鲈鱼约6个月性成熟，一年可繁殖十几次。

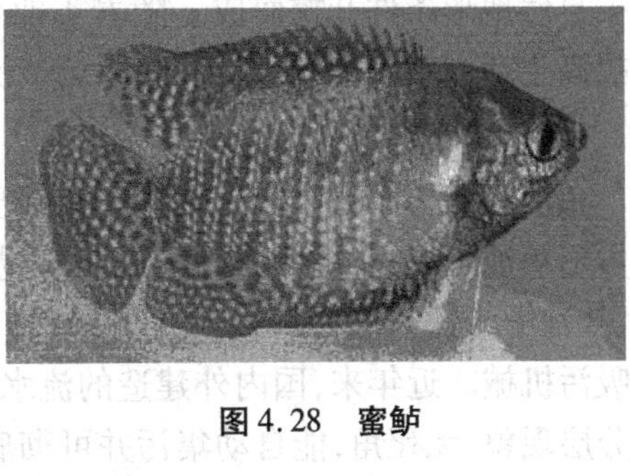

图4.28 蜜鲈

4.2 淡水观赏鱼的饲养管理

4.2.1 鱼池建设和家庭饲养用具

1)鱼池建设

(1)地点的选择

鱼池地点的选择应考虑以下因素：

①易于取得丰富而优质的水源。养殖期间用水量大，水源必须充足可靠，且丰水期与枯水期水量不能相差太多，临近水库者为最佳。其次，临近水质清澈、水量大、无污染且无水患。若无河水，有地下水源亦可。

②地势平坦，地质适中。土质以壤土为最佳，若带点沙质则更佳，可以避免水质变混浊。

③供电稳定。养殖场必需的设备，如水泵、投饵机、增氧机等动力设备，都需要稳定的电力。

④交通方便。商品鱼的运输要求交通方便，应避免在道路太崎岖或车辆无法到达处设养殖场。

(2)建池布局

鱼池分为地面鱼池、地下鱼池、隧道鱼池、半隧道鱼池、多层鱼池和阶梯形鱼池等类型。地面鱼池施工简单，排水方便；地下鱼池容易龟裂变形，施工量大，耗材料多，结构较复杂，但可降低提水扬程。为了节约用地，可采用隧道鱼池、半隧道鱼池和多层鱼池。在丘陵山区，可采用阶梯形鱼池。

(3)建池材料

鱼池的材料有混凝土、砖石、水泥、钢板、塑料、铁皮等。大型流水鱼池大都采用钢筋混凝土建造，小型流水鱼池用砖石砌成，水泥砂浆抹缝。有的流水鱼池采用预制板建成，预制板可用塑料、钢板、玻璃钢、水泥等材料制作，只要不漏水，又不会在水中产生有毒物质，均可采用。鱼池颜色宜为暗色。

(4)池体大小

鱼池面积为1 000～2 000平方米，小型流水鱼池仅几十平方米。大型流水鱼池大都根据自然地形条件开挖而成。随着工业化程度的提高，目前趋向于采用小型流水鱼池，可提高生产周转率，便于管理，容易调节流量，饲料利用率较高。

(5)池体形状

鱼池有正方形、长方形、圆形、椭圆形、八角形及环道形等多种形状。其中，正方形、长方形鱼池可以充分利用地面，施工容易，容易捕捞成鱼，但换水不均匀，水流有分层现象，故池子水深只能为0.9～1 m，并且难以彻底排污，池底有积污的死角，必须配备专门的吸污机械。近年来，国内外建造的流水鱼池多趋向于圆形。其优点是：换水均匀，水流无分层现象，无死角，能自动集污并可彻底排污，水深可达2 m，养鱼效率高。其缺点是：

施工难度较大，室内面积利用率低。

(6)排水和排污设施

养鱼需要不断交换池水，进多少水就必须排多少水，以保证池水不断更新并维持稳定的水位。在高密度饲养的情况下，鱼类的粪便、残料及其他有机碎屑沉积量很大，会消耗池水溶解氧并败坏水质。因此，排水和排污的效果如何，是影响流水养鱼产量的重要因素。

2)家庭饲养用具

家庭养殖比起专业养殖场要简单、方便、容易得多。而且家庭养殖的形式也是多样的，小的有小水族箱，大的有木盆、鱼缸甚至小水泥池等，其饲养方式以自身的居住条件、时间的充裕情况和爱好的程度来决定。

(1)容器

普遍使用的容器为水族箱，一般规格的可在水族商店或礼品商店中买到，也可购买角铁、玻璃、油灰自己做。一般用的水族箱长约60 cm，宽25 cm，高35 cm，也可比上述规格适当增大或缩小，但过大则显得笨重易损坏，洗刷、排水不太方便，过小则不利于鱼周旋、游动，更不便于在水体中布置景观。家庭经济条件优越，住房面积又大的养殖爱好者，可考虑购买一台自控封闭循环水族箱，使用时既省事又美观。此外，还有传统的陶盆、木盆、瓷缸、瓷罐、瓷盆等，室内室外均可使用。陶盆、木盆较适合于庭院使用，有条件的，还可于南窗台下建造1～2个小的鱼池。同时，可以在鱼池上面再造一个约相当于底层池子面积1/2的小池。这样，既可以增加养殖面积，又便于观赏，还可以起到为底层鱼池遮荫的作用。两层池子之间要用支柱加高，离出一定空间，便于观察池内鱼的活动情况和管理操作等。池子一般都用砖砌，用水泥抹平池底和四壁，底部略成锅底状，中间设有排水口通排水沟，或池底稍微倾斜，便于虹吸排水。池子的形状和大小依地形而定，池子高度以30 cm为宜。

(2)捞鱼网兜

一般鱼市或渔网店有售，自制也较为容易，其大小可由饲养的规模来决定。一般柄长30 cm左右，口径6～10 cm。制作方法为：取中粗铁丝约50 cm长，弯曲成一带柄的圆圈，然后用柔软、滤水性强的织物，比照圆圈略放大一些剪成同心圆，沿着铁丝缝牢即成。

(3)捞钩

用铝勺和塑料勺均可。在养殖过程中，以便连鱼带水捞起又不致伤及鱼体。

(4)胶皮管或塑料管

管的直径约1 cm，长度视需要而定，一般1～2 m即够用。利用虹吸作用，把水族箱底部沉积的鱼粪、饵料残渣等污物及时吸出，也可用它慢慢往水族箱注入新水，以保持水质清新，延长换水间隔时间，达到省工、省时、省水的目的。

(5)玻璃吸管

对用小水族箱养殖的家庭特别适用，可以随时用它吸出鱼粪等污物，比胶皮管使用起来更为方便。

(6)抹布

最好是柔软的纱布，专用来擦拭水族箱内壁附着的污物、水渍等，每次用毕应漂洗干净，切忌沾上油污。

(7)**储水容器**

以专用为宜,供晾水用,如养殖容器少,周转不开,可以用白铁桶、塑料桶、脸盆等代替。使水温与养鱼用水更为相近,同时,除去自来水中的含氯有害物质,以供换水或添水时用。

(8)**照明设备**

如居住环境采光很好,则不一定使用。灯管可用白色或彩色光源,安装时要在水族箱的方框上面与灯管之间隔一层玻璃板,以免水族箱内日常蒸发的水汽长期凝集在灯管上腐蚀灯管两端的金属部件。

(9)**充氧机**

充氧机是一种微型的空气压缩泵,是水族箱养殖的专用设备,可向水族商店或鱼市场去购买。其作用是:增加水体中的溶氧量,还可把水体里的二氧化碳随着这些微细气泡的上升而排出水外。采用充氧机后,水族箱或盆里放养密度可提高1~1.5倍。

(10)**过滤装置**

过滤装置大多置于水族箱的一角,是个底部有排水孔和管道与养殖水体相通的小型储水装置。其作用是:小型水泵将水体底部浑浊的水抽入储水器,经过储水器底部的活性炭,玻璃棉等过滤物滤残饵、鱼粪等污物,然后再由排水孔和管道将水体返回养殖水体,使整个水族箱的水质得到改善,减少换水次数。

(11)**加温装置和水温计**

加温装置主要用于养热带鱼,有时族箱内养有热带鱼的水草,水温要保持在15 ℃左右。另外,冬季需要加温装置,从11月到翌年3月上旬使水温保持在15~18 ℃。电热棒是带温度调节器的,使用电热棒提高水温时,应先把电热棒放入水中,然后通电,以免玻璃管爆炸。水温计是水温显示仪器,有悬浮在水中的,也有固定在水族箱壁上的。

4.2.2 水源及水质保养

1)水源

(1)**自来水**

自来水是我们日常生活中使用的生活用水,来源方便易得,它经过一定的技术处理后,是淡水观赏鱼较佳的饲养用水。自来水是消毒处理后的水源,水中含过多的氯离子,不能直接用来养鱼。一般采用晾晒法,将自来水放在露天通风处,借助于空气的流通和阳光的照射,使水中残留的氯气挥发,同时增加水中的溶氧量。晾晒时间夏季24小时以上,春秋季48小时以上,冬季时间更长些。此外,也可采用化学处理法,即用大苏打(硫代硫酸钠)中和水中的氯气,一般每立方米水中需放2~3 g或10 L水中放5~6粒。由于大苏打使用过量或遇高温天气,水质经常白浊变质,因此应格外注意。

(2)**井水**

井水属地下水,水质较硬,水温恒定。井水在使用前需曝晒12小时以上,以使水温与地表水温平衡,同时增加水中的溶氧量。

(3)**河水**

天然水,水质软但较浑浊,使用前要在蓄水池中净化沉淀或过滤后使用。河水中含有许多天然饵料，可以使观赏鱼的颜色更加自然亮丽。

2)水质保养

热带观赏鱼饲养中，水质的好坏与鱼的生命活动息息相关。体现水质好坏的指标有：水溶氧、水温、水的酸碱度和水的软硬度等方面。

(1)**水溶氧**

热带鱼鱼池或水族箱中的水溶氧主要通过水面与空气的接触形成的。饲水中的水溶氧有限，必须借助增氧泵增加水溶氧。

(2)**水温**

热带鱼为高温鱼类，它们多数可在18～32 ℃的水温内生存。饲养时必须了解其对水温的要求。水温的稳定可以通过两种方法来保证：一是将室温控制在合适的范围内，这适于商业化大面积饲养热带鱼时采用；二是将饲养容器的水温控制在合适的范围内，家庭饲养通常采用这种方式。市场上有能自动调温的玻璃质或不锈钢质的加热管，将水温设定在24～27 ℃，水族箱的水温就可维持在正常范围内。配备加热设备，是饲养热带鱼的一大特点。

(3)**水的酸碱度**

水的酸碱度是以pH值表示的，来自不同地区的热带鱼对水的酸碱度要求有所不同。家庭饲养热带鱼的水源多为自来水，自来水接近中性，但其中性保持期很短，当水中饲养鱼以后，鱼的生命活动使水质向弱酸或弱碱性转化，因此，要定期测定并根据测定结果进行调整。热带鱼水质pH值的测定，多采用pH试纸、pH测定液或pH专用测定仪等。可利用合适的化学药品来调节水质酸碱度，常用的是磷酸二氢钠和碳酸氢钠，前者可以使水质向弱酸性变化，后者使水质向碱性变化。使用时，先将磷酸二氢钠和碳酸氢钠分别用纯水溶解，配成1∶100的溶液，当饲养水的碱性大于鱼的需求时，向饲养水中缓慢加入磷酸二氢钠溶液(或米醋)，充分搅拌并不时用pH专用测定仪测定，调至达到要求为止；反之，则用碳酸氢钠溶液调整。

(4)**水的软硬度**

水的硬度，主要是指水中含有的钙离子、镁离子、铁离子等金属离子的多少，水的硬度采用硬度测试剂测定。即在一个有刻度的试管内注入6 ml水并缓慢滴入指示剂，一边滴一边搅拌，至试管内的颜色改变时滴入的指示剂的滴数即为水的硬度值。例如：滴入6滴指示剂时颜色改变，则水的硬度为6度。

4.2.3 饵料

1)饵料的种类

观赏鱼的饲料分为动物性饵料和植物性饵料两大类，在人工饲养下的饲料相对比较单一，但可配制一些人工饲料。

(1)**动物性饵料**

①灰水。又名回水、蛋黄水蚤，是浮游生物中的一些原生动物，如草履虫、尾毛虫、太阳虫、钟形虫、累枝虫、砂壳虫、棘壳虫等。这类浮游生物常在春夏季节漂浮在河中的水

面，呈蛋黄色或灰色。灰水要用细布网才捞得起，用来喂鱼苗最好。

②轮虫。有泡轮虫、水轮虫、长三肢轮虫、梳状疣毛轮虫、龟纹轮虫等，比灰水大，也可用来喂鱼苗。但捕捞后只能生存4～5小时，应迅速喂掉。

③蚤类。是节肢动物中桡足类、枝角类，个体较大，生命力较强，是喂金鱼、热带鱼最好的饲料。有大型水蚤、蜘蛛虫、蚤状蚤、长刺蚤、真剑蚤等，捕获后可以蓄养1～2天。蚤类常统称为鱼虫。

④蚯蚓类。有蚯蚓中的红蚯蚓，又名赤子爱胜蚯蚓，用猪粪或牛粪加草发酵后作饲料，放入种蚯蚓人工培育。水蚯蚓，又名鳃蚯蚓，生活在江湖污泥中。蚯蚓类捕捞后应反复清洗，一般在温度较低时可蓄养一星期左右。

⑤赤线虫。又名血红虫、色赤红，生活在污泥上层，北方多见密集聚在一起。在温度较低时可蓄养半个月左右。

⑥蝇蛆。苍蝇的幼体，可以人工养育，但在化蛹前就喂掉，多余的可烘干备用。

⑦小鱼苗。野生小鱼苗或金鱼经挑选出的废鱼苗。处死后新鲜饲喂较大的食肉鱼类。

⑧其他类。鸡蛋黄，煮熟后喂鱼苗；猪干，煮熟后切细喂；鱼、虾、肉等都可饲喂。植物性饲料有各种藻类，在"绿水"内含黄藻、绿藻等多种藻类。另有水草、豆浆、面、米饭、饼干等少油脂的食品均可饲喂，在喂米饭、面等食物时可先用水漂洗一下，不使水混浊。

(2)植物性饵料

鉴于鱼类天然饵料的季节性和数量的不稳定性，制约了鱼类的正常生存发育，所以加工鱼饵料应运而生。这是按照鱼类品种、大小以及不同阶段的生长需要，合理的安排营养成分配方，采用机制生产流水线，加工、成型、烘干一条龙，生产出的各种规格的颗粒饲料，营养全面，完全可以代替天然饵料。目前，人造颗粒饲料常见的原料有鱼粉、蛋蛹粉、大麦粉、麸皮、酵母粉、维生素、青饲料等，它们按一定的比例混合，加工成各种大小的颗粒饲料，是天然饵料短缺时的最佳代替品。

2)鱼虫人工培育

由于活的鱼虫是观赏鱼最好的饲料，人们采用人工培育的方法繁殖鱼虫。主要利用河、塘，用城市污水加入河水、或用牛、猪、马粪堆肥发酵后放入河塘中，水温在18～25℃，pH值7.5左右时再引入鱼虫种，3～5天就能繁殖出虫。但往往人工培育鱼虫比较费事，现在又有了人工合成饲料，已很少有人培育。

3)饲料配制

配制人工饲料既可以省去捞鱼虫等方面的麻烦，又能长期保存。而且在人工饲料配制时可以加入维生素或防治疾病的抗菌素药品，也不会因喂鱼虫类带进有害寄生虫或卵等危害观赏鱼，有很多优点。具体问题主要是如何降低人工饲料的价格。

人工饲料的配制方法很多，各国、各地都不相同，原则是选择当地廉价的原料，制出营养全价的饲料。这里介绍几个配方：

①熟牛肝或猪肝20%、鱼粉40%、面粉30%、菜汁10%，伴和制成小米状颗粒。

②鱼粉40%、麦麸50%、黄豆粉9%、酵母1%加胶水伴和蒸熟绞成颗粒。

③鸡或鸭或猪的血50%、玉米粉20%、面粉30%拌和快速晒干或烘干研成粉末。

④蚕蛹粉30%、鱼粉10%、面粉40%、玉米粉20%，再加发酵粉、食盐、维生素A、维生素B、维生素C粉适量，先把面粉、玉米粉煮成糊状，再把其他料投入伴和，烘干成颗粒。

⑤鱼粉20%、蚕蛹粉27%、面粉50%、紫菜1%、海藻2%，另加矿物质、维生素及胶质制成颗粒。

现在市场上有全价鱼颗粒饲料供应，也可选购试喂。

4.2.4 淡水观赏鱼的繁殖

不同品种的观赏鱼，因原始栖息地的气候不同，生活习性各异，繁殖方式也迥然不同。

1)繁殖用水

(1)活性炭过滤水

将活性炭装入塑料或搪瓷圆桶中，让自来水从底部的进水口流入，从顶部的出水口流出。过滤后的水储存在水族箱或其他容器中，既可作为日常饲养用水，又可作为普通热带鱼的繁殖用水。

(2)离子交换树脂过滤水

将离子交换树脂作过滤材料，借助于阴阳离子交换树脂的吸附能力，可将水中的钙离子、镁离子、亚硝酸盐吸附，过滤后的水质是中性软水，适合作拟鲤科、鲤科、慈鲷科的鱼类繁殖用水。

(3)去离子水

去离子水又名蒸馏水。一般采用电渗析和电解法来获得，水质非常纯净。去离子水的水质极软，水中含氧量极低，不适宜作饲养用水。使用时，常采用与清洁水兑掺的方法，来获得不同硬度和酸碱度的水质，以满足不同品种繁殖用水的需要。

(4)雨水

雨水的水质较软，金属离子含量很少，适合作为拟鲤科、鲤科鱼类的繁殖用水。一般可选市郊地区空气清新的地方，用容器盛装雨落水，再经过滤后即可使用。

2)繁殖特点

(1)卵胎生鱼类

卵胎生鱼类，雌鱼体内受精，受精卵在雌鱼腹部发育成熟后由雌鱼直接产出仔鱼，仔鱼遇水即会游动。亲鱼繁殖时任意配对，雄鱼追逐雌鱼，雌鱼受孕后，腹部膨大。临产前，肛门处有一个明显的黑斑，这时要将待产的雌鱼隔离饲养。卵胎生的鱼类有孔雀鱼、剑尾鱼、月光鱼、玛丽鱼等。将临产的雌鱼捉起放在产卵缸中特制的笼子中。笼子底部有许多网眼，仔鱼可自由通过，但亲鱼不能通过。雌鱼产仔后，仔鱼通过网强眼游入水族箱中，可间接地起到保护仔鱼的作用。如果临产的亲鱼多，可在产卵缸中同时悬挂几个笼子。产后的雌鱼，应捉回原缸中饲养。此外，也可采用在产卵缸底部铺放尼龙网板的方法，供仔鱼游入网板下的水中躲藏。如果室外水温在18 ℃以上，可将数百条亲鱼放养在室外鱼池，水面漂浮几颗水草，既可遮挡阳光，又可成为雌鱼产仔或仔鱼藏身的地方，让它们群居群生,自由繁殖,也可获得大量仔鱼。雌鱼一般每月可产仔一次,每次可产仔鱼50~200条。

(2)**水草卵石生鱼类**

水草卵石生鱼类主要有鲤科、拟鲤科的鱼类,如四间鱼、斑马、金丝鱼等。亲鱼随意配对,有些可以将数十条种鱼放在一起,让它们互相追逐,完成产卵活动。有些是一雄配一雌的方式,将一对种鱼捉入繁殖缸中,完成产卵活动。有些是二雄配一雌,将3~5条种鱼捉入繁殖缸中,完成产卵活动。繁殖缸以30 cm×20 cm×15 cm规格为主,在缸底铺一块挺括有弹性的尼龙网板,四角放几束金丝草,缸底再散放数粒鹅卵石,在繁殖缸中加入繁殖用水,调好水温,放入小的气石充氧。傍晚时,将种鱼捉入,亲鱼互相追逐,受精卵就会黏附在水草中,或散落在卵石间,或落入网板下,避免亲鱼吞食,一般第二天早晨产卵完毕。产卵后的亲鱼可捉回原缸饲养,也可单独静养在一个缸中。

(3)**泡沫卵生鱼类**

泡沫卵生鱼类多数来自东南亚地区,其品种有泰国斗鱼、珍珠马三甲、接吻鱼、红丽丽、五彩丽丽、蓝曼龙等。泡沫卵生鱼类的生殖方式比较特殊。亲鱼配对具有很强的随意性,其卵产在水面,并在水面上孵化为仔鱼。选择50 cm×50 cm×35 cm或50 cm×45 cm×30 cm的水族箱作繁殖缸,水面上飘浮几棵浮性水草或绿菜叶,将一对亲鱼放入,雄鱼就会依托着水草或在缸的四角吐出大量白色泡沫,白色泡沫类似于洗衣粉所产生的泡沫,高高地浮在水面。雄鱼追逐雌鱼,在泡沫下,鱼体双双缠绕,完成产卵活动。雄鱼将受精卵用嘴含着吐入泡沫中,雄鱼母性很强,会一直照顾到仔鱼孵出为止。种鱼一般傍晚时放入繁殖缸中,第二天早晨产卵结束。产卵完成后,要立即将雌鱼捞回原缸饲养,如果晚些捞出雌鱼,雄鱼会不断追逐雌鱼,有时会把雌鱼的尾鳍啄光。斗鱼科的鱼类,亲鱼性成熟年龄6~7个月。亲鱼在繁殖期间,雄鱼身上有明显的婚姻色,体色特别鲜艳。在繁殖期间,大多数品种亲鱼可以混养在一起,但泰国斗鱼除外。泰国斗鱼在繁殖时,一缸内只能放一条雄鱼,以避免它们互相打斗。亲鱼繁殖的间隔时间7~10天左右。

(4)**磁板卵生鱼类**

自然环境中将鱼卵直接产在阔叶形的水草叶面上,在水族箱中,常以绿色塑料板或瓷砖作产巢,来取代阔叶形水草,让其自行配对。繁殖用水是微酸性的软水,繁殖水温27~28 ℃。将产巢放入繁殖缸中,产卵前,双亲用嘴轮流清洁磁板,雄鱼输精管细小而微突,雌鱼输卵管粗大而突出。产卵时,雌鱼在前,将卵粒均匀有规则地产在磁板上,雄鱼紧随其后,完成授精工作,整个过程有条不紊。产卵结束后,双亲轮流用胸鳍划水,照顾鱼卵。亲鱼产卵结束后,产巢取出放在孵化缸中孵化。一般48小时后,鱼卵即孵化为仔鱼。亲鱼第一次产卵结束后10~12天,第二次产卵。亲鱼性成熟年龄6~7个月。

(5)**岩石生鱼类**

岩石生鱼类在繁殖时,多是以平滑的岩石或地板砖或大理石板作产巢。亲鱼自行配对,配好对的亲鱼固定在一个繁殖缸中,不再拆开。亲鱼繁殖时,双亲用嘴清洁产巢,然后一前一后完成产卵活动。产卵结束后,将附有鱼卵的产巢取出,放在孵化缸中充氧孵化。亲鱼性成熟年龄多在8个月以上,亲鱼第一次产卵后,间隔15~20天第二次产卵。

(6)**花盆卵生鱼类**

花盆卵生鱼类以慈鲷科的鱼类为主,如七彩凤凰、蓝宝石、橘子鱼等,它们喜欢将卵撒在花盆内壁。亲鱼自择配偶，配好对的亲鱼固定在一个繁殖缸中，不再拆开。将花盆平放在缸底，亲鱼可自由进出。产卵时，双亲用嘴清洁花盆，然后一前一后有条不紊地完成产卵活动。产卵结束后，可将花盆取出，放在孵化缸中充氧孵化。亲鱼性成熟年龄6～7个月，亲鱼第一次产卵后，间隔15～20天第二次产卵。繁殖水质为微酸性的软水，繁殖水温27～28 ℃，繁殖环境喜光线暗淡的水族箱，要求周围安静。此外，热带鱼中的七彩神仙也是以花盆为产巢。选用紫砂花盆做产巢，将花盆倒置于繁殖缸中，亲鱼会将卵撒在花盆的外壁上。

(7)**口孵卵生鱼类**

雄鱼性成熟时，会自行掘窝巢。当雄鱼在砂层中筑巢时，雌鱼守在旁边，雄鱼引诱雌鱼进窝产卵，雄鱼尾随。雌鱼一边产卵，一边用嘴将受精卵含入口腔中，并存放在孵化囊内进行口腔孵化。受精卵经7～8天孵化为仔鱼，直到仔鱼腹腔内的卵黄囊吸收完毕，雌鱼才会将仔鱼吐出。刚出雌鱼口腔的仔鱼聚集成群，游水觅食，雌鱼守护在旁，一旦发现有危险时，雌鱼会立即游进仔鱼群中，仔鱼也会迅速聚拢在雌鱼口旁，这时，雌鱼极快地把仔鱼含入口中游去。口孵卵生鱼类母性极强，每次产卵数目较少，仔鱼成活率较高。

4.2.5 饲养管理

1)主要养殖器具的消毒

水族箱及所有管理器材、装饰品等必须先用生石灰、漂白粉、高锰酸钾、硫酸铜等消毒剂浸泡半个小时以上，再以清水冲洗干净。刚买回的观赏鱼，需要用1～3 ppm的硫酸铜或其他外用的消毒剂浸泡3～5分钟以后，方可放入水族箱中饲养。

2)观赏鱼的挑选

观赏鱼的品种很多，对于初养者来说，可以先选择价格较低、生命力强、适应性广的品种来饲养，待有一定经验后再饲养名贵的鱼类。选购观赏鱼时，无论是名贵品种还是廉价品种，原则上要选择体表无损伤、健康活泼、无疾病症状的鱼，鱼的规格以幼鱼期为佳，因此期的鱼较易饲养，生命力旺盛，鱼寿命长，色泽鲜艳，经短时间适应性饲养后即可进行繁殖。

3)品种的搭配

在确定饲养对象后，要根据水族箱的大小和鱼的习性，确定饲养数量和品种的搭配。一般情况下，人们都希望在一个水族箱内多饲养一些鱼，多养一些品种不同的鱼。在水族箱中，各式各样，有大有小，有长有短，上、中、下层鱼类各居一方，使水族箱琳琅满目，更加精彩迷人。但是，各种鱼不能随意、简单地混养在一起，混养应注意以下几个方面：

①混养个体不宜相差太大。因为在同一个水族箱内，当饵料充足时，可以和平相对，但当饵料一旦缺乏，个体小的鱼往往吃不到食物，饵料严重缺乏时，还有可能出现大鱼咬伤小鱼的现象。

②生长速度不同的品种不宜混养。

③游泳速度快与游泳速度慢、动作不灵活的品种不宜混养。这是因为游泳速度快的品种摄食能力强，摄食多。

④习性截然不同的品种，不能随意搭配，应考虑是否会相互残杀。

⑤混养品种要注意水层的分布，最好上、中、下层都有分布。

⑥各混养品种对水温、盐度、pH值的要求必须一致。

4）饲养数量的确定

有的观赏鱼，习惯群居，如果只单独饲养一条，往往会食欲不振，容易患病，而对一些性格孤僻的种类，可以每种数量少饲养一些，品种多一些，使水族箱内显得丰富多彩。

5）水质管理

注意观察水质的变化，适时调节水质，使之适应饲养鱼类的需要。如水温、pH值是否适宜，溶解氧是否充足，水质是否浑浊等。

6）合理喂食

每天定时定量喂食。作为观赏鱼的饲料，不仅要考虑其营养成分能否维持鱼的正常生活、生长和繁殖，还应含有利于增色的营养物质。投喂量以食完为准，过多会污染水质，对贪食的鱼容易胀死。所投喂的饵料要多样化，这样不仅可以增加鱼的食欲，而且营养全面，鱼生长的美丽、鲜艳、健壮。

7）适时换水

水族箱中观赏鱼的放养密度通常比较大，鱼类的排泄物和食物的残渣对水体的污染，往往超过水体的自净能力，鱼类对溶解氧的消耗往往大于水中氧气的补充。因此，必须经常换入新鲜水。对栽有水草的水族箱，换水时，最好用虹吸管将箱底的旧水连同有机污物一同吸出，吸水时，吸力不要太大，以免吸伤鱼体，不要吸到水草和底砂。加水时，冲力不可太大，注意不要冲动水草和底砂。

本章小结

本章通过介绍观赏鱼类的概念、分类、饲养管理等内容，使学生掌握观赏鱼类繁殖和养殖的基本原理和方法，并能综合运用于对观赏鱼类繁殖和养殖的分析，初步具有解决一般观赏鱼类繁殖和养殖的能力。

复习思考题

1. 饲养观赏鱼的主要意义有哪些？
2. 观赏鱼主要分为几类？每类典型的鱼种有哪些特点？
3. 简述家庭养殖观赏鱼的必需器材及其作用。
4. 简述观赏鱼的繁殖特点。
5. 简述观赏鱼的饲养管理。

Farming

第二编

宠物的保健美容

第5章 宠物保健美容器具与用品

本章导读：本章主要介绍了宠物保健美容过程中所需要的设备、工具及护理产品，详细阐述了它们的结构、功能、使用方法和基本要求。通过对本章的学习，要求了解宠物保健美容器具与用品的基本情况，并正确掌握它们的使用方法。

5.1 宠物保健美容设备

5.1.1 美容台

美容台是宠物美容的必需用具，有电动式、液压式和固定式3种。电动式、液压式美容台可以调节高度，也可以旋转。固定式美容台经济实惠，搬运也容易，但不能调节高度。美容台的大小要根据宠物的体重而定。理想的美容台要稳定且坚固，并配有各种用途的美容支架，有的支架可以给宠物安全感，体格大的宠物还需配有腹带，防止它挣脱。有的支架可以固定吹水机和吹风机，能使美容师腾出两手梳理宠物。用来固定宠物的支架要牢固，要能承受宠物的拉扯。美容台的高度应该以使用者感到舒服为标准。

1）型号

宠物美容台可分大、中、小3种型号。小号折叠美容台规格为：76 cm（长）×45 cm（宽）×80 cm（高），承重100 kg；中号折叠美容台规格为：95 cm（长）×60 cm（宽）×75 cm（高），承重150 kg；大号折叠美容台规格为120 cm（长）×60 cm（宽）×65 cm（高），承重180 kg。

2）结构

（1）台面

台面要求易清洗，易消毒，防滑性能好，有助于安定宠物。韧性好，不怕宠物抓挠。台面颜色清新、美观，并能降低长时间操作的眼部疲劳感，同时有利于与各种颜色宠物的毛发相区别。

(2)台板

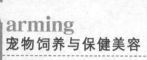

要求防潮性能良好,稳定性好,不易变形、开裂,长期使用不会吸潮变形。

(3)包边

要求全封闭包边,结实耐用又不易藏污纳垢。

(4)支脚

支脚坚固稳定、不易生锈腐烂。

3)美容桌组合用具

(1)美容师靠背升降椅

为降低宠物美容师患职业病的概率,有效缓解美容师站立工作的疲劳和痛苦,提升美容效率和效果,美容店需要设有美容师靠背升降椅。通常该椅高低可升降幅度达15 cm,可配合美容桌高低调整,方便修剪宠物的背部和四肢。同时,椅脚带万向轮,能360°旋转,移动灵活方便。

(2)美容台吹风机支架

搭配各种美容台使用,框架可夹住所有规格的吹风机和成型夹具,坚固耐用。支架软管坚韧耐用,定位准确,各个角度、高低位置都能固定使用。

(3)美容台吹水机支架

可搭配各种美容台使用。橡皮头夹子要求可夹住所有规格的吹水机软管。支架软管坚韧耐用,定位准确,各个角度、高低位置都能固定使用。

(4)美容台置物托盘

可安装在美容台下部支架上,以防止设备用具的滑落损坏,还能方便使用,提高工作效率。

5.1.2 吹水机

宠物吹水机,分变频吹水机和不变频吹水机,变频吹水机适合所有宠物使用,不变频吹水机只适合大型成年犬使用。宠物吹水机配有金属喷塑外壳、串激式电机、自动伸缩软管、风力无极变频调节开关和智能化温度自动调节旋钮。宠物吹水机可随风力大小自动调整适应温度,也可依季节和室温打开或关闭辅助加温,从而避免因风温过高伤害毛发。其功率≤2 400 W,风速≤42 m/s,加热温度≤60 ℃。

吹水机在吹走毛发上水分的同时,利用它的恒温可以吹干皮肤及拉直毛发。长毛犬顺毛吹时是吹走水分让毛分开,逆毛吹可以起到吹干皮肤及拉直毛发的作用。中短毛犬可以将吹水机的管口贴着皮肤吹走水分,吹干皮肤。

5.1.3 吹风机

吹风机能把犬洗浴后残留于被毛中的水分迅速而彻底地吹干。市场上有多种类型的吹风机,所有吹风机若使用时间过长,都会出现风口上堵犬毛的情况,应注意定期检查并修理。

1)直立式吹风机

由一个稳定的支架支撑着吹风机工作,配以灵活坚固的万向脚轮,自由、灵活移动吹风机头,出风口可360°旋转,定位精准,正常运转噪音低于40分贝,出口风速最高可达12 m/s,温度调节范围为25~70 ℃。使用方便,可以释放美容师的双手,方便长时间的仔细梳理、吹干和造型,是美容店必备的专业大型吹风机,特别适合长毛犬的吹干造型,达到蓬松、自然、饱满的效果,也适合专业比赛时随身携带。

2)壁挂式吹风机

壁挂式吹风机由吊臂和机头两部分组成,距离地面适宜的高度,将吊臂安装在墙体上。吊臂180°旋转,覆盖半径3 m的范围,吹风机头出风口可360°旋转,正常运转噪音低于40分贝,出风口风速最高可达12 m/s,温度调节范围为25~70 ℃。能释放美容师的双手,方便长时间的仔细梳理、吹干和造型,适用于赛级犬造型和长毛犬的吹干造型。

3)手握式吹风机

手握式吹风机分为单筒吹风机和双筒吹风机,一般常用双筒吹风机。手握式吹风机温度、风力可单独调节,最大功率为2 000 W,两档热度,两档风力。配有扁口吹风头,风力大而集中,配合吹风机支架使用,可解放美容师的双手,加倍提高效率。适合洗澡后细节吹干和局部造型使用,是一种补充吹干设备。

5.1.4 烘干箱

烘干箱有笼式和柜式两种。由机壳、控制面板、透气孔、透明开启门和栅网等部件组成。其中,控制面板由漏电保护器、定时器、保险丝、调速开关、紫外线开关、加温开关、备热开关和温度设定器组成。漏电保护器连接电源,保护烘干机器的电器设备。保险丝的作用是:当烘干机发生故障时保护烘干机。定时设定器可根据要求在0~60分钟内,设定烘干机自动运转时间,一般为15~20分钟。温度设定器可根据要求在0~60 ℃范围内调节箱体内温度,调节箱体内空气温度,一般设定为35~45 ℃。加热开关根据温度要求,可单独开启加热开关,也可同时开启加热开关和备热开关。调速开关,可调节风速大小,有强、弱两档。紫外线灯开关要根据需求具体设置,一般设定为30分钟。

烘干箱在使用前应该先预热5~10分钟,设置温度时,冬天为45 ℃,夏天为35 ℃。同时,在放犬时也要注意犬的反应,放入犬后要迅速将烘干箱的门插好,以防止犬跑出来。

烘干箱的使用能让美容师得以休息,此外还安全、省电、方便,紫外线的功能还能给美容工具消毒,但不适合松狮等毛量厚密的犬和老年犬,有心脏病的犬也要慎用。

5.1.5 工具箱

常用工具箱的型号为中号和大号,多用结实耐用的铝合金制成。主要用于储藏保管电吹风、电剪、刀头、剪刀、梳子等美容用具,方便携带外出美容和比赛。要求大小、容量设计合理。

5.1.6 洗澡设备

1)热水器

选择功率的4 800 W以上的大功率热水器,容器为40~50 L的热水器可连续清洗7

只小犬，容器为 80 ~100 L 的热水器可连续清洗 6 只大犬。

2) 压力喷头

洗澡时，利用其冲击力冲去体表的泡沫和污物，要保证水流足够大而不呈细雾状，并有一定的冲击力，足以把黏附在皮毛的清洁剂和污物冲洗干净。

3) 宠物浴缸

宠物专用浴缸应该有一定的长度和深度，浴缸上沿在人的腰部位置最为省力。常用的规格为 100 cm(长) ×55 cm(宽) ×70 cm(高)和 120 cm(长) ×55 cm(宽) ×70 cm(高)两种，并将相应的挂钩安装在浴缸左上角，以方便固定犬只。缸底的疏水管一定要粗，要直接连接主下水道。

4) 吸水毛巾

吸水毛巾的吸水力很强，可以将被毛中残留的大量水分快速吸干，以避免长时间自然蒸发而引起感冒。在使用前要保持干净、干燥和无菌，使用后及时放入消毒液(如新洁尔灭)中浸泡 10 分钟以上，然后洗净自然晾干备用。

优质吸水毛巾要求收缩膨胀比高，表面光滑不伤毛，耐拧耐拉，常湿状态下不易发霉。

5) 消毒桶

用来盛装浸泡吸水毛巾的消毒液。

5.2 宠物保健美容工具

5.2.1 电剪

1) 电剪类型

电剪是用来剃除宠物毛发的。专业的电剪对于宠物美容师来说使用非常广泛，一般通过定期的保养可以使用终生。

因造型不同，专业电剪配有多种型号的刀头(如图 5.1)，不同品牌的刀头和电剪可配合使用。刀头可分为以下 4 种型号。

①10 号(1.6 mm)：主要用于剃腹毛，适用范围广。

②15 号(1 mm)：用于剃耳朵毛。

图 5.1 电剪

③7F 号(3 mm)：剃梗类犬的背部。

④4F 号(9 mm)：用于贵宾犬、北京犬、西施犬的身躯修剪。

2) 电剪的正确使用姿势

电剪在握法上(如图 5.2)主要应注意以下 5 个方面的内容：

①最好是像握笔一样握住电剪，手握电剪要轻、要灵活。

②平行于犬皮肤平衡的滑过，移动刀头时要缓慢、稳定。

③皮肤敏感部位避免用过薄的刀头及反复移动。

④皮肤褶皱部位要用手指展开皮肤，避免划伤。

⑤因耳朵皮肤薄、软，要铺在手掌上小心平推，注意压力不可过大，以免伤及耳朵边缘的皮肤。

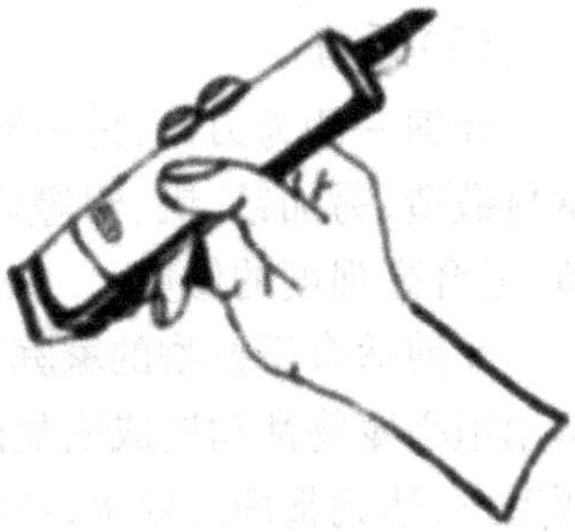

图 5.2 电剪的握法

3）电剪的保养

电剪的刀头均为全钢质地，有可拆分的特点。上刀片为粗齿，下刀片有 8 个细齿，间距为 0.6～0.8 mm。电剪均能双速调节，每分钟 3 400～4 400 转，具有防止剃伤宠物、便于清理的特点。

对刀头进行彻底地保养可以使电剪保持良好的状态，每个电剪刀头使用前，先要去除防锈保护层。用后要清洁电剪，涂润滑油，并做周期性保养。

①去除方法。在一小碟去除剂中开动电剪，使之在去除剂中摩擦，十几秒后取出刀头，然后吸干剩余试剂，涂上一薄层润滑油，用软布包好收起。

②使用中应避免刀头过热。

③冷却剂的作用。冷却剂不仅能冷却刀头，而且会除去黏附的细小毛发和留下的滑润油残渣。其方法是：卸下刀头，正反两面均匀喷洒，几秒钟后即可降温，冷却剂自然挥发。

5.2.2 剪刀

1）分类

（1）直剪

宠物直剪主要有 5.5 寸（1 寸≈3.33 厘米，下同）直剪，6.5 寸直剪，7.5 寸直剪和 8 寸直剪（如图 5.3）。这几种均方便整体造型修剪，也可作为电剪修剪之前的长毛辅助剪短，是各类犬修剪造型的必备工具。直剪的质地为优质钢，具有硬度高、耐磨、锋利、用钝后可多次重新研磨的特点。

①5.5 寸直剪。小巧精致，用于修剪脚底毛和其他精细部位。

②6.5 寸和 7.5 寸直剪。家用宠物美容剪刀的首选，长度适中，方便整体和局部造型修剪。配合牙剪使用更能修剪出理想的造型，也可作为电剪修剪之前的长毛辅助剪短，是长毛犬修剪造型的必备直剪。但应注意：不要用于修剪脚底毛和较脏的毛，也尽量不要用于修剪毛球和毛结，否则会严重影响锋利度。

③8 寸直剪。能有效提高修剪效率，常采用进口钢材锻造，另加钴、钒、钼等微量元素。其质地优良，配有松紧螺丝，旋转一圈有 8 个刻度方便精准调节，适合高强度的修剪。

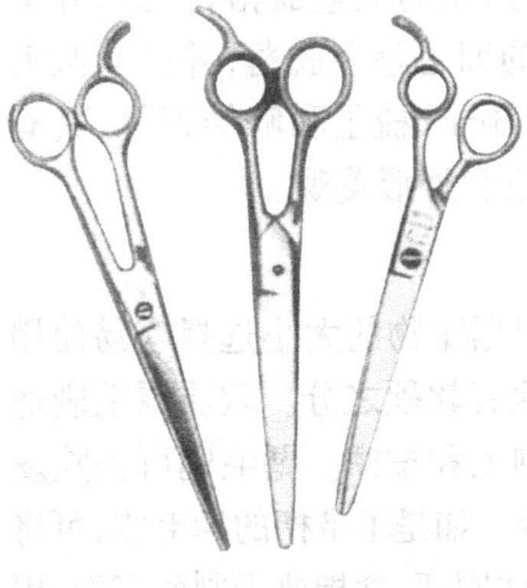

图 5.3 直剪

（2）弯剪

弯剪的刃口有一定的弧度，由钢材锻造，双尾设计，正反两用，适合各种剪法。有的弯剪在锻造时另加钴、钒、钼等微量元素，适合高强度的修剪。

(3)牙剪

牙剪一侧为刃口,另一侧为美容师梳,美容师梳分为27齿、40齿等。牙剪采用进口钢材锻造,另加钴、钒、钼等微量元素,配有松紧螺丝,旋转一圈有8个刻度方便精准调节,适合高强度的修剪。

牙剪适合于宠物的家庭日常修剪,也适合于美容师初学练手使用。修剪效果自然,不用担心宠物乱动造成明显的修剪缺陷,能保留原有毛发的长度,既不影响美观又能打薄毛发,达到整理的效果,特别适合头部、耳朵、四肢、外腹侧和尾巴的长毛打薄修剪,夏天造型特别适用。应注意的是:使用时不要随意调节松紧螺丝,否则容易出现咬齿,导致夹毛、卡毛或者带毛。

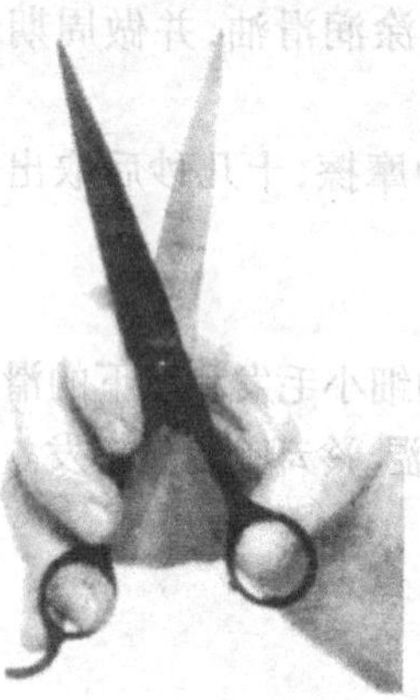

图5.4　剪刀的握法

2)剪刀的使用方法

剪刀在握法上(如图5.4)主要应注意以下几个方面的内容:

①将无名指伸入环指孔内。

②将食指、中指放于静刃中轴后,不要握得过紧或过松。

③将小手指放在小指托处,支撑无名指,要尽量靠近无名指。

④将大拇指稍稍伸入拇指孔,拿稳动刃即可。通过大拇指的摆动达到修剪的目的。

运剪口诀:由上至下,由左至右,由后至前,动刃在前,眼明手快,胆大心细。

3)使用剪刀的注意事项

①保持剪刀的锋利,不要用剪刀剪毛发以外的东西,修剪脏毛也会使剪刀变钝。

②千万不要放在美容台上,防止摔落、撞击。

③防止生锈,工作后要消毒并上油保养。

④正确握剪刀将减少疲劳,提高工作效率。

5.2.3　梳理工具

春秋两季是宠物的换毛期,尤其是在春季,旧的毛发与角质屑大量脱落,因此,春季换毛期应该对宠物梳理毛发,通过梳毛可促进俗称“冬毛”的旧毛顺利脱落,并能刺激毛孔,促进俗称“夏毛”的新毛生长。梳理工具较多,常用的有刷子、梳子和解结刀等,具有梳理宠物被毛的作用,令其整齐、柔顺、蓬松,以保持皮肤健康和外形美观。

1)刷子

刷子分为兽毛制品和塑料制品两种,大小尺寸不等,可根据宠物的大小选择容易使用的刷子。比较常用的是鬃毛刷,分猪鬃毛刷和马鬃毛刷,质地有软硬之分。软质鬃毛刷适合软毛犬使用,不易弄断披毛;硬质鬃毛刷适用于短毛犬的刷毛和按摩。鬃毛刷可去除皮屑及杂毛,经常使用,有助于血液循环,可使被毛变得光滑亮泽。如是不带柄的鬃毛刷,可将手套在刷面背部的套绳内;如是带柄的鬃毛刷,用右手轻轻握住刷柄,食指放于刷面背面,用其他四个手指握住刷柄。放松肩膀和手臂,利用手腕旋转的力量刷毛,动作要轻柔。

2)梳子

材质以金属为主,可持久耐用,也可避免梳子与毛发之间摩擦时产生静电。梳子主要分为以下9种:

(1)**钢丝梳**

钢丝梳多由塑料或不锈钢做成长方形基板,基板上附有具弹性的胶质面板,其上植有多排钢丝,基板背面带有手柄。钢丝梳有大、中、小3种型号和平背、曲背两种形状。在宠物的被毛护理与美容工作中,钢丝梳是使用频率最高的一种梳理工具。在梳理轻微缠结时,可以把缠绕在一起的毛发拉直而解开毛结。即使遇到严重缠结毛团,其弹性构造可避免将毛拉扯断而减少对毛的伤害。使用吹风机时,常用钢丝梳将毛拉直而便于吹干较深部的毛层。使用钢丝梳时,用右手握住刷子,将大拇指按在梳面背后,其他4个手指齐握梳面前端的下方。放松肩膀和手臂,利用手腕旋转的力量梳理,动作要轻柔,这样可以有效地避免毛发被刮伤。一定要从最底层的毛发开始向外一层层地刷。钢丝梳适合贵宾犬、比熊犬及梗类犬使用。

(2)**针梳**

针梳多由木质或塑料制作基板,在椭圆形的针梳头部,附着具有弹性的胶质面板,其上排列有多排末端呈球形的钢针,针梳头部另一端是手柄。使用时,用右手轻握住梳柄,食指放于梳面背部,用其他4个手指握住梳柄。放松肩膀和手臂,利用手腕旋转的力量梳理,动作要轻柔。梳理被毛时要仔细有序地分层梳理,既可以顺毛梳将其梳顺,又可以逆毛梳把轻微缠结梳开。针梳常用于长毛犬的梳理。

(3)**标准型美容师梳**

标准型美容师梳也称阔窄齿梳、美容师梳,是美容师专用梳子。以梳子中间为界限,梳面一半较疏,一半较密。美容师梳一般无手柄,使用时用拇指、食指、中指轻轻握住梳子的一端,运用手腕的力量梳理,动作要轻柔。用于梳理刷过的被毛以及挑松毛发便于修剪整齐,是全世界专业宠物美容师最常用的美容工具。

(4)**面虱梳**

面虱梳也称密齿梳,其外形小巧,梳齿间距较密,无手柄,一般适合长毛犬面部、眼和嘴四周被毛的梳理,以便更有效地去除黏有的脏物。

(5)**跳蚤梳**

跳蚤梳也称极密齿梳,梳齿排列非常细密,无手柄,一般用来梳除体表跳蚤和少量分泌物、污物等。使用跳蚤梳之前要确保没有毛发缠结,否则会拉伤皮肤及毛发。

(6)**分界梳**

分界梳也称挑骨梳,梳身由防静电梳面和金属细杆组成。金属细手柄端是细长的分界针,可以插入毛层内将毛挑起来。适合为犬只分界、包毛、扎髻。

(7)**牧羊梳**

牧羊梳也称最阔齿梳,齿间距宽,主要用来梳理大型及厚毛犬。

(8)**双层齿梳**

双层齿梳也称长短齿梳,梳子一端的梳齿长短交错排列,一端是手柄,适合厚毛犬及双层毛犬的梳理。

(9)开结梳(开结刀)

开结梳也称奥斯特垫子梳,开结刀一端为木制手柄,一端为带有弯曲齿形刀片的硬塑刀体,主要用于处理长毛犬缠结非常严重的毛发。使用时,用手握住梳柄前端,将大拇指横按在梳面顶端,插入到毛结后,紧贴皮肤,以"锯"的方式由内向外用力拉开毛结。

5.2.4 其他美容工具及用品

1)拔毛刀

拔毛刀有细齿和粗齿之分。适用于专业级或赛级迷你雪纳瑞等刚毛犬的疏毛工具,用于将多余而已发育成熟的外层硬毛连根拔掉。需要拔除大量的毛时用粗齿拔毛刀,只需拔少量的毛或在需要极精细地进行操作的部位拔毛时,要使用细齿拔毛刀。

2)发毛梳理剂

发毛梳理剂也称美容粉,主要用于处理一些没有糟糕到需要剪掉的缠结毛发,或者一些不能剪毛的长毛品种毛发缠结时使用。油质的毛发梳理剂浸透毛发后能使毛结松动,很大程度上减少梳理的难度。

3)皮手套

皮手套用于擦拭某些粗硬被毛,能增加毛的光泽度。

4)止血钳

止血钳采用金属材质制成,分直头、弯头两种,可有效拔除犬耳中的毛,配合棉花使用可去除耳中污垢。

5)趾甲钳

趾甲钳用于修剪宠物趾甲,分为"断头台式""剪刀式"两种,依据宠物的大小,可选用不同型号的趾甲钳。

6)止血粉

止血粉是给宠物剪趾甲时的必备用品,以便剪流血时迅速止血。

7)包毛纸

包毛纸用于毛发的保护与造型。长毛犬发髻的造型结扎,以及全身被毛保护性的结扎,皆需使用它来固定,以便与橡皮圈作阻隔缓冲。好的包毛纸要求透气性、伸展性好,耐拉、耐扯、不易破裂。

8)犬用皮筋

长毛犬梳辫子时使用。

9)刮水耙

用于刮掉犬身上的绒毛。

10)剪刀包

对剪刀起到保护的作用,内有多个隔层可放置剪刀等工具。

11)剪刀油

对剪刀起到保养的作用,经常使用可延长剪刀寿命。

12）刀头清洗剂

用于清洗电剪刀头，可起到保养的作用。

13）刀头冷却剂

对使用中过热的刀头起到迅速降温的作用，可有效地防止因刀头过热而烧毁电剪。

14）专业围裙

具有防水、防毛的作用，是专业宠物美容师的理想用具。

15）染色膏

用于犬只染色造型，有多种颜色可供选择。

16）沐浴海绵

能通过揉搓使香波产生大量泡沫，增强其去污能力的一种沐浴工具。

5.3 宠物护理产品

5.3.1 清洁剂

优质的清洁剂应具有去污力强、泡沫丰富、不伤害皮肤、刺激性气味（包括香味）弱、能使宠物毛发光亮的特点和作用。在使用时，要根据产品的使用说明进行稀释。稀释过度达不到去污效果，稀释不足则易伤害皮肤和毛发。

现在市场上有各种各样的宠物专用香波，依据其中的有效成分可以将宠物专用香波分为以下5种类型：

1）通用香波

通用香波是最常用的清洁剂，它的配方适合所有纹理和颜色的毛发。通用香波可以彻底清洁保养皮肤和毛发，使毛发光泽明亮，使皮肤处于最适状态。其中一部分含有特殊成分和调节因子，如蛋白、芦荟或其他草药提取液、豹油、可可油等，可以使灰暗的毛皮重新变得有光泽，使受损的毛发得到恢复。

2）干洗香波

干洗香波是一种在使用时无须使用清水，利用碳酸镁和硼酸砂等粉末的吸附洗净功能制成的粉状干洗剂。它的作用仅限于为还不能进行洗浴的幼犬和白色被毛较多的犬种进行暂时地、局部地清洁。操作使用这类干洗香波要动作轻柔，要注意不要把香波残留在皮肤上，以免产生刺激引发皮肤疾病。

3）药用香波

药用香波是患有皮肤疾病或者皮肤比较敏感的犬的专用香波。药用香波掺有去除跳蚤、扁虱的药用成分鱼藤酮等，为了突出其药用功效，产品多数呈弱酸性，所以去污能力较其他清洁剂弱。为了起到杀菌效果，很多产品添加了硫磺化合物，如果频繁使用，将会使皮肤变得粗糙，引起更加严重的皮屑现象。因此，药用香波应谨慎使用，使用范围、使用频率和清洗方法应严格参照产品说明书进行。

4)颜色增强香波

颜色增强香波是为特殊毛皮的犬设计的。它不能永远保持颜色的变化,只是通过亮度增强剂使原来的颜色得以加强。例如:为白色和浅颜色犬设计的香波可以去除黄色或浅灰的变色毛发;为黑色或褐色犬设计的香波可以简单地使毛发尖端变成微红色或橙色。

5)护毛香波

在去除污垢的同时又要给被毛施加养分,护毛香波在维护发质上有一定作用,但因其去污能力会比洗浴通用香波稍差,有的还不能达到完全清洁养护的标准,所以应根据需要选用。

5.3.2 护发素

多数护发素都是以各种油为原料加工制成的,其目的在于对香波所引起的皮肤与被毛的脱脂状态进行人工补充油脂,起到保护作用。

目前市场上有各种各样的护发素,依据其中的有效成分可将护发素分为以下 3 种类型:

1)酸性护发素

酸性护发素是以中和被毛为目的的护发素。如果过度或过浓使用酸性护发素,被毛会变软,不利于被毛的修剪,有时也会发生被毛褪色。

2)油性护发素

油性护发素是在绵羊油和橄榄油等油性物质中加入界面活性剂,使用后能使毛发柔软并富有光泽的护发素。但油性护发素没有中和作用,过度使用会使毛发卷曲。

3)染色护发素

染色护发素是加入染料,以染毛为目的的护发素。

5.3.3 洗眼液

1)洗眼水

为保持宠物眼睛卫生,应坚持天天查看宠物的眼睛,很多宠物的眼角时常会积聚分泌物,坚持每天用洗眼水为宠物冲洗眼睛,每只眼睛滴一滴,之后用软布或干棉球擦掉眼角的异物。

2)润眼露

眼球突出的宠物因其眼睛容易干涩,需要每天滴一次润眼露来护理。

3)泪痕去除液

浅色被毛的宠物,常见眼睛下面有褐色泪痕,会影响美观。去除泪痕时要天天擦洗,勤于清理,并根据产品说明书,口服或在泪痕处的皮毛上涂泪痕去除液。

5.3.4 洁耳产品

1)耳粉

在拔除犬耳毛时使用,是有消炎、止痛、止痒的作用。

2)洗耳水

洗耳水主要用于外耳清洁,使用时撕下适量药用棉,一端用止血钳夹紧,再将药棉在止血钳顶端缠成棉棒状,将洗耳水滴在棉棒上,然后用棉棒轻轻将耳道内的污垢擦拭干净。如果耳内污垢较多,可先洒适量的洗耳水于耳朵内,再将其耳朵盖上,用手按摩耳朵底部,使洗耳水深入耳道内部浸润软化污垢后,再进行清洁工作。

5.3.5 宠物牙膏

为宠物清洁牙齿和去除口臭的专用牙膏。

本章小结

本章对宠物保健美容过程中使用的设备、工具及护理产品的结构、功能、使用方法和基本要求进行了详细地阐述。通过对本章的学习,能全面了解宠物保健美容器具和用品的基本情况,并熟练掌握它们的使用方法。

复习思考题

1. 阐述电剪的正确使用方法及刀头保养方法。
2. 写出运剪口诀及你对它的理解。
3. 配对题。

A. 牧羊梳	适用于犬只的扎髻、扎毛和分界
B. 分界梳	刷去死毛及污渍,令被毛柔顺
C. 美容师梳	有效拉直毛发,增加毛量
D. 跳蚤梳	刚毛犬背毛拔毛使用
E. 拔毛刀	专用于梳理大型及厚毛犬
F. 面虱梳	适用于各种犬,用来梳去跳蚤、虱子、脏物
G. 鬃毛刷	有断头台式和剪刀式两种
H. 钢丝梳	分为马毛和猪毛两种,适合软毛犬使用
I. 针梳	适合长毛犬面部、眼部和嘴巴的被毛使用
J. 趾甲钳	处理不同被毛问题,美容师专用梳

第6章 宠物的保健

本章导读：本章主要就宠物的保健护理进行了阐述，内容包括日常健康护理（包括毛发护理、局部护理和洗澡）及疾病预防两大部分。通过学习，要求重点掌握对宠物进行日常健康护理和预防疾病的程序、方法及具体操作技术，保证宠物健康美观。

6.1 犬的毛发护理

6.1.1 毛发的刷理与梳理

对于毛发的护理而言，刷理是不可缺少的基本工作之一。刷理是指用钢丝梳或针梳为犬刷理被毛，这样可以刷去犬身上的死毛及毛结，令被毛柔顺、整洁、富有光泽。刷理完成后，还要用美容师梳梳理被毛，以彻底去除毛发上的小结球。刷梳被毛是宠物保健、美容的重要内容，刷梳后的犬，会变得更加美丽漂亮，人见人爱，给人们的日常生活增添乐趣。刷梳不仅是对犬形象的修饰，同时还起到按摩皮肤、增加血液循环、促进皮肤健康的功效。

1）犬被毛的类型

犬的被毛类型比较复杂，根据毛质特征可分为双层毛型、丝毛型、不脱落卷毛型、刚毛型、短毛型和极端型6种。每种类型的被毛其梳理原则基本相同，但各有其特殊的梳理方法。

犬每年春秋季各换一次毛，每次换毛需4~6周，新毛需要3~4个月才会长好，但有少部分犬终生不换毛。犬在换毛时，每天应梳理2次，如果尘埃多，还需要清洗。长毛犬一年四季都会掉毛，家养犬（尤其是短毛犬）的换毛可能还与室内温度、人工光照及饮食有关。

2）刷理与梳理的方法

犬毛的刷理与梳理，应依照固定顺序进行，先刷后梳（如图6.1）。刷梳时由头到尾，从上到下进行，一般先从头部开始刷梳，然后颈部、肩部、背部、胸部，最后刷拭四肢、腹部和尾部。刷完一侧再刷另一侧,刷拭时,用鬃毛刷先顺着毛势刷掉表层污物,再用手按住所刷部位被毛,一层一层用钢丝梳或针梳将毛层刷顺,并除去污物。对内层绒毛缠结较严重的犬,应顺着毛的生长方向,用钢丝梳从毛尖开始慢慢向外刷理,最后再深入到毛根部刷理,一点一点地进行,不能用力梳拉,以免引起疼痛,拉伤皮肤。刷理时,如果毛缠结严重,就应该先想办法把毛结解开后再刷理。

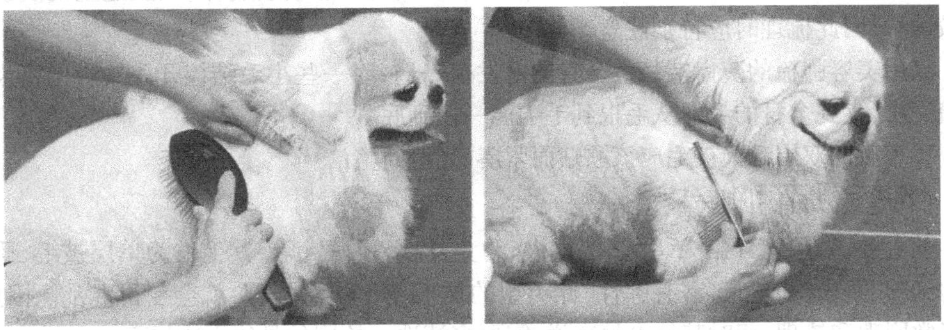

图6.1 宠物被毛的刷理与梳理

梳刷头部时,眼睛、鼻子、耳朵周围要小心梳理,以免造成伤害。耳朵上的被毛要梳刷到,若嘴角有胡须,也要进行梳刷。颈部的皮肤相比其他部位更为松弛一些,梳刷时应轻轻按住颈部皮肤,缓缓地进行,以免挂伤。刷梳腹部时可让犬侧卧,抬起离地一侧的前后肢刷梳。或让犬坐下,先后抬起四肢进行刷梳。也可让助手抱起犬身体前部,使犬站立起来后刷梳。梳刷尾巴时应轻柔,犬特别不喜欢人拉扯它的尾巴。在刷梳过程中,要一刷接一刷,遍及全身,不能疏漏。刷理工作结束后,再用梳子梳顺被毛。用美容师梳先疏齿再密齿各梳理一遍。使用美容师梳梳理被毛时,梳子要同被毛保持90°的直角。梳理顺序也是按从头到尾,从上到下的顺序全部梳理一遍。刷得越彻底,出现毛结的可能性越小;梳得越彻底,对于犬来说越有利。最好每只犬都有固定的一套梳理用具。喂犬时不应该进行梳刷,梳理工具要保持清洁,并定期消毒。犬在刷理与梳理刚开始时可能不听指挥,应一边梳一边安抚,梳过几次后,便习惯了。根据犬的生理特点,一般要求早、晚各梳毛1次,或养成每天梳毛5分钟的习惯。

3)各种类型被毛的刷理与梳理

(1)双层毛犬的刷理与梳理

双层毛是指在较长的表层毛发之下还有一层浓密柔软的绒毛。双层毛犬中有一部分的毛发天然比较整洁,在护理和美容时不需要太多地修饰,只需要将脱落的外层毛发梳理干净即可,如德国牧羊犬、苏格兰牧羊犬、萨摩耶犬、圣伯纳犬等。还有一部分拥有较长的外层毛发,在参加犬类比赛时不应该被修剪,但作为宠物,拥有较短毛发和整洁的外形对宠物主人来说更为实际,这样,平时打理起来会方便得多,所以要进行大量修剪,如拉萨狮子犬、西施犬、古老英国牧羊犬等。

双层毛犬都有一身浓密的长毛。如果不经常为其梳理,毛发很容易打结,而且皮毛也不会干净顺滑。在给双层毛犬梳毛时,应避免只梳外层长毛而忽略内层绒毛的梳理。在对双层毛犬梳理时应一层一层地梳理,即把长毛翻起,对其内层绒毛进行梳理。在日常的梳理中,不能只用钢丝梳进行梳理,因为钢丝梳只能使长毛的末端蓬松,却梳不到内

层绒毛,因此,对双层毛犬应将钢丝梳、针梳和阔齿梳配合使用。具体方法如下:

①先用钢丝梳顺着毛生长方向轻轻地刷开毛发上的发结和发团,刷的时候动作要轻柔,注意不要用力拉扯,把犬扯痛。

②用针梳将犬全身刷一遍,动作要轻柔,以免将其毛发拔掉。刷完后,犬全身的皮毛应该没有任何缠在一起的发结。长毛犬腿下浓密的毛发很容易打结,而且这里的皮肤也比较敏感,因此梳理时应特别注意。

③用美容师梳的疏齿端将犬全身的毛发梳一遍,将一些小毛结梳开。然后用密齿端再梳一次,直到全身的毛发从毛根到毛尖能一梳到底。

梳理后的双层毛犬被毛应该顺贴而紧凑,光滑而整洁。

(2)丝毛犬的刷理与梳理

丝毛犬,如阿富汗猎犬、玛尔济斯犬、约克夏梗、拉萨犬等,其毛发为单层被毛,质地非常细腻、柔软,如丝状、富有弹性,此类型的被毛稍不注意梳理,就会变得混乱。因此,需经常刷理和梳理,相对其他犬种来说,需要多清洗。梳刷的具体方法如下:

①用针梳顺着毛生长方向清理掉所有缠结在一起的被毛。缠结在一起的被毛可以轻轻地梳开,注意不要拉扯被毛或是将其扯断。

②用鬃毛刷梳理一遍,以使皮毛有光泽。这次梳理时不应该有阻力。

③用分界梳将背部的毛向两边分开,用美容师梳向下梳直每一边的毛。不整齐的部分可以用剪刀小心地修剪。

梳理后的丝毛犬被毛应像丝绸一样,柔软而有光泽。

(3)不脱落卷毛犬的刷理与梳理

不脱落卷毛犬,如贵宾犬、比熊犬、爱尔兰水猎犬,其毛发外层粗糙,大多卷曲,光泽度稍差,内层为绒毛,看起来比较厚实。不脱落卷毛犬的被毛,常年脱落很少,被毛不断生长,每6~8周需洗澡并修剪1次,每2~3天梳刷1次。同时,耳道里脱落的绒毛和分泌的蜡质,能混合在一起形成塞子,堵塞耳道,需经常检查并拔除。不脱落卷毛犬的幼犬,多在14周龄左右开始梳理被毛。梳刷的具体方法如下:

①用钢丝梳逆着毛生长方向将全身的毛刷梳一遍。刷时动作要轻快,同一部位的被毛要反复刷梳,直到被毛蓬松而直立。

②用美容师梳先疏齿后密齿逆着毛生长方向将全身毛彻底梳理两遍。

梳理后的不脱落卷毛犬被毛干爽而笔直,浓密而厚实。

(4)刚毛犬的刷理与梳理

刚毛犬,如迷你雪纳瑞、西部高地白梗、刚毛腊肠犬,拥有较硬、较浓密的外层毛发和稍软的内层毛发,需要仔细地手工拔毛和刮毛来维持毛发的质地和颜色。刮毛和拔毛是刚毛犬通用的疏毛手法,两者的共同点是:都可将发育成熟的多余硬毛连根拔除。其区别在于:刮毛时,要借助于刮毛刀,并且只将过长的犬毛刮短,而拔毛是用手指进行完全拔除犬毛的手工操作。刚毛犬每3~4个月疏毛并清洗1次,幼犬4月龄时,开始对其头部和尾部被毛进行疏毛,拔毛工作宜在天气晴朗、空气较干燥的日子进行,以免毛孔发生感染。刚毛犬每周应梳毛2~3次,梳毛的具体方法如下:

①顺着毛生长方向用手抓理,将死毛抓下来。这样操作时要讲究方法,不要让犬感

到疼痛。

②用钢丝梳逆着毛生长方向刷干净抓下死毛，再顺着毛生长方向将全身被毛刷理一遍。

③用美容师梳将刚毛犬被毛梳理顺畅。

梳理后的刚毛犬被毛应顺贴而紧凑。

(5)短毛犬的刷理与梳理

短毛犬，如拳师犬、多伯曼平犬、威玛猎犬、斯坦福郡斗牛梗，其毛发通常非常短，紧贴身体，梳理时只要除去死毛，让毛发看上去更加光滑。与长毛犬相比，短毛犬所需的梳理次数要少些。因为他们的皮脂再生周期长，每洗澡一次需要6周的时间才能恢复自然。但是有些短毛犬容易脱毛，而且还比较严重，为了避免这种情况，每日的梳理就十分重要。具体方法如下：

①用橡皮刷将短毛犬皮毛上纠缠住的毛结解开，并将毛发理顺(短而密的毛发容易打结)。用刷子从上至下用力刷犬的身体和尾巴。

②用鬃毛刷刷掉犬被毛上的死发和灰尘，刷的时候要刷遍全身，包括腿和尾巴。

③用皮手套轻轻擦拭全身，使皮毛显得有光泽。

梳理后的短毛犬被毛应整洁而有光泽。

(6)极端型犬的刷理与梳理

对某些极端型犬的品种必须特别注意，刷理和梳理前最好征求主人的意见。如匈牙利波利犬的被毛全部交织成绳索状，如不出场展示时，则不需要用梳子梳理。墨西哥无毛犬几乎全身无毛，但也需要定期用鬃毛刷或皮手套轻轻地梳理。

(7)刷理与梳理时的注意事项

①梳理时，应使用专门的器具，不要用人用的梳子和刷子。梳理时一只手将毛提起，另一只手握住梳背，以手腕柔和摆动，一层一层横向梳理被毛。

②梳毛时，动作应柔和细致，不能粗暴蛮干，否则犬会有疼痛感，尤其是梳理敏感部位(如外生殖器)附近的被毛时要特别小心。

③在犬的被毛玷污严重的情况下，在梳毛的同时，应配合使用护发素(1 000倍稀释)或婴儿爽身粉。

④注意观察犬的皮肤。清洁、粉红色为良好，如果呈现红色或有湿疹，则有寄生虫、过敏等皮肤病，应及时治疗。

⑤发现虱、蚤、蜱等寄生虫(虫体或虫卵)时，应及时用跳蚤梳梳理干净，或用杀虫药物治疗。

⑥在梳理被毛前，若能用热水浸湿的毛巾先擦拭犬的身体，被毛会更加发亮。

⑦第一次给犬梳理被毛时，可以一边轻轻地抚摸它，一边梳理，让它在放松的状态下适应梳毛，梳完后，还可以用犬粮对它进行奖励。

⑧梳刷下来的乱毛，要及时清除干净并掩埋或烧掉，以免随风飘散而影响环境卫生。梳刷工具要保持清洁，使用过后应及时清洗消毒。

6.1.2 解决打结毛

1)毛发缠结的原因

引起毛发缠结最简单的原因是:疏于梳理或不正确地梳理。虽然主人可能选择了正确的刷子和梳子,但使用方法常常不正确,可能只是从毛的表面拂过,而不是完全通过毛发直达皮肤。枯干的毛发和好的毛发缠存一起,很短时间内就在靠近皮肤的地方缠成一块。

即使知道如何正确梳理毛发,也要面对关键的"缠毛期"。长时期的潮湿天气很容易使毛发缠结,大雪也会使犬毛变得乱糟糟的一团。犬跑出门外全身湿透之后,如果没有及时正确梳理和烘干毛发,很容易缠结。犬毛梳理的最关键时期是幼犬换毛期,此时毛的末端较稀而皮肤附近的毛很密,换毛期间,幼犬的细毛在同一毛孔被粗毛代替。当新的更粗的毛向外生长时,会与幼犬的软毛缠结。在换毛期如果一天不刷,犬毛一夜之间便会在皮肤附近形成大块缠结。最麻烦的部位是脖子、肩膀、耳后、前腿的腋窝和两后腿之间。换毛会让想展示的主人非常苦恼。事实上,这个时期才会区分出真正的展示者和业余的爱好者,因为通常这时很多主人决定不养展示犬。

所有类型的毛发(人和犬)有两个基本部分:毛根和毛干。毛根根植于皮肤,毛干是皮肤表面长出的部分。毛干由分离的3层组成:表皮层(或外皮)、皮质层(或中层)、髓质层(或内层)。表皮层由重叠的、又硬又平的鳞片组成(类似于鱼鳞)。这些鳞片向上向外沿毛生长的方向生长。健康的毛发,特别是有规律且正确梳理的毛发,其鳞片平躺着而且反光。毛鳞片会吸附很多灰尘、微粒和外来物质。如果被毛疏于梳理或不正确梳理,鳞片会直立、干燥。相应地,如果毛干上缺油,鳞片的粗糙边缘会和其他毛干上的鳞片边缘交错,形成缠结。时间越长,缠结区域越大。如果持续不梳,最后会形成一个结实的毛团。积累在表皮上的静电也会对毛发有负面影响,过多的静电使毛不服帖,从而导致缠结。此外,细毛比粗毛更易缠结。

2)毛发缠结的处理

如果毛发缠结严重,就要决定是全部剪除犬毛还是试图解开缠结。有足够的耐心和练习,最大的缠结也能在毛发损失很少的情况下解除。但同时必须考虑犬的感受,没有犬愿意在撕撕拽拽去除缠结的时候安静地坐着。解结油等产品含有消除缠结的成分,有助于破坏缠结形成的毛干鳞片间的交错。它们虽然对解除缠结大有帮助,但是清除缠结仍然是很枯燥的工作。

为了达到最佳效果,用解结油完全浸润缠结的毛(保证缠结完全是湿的),然后用手指将去结产品按摩到缠结的毛团深处。这点很重要,因为解结油的工作原理是润滑交错的鳞片,使一根毛滑过另一根毛,进而破坏缠结。在毛发浸湿或快干之前,在毛发上保留解结油,用手指或开结刀拨开大的缠结块,将其分成小结块。刷理每一个小结块,继续把小结块分解,直到完全清除缠结。从毛的顶端开始清除缠结,逐渐沿毛干向里,直到皮肤。一些修饰犬的指南建议使用剪刀来分开密集的缠结。如果这样做,一定要非常小心,否则剪刀很容易伤及皮肤。如果犬毛缠结严重,可能一次清除不完,要慢慢地解结。

在犬美容店,为了节省时间,一些专业的犬美容师会在浴缸里清除缠结。首先,用香波清洗犬毛并冲洗干净,从毛里挤出尽量多的水。然后,在湿毛上涂大量的解结油,作用于缠结部分。接下来,犬美容师开始从毛尖至根部轻柔地拨开缠结。缠结清除之后,最后要仔细清洗毛发。

如果缠结得很严重,像前面提到的,可能需要用5号或7号刀片削去身体和腿上的毛。如果这两种刀片不能很容易地穿过缠结,可能需要换10号刀片。但头上的顶毛和尾巴的毛团要保留一些。缠结清除后,新的毛发会开始生长。但是,当新毛长出后为防止缠结,主人要更加尽责。

6.1.3 剃腹毛

犬经常趴或坐在地上,腹毛过多容易粘上脏物。公犬的生殖器在腹部,腹毛经常沾上尿液,这样既不卫生也不美观。因此,一般将犬的腹毛剃去一部分,这样还可以方便检查犬的生殖器,确认犬的性别和犬是否健康(公犬是否是单睾丸)。

1)剃腹毛的方法

首先准备好电剪和10号刀头,把犬控制好,左手握住犬的两前肢,向上抬,使犬站立起来(如图6.2),如果一只手抬不起来,可将美容台上的吊杆放低一些,把犬的两前肢搭放在吊杆上。也可以抓住它的四肢,让犬侧卧在美容台上,身体向前倾,轻轻压在犬背上,右手慢慢放开犬的后肢,一边轻轻地跟犬说话,安慰它,一边抚摸犬的腹部,让犬放松后,右手握住电剪,给犬剃腹毛。

图6.2 剃腹毛

在剃腹毛前,要分清公、母犬,公犬剃到肚脐上面3 cm的位置,修剪为V字形,在生殖器上留3 cm左右的毛,作为引水线,以防止犬在排尿时尿液飞溅,此外,还可以保护犬的生殖器不被污物感染。睾丸两侧也要剃出一个刀头的宽度,但不可以将犬的生殖器剃得外露,后面的毛要留下,只有雪纳瑞等犬种的生殖器可以外露。母犬则剃到肚脐,只要有一点弧度就可以了,同样在生殖器两侧要剃出刀头的宽度,所不同的是,母犬生殖器不用留引水线,剃光就可以了。

2)剃腹毛的注意事项

用电剪剃腹毛时,不要动作太碎,也不要反复剃,这样容易使犬皮肤过敏。如果犬皮肤过敏,要给犬涂抹皮肤膏。如果让犬躺下来剃,要小心不要把其身体侧面剃得太多。

有些犬特别害怕剃毛,应采取正确的方法处理。首先,要建立良好的自信心,对自己的技术有足够的自信心。其次,要有熟练的操作技巧和控制犬的技巧,找到犬害怕剃毛的症结。犬是聪明的动物,只要让它知道剃毛不会伤害到它就会比较配合。比如,遇到害怕电剪的犬可以让它先看看、闻闻剪子,再打开电剪放到犬身边让它熟悉震动,操作过程中的每一步都要用柔和的语气鼓励并安抚犬让它放松下来。最后,在练习的初期,可以找别人协助你控制犬,要摸索出犬喜欢的姿势,等犬适应后才可以进行独立的操作。

剃毛尽量要快速准确，犬的耐心有限，很快就会烦躁，如果不慎使犬受伤，今后它就不会很配合。

6.1.4 修剪脚掌毛

犬的脚掌也会长毛，如果放任不加以修剪，毛会一直长到盖过脚面。脚掌间的毛太长，犬走在光滑的地板上容易滑倒，上下楼梯就更加危险。平时散步时脚掌间的毛就容易弄脏、弄湿，成为臭气和皮肤病的来源，并很可能诱发扁虱等寄生虫的生长。因此，每月一次定期修脚掌毛，保持脚掌与地面紧密贴合是很重要的。

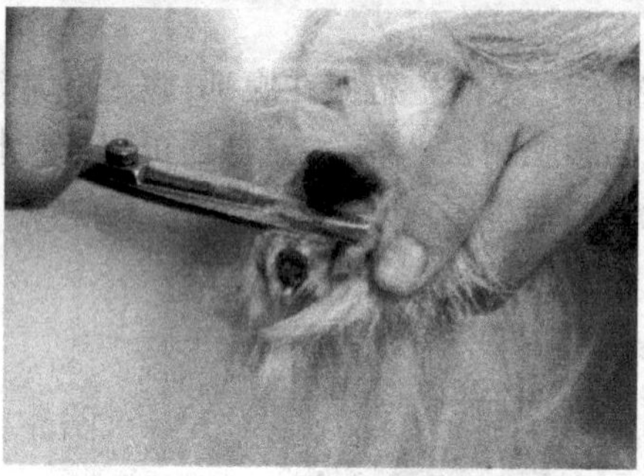

图 6.3 修剪脚掌毛

1）修剪脚掌毛的方法

小型犬用 5.5 寸直剪，中大型犬用小电剪或 15 号刀头将四个小脚垫与大脚垫之间的毛剃干净，四个小脚垫之间的毛剃到与脚垫平行，脚垫周围的毛同样剪至与脚垫平行（如图 6.3）。

2）修剪脚掌毛的注意事项

①在修剪脚毛的时候，如果犬挣扎反抗，一定要先安抚好它的情绪后再剪，否则有可能伤到身体。

②很多犬的脚掌非常敏感，平时注意多触摸犬的脚掌，以降低犬脚掌的敏感度，有利于脚掌毛的修剪。

6.2 犬的局部护理

6.2.1 眼睛护理

不同品种的犬眼睛间距离不同，眼睛间距大的犬视野非常开阔。不同品种的犬眼球的形状也不同，大部分犬的眼球呈球状，但牧羊犬、诺丁赛犬的眼睛呈杏仁状。犬有两个明显的上、下眼睑。上下眼睑间距较大，颜色较深，睫毛浓密。眼睑外表面覆盖着毛发，眼睑内表面是结膜，一层粉红色薄膜。上眼睑内侧有泪腺，分泌泪液润滑眼角膜。泪管在眼睑的内角，通向鼻沟。犬有第三个眼睑，又称瞬膜，大多数藏在下眼睑内侧，能为眼睛防风挡水，除去异物。

犬眼睛颜色取决于虹膜的颜色，理想的颜色为深色或棕色，深浅不同的任何棕色均可以。眼睛的颜色不一定与被毛颜色相同，具有浅色被毛的犬也可能会有深色的眼睛，如萨摩犬就是深色眼睛。另外，应注意犬的眼睛颜色在一生中会有所变化。两只眼睛颜色不同称为双色眼睛，这种现象并不少见，如西伯利亚雪橇犬、哈士奇犬等就有这种双色眼睛。

健康犬的眼睛应清澈明亮，眼角没有任何分泌物，眼睛色泽正常，不应该有发炎或者疼痛的表现。

1)眼睛护理方法

眼睛是犬的心灵之窗,也是犬情感表达的重要途径。眼睛保护不好就会降低视力,甚至失去观赏价值。所以,每天一次的眼睛清洁和护理工作对犬来说非常重要。犬眼睛的清洁和护理方法如下:

①轻轻用手支撑起犬的头部,稍稍用力固定住,用一条棉质毛巾蘸些温水,然后从内眼角开始擦拭,再擦上眼睑,一直到犬的鼻梁。擦完后将棉质毛巾折叠,再重复操作一遍。最后,沿着眼睛周围毛发生长的方向擦拭整个眼部区域。

②用温水洗净棉质毛巾,以同样的方法擦拭另一侧眼部区域。

不同品种的犬眼睛特征不同,要分别对待。某些犬眼球大、泪腺分泌多的犬,如北京犬、吉娃娃、西施犬、贵妇犬等,常从眼内角流出多量泪液,玷污被毛,影响美观,因此,要经常检查眼睛。当眼睛出现炎症或有眼屎的话,先用手控制好犬的头部,将洗眼水滴入犬眼睛内,用温开水或含有2% ~4%硼酸的水沾湿脱脂棉球或纱布后轻轻擦拭(如图6.4),直到将眼睛擦洗干净为止。擦拭时注意不能在眼睛上来回擦拭,切记绝对不可以碰到眼球。擦洗完后,再给犬眼内滴入眼药水或眼药膏。如果把下眼睑稍稍拉下的话,操作起来会更方便。如果症状严重,可按照兽医的指示使用含有抗生素的眼药膏。如果已经出现泪斑,可用脱脂棉球蘸2% ~4%硼酸水或生理盐水每天清洗泪斑,持续清理会逐渐使泪斑颜色变浅。若仍有泪班,可以让其内服去泪痕口服液或用遮暇霜来掩盖。

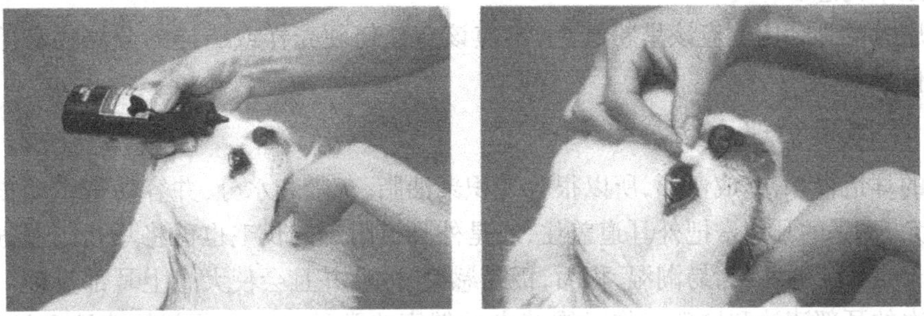

图6.4 眼睛的清洗

有些犬,如沙皮犬和北京犬,常常因头部有过多的皱褶或眼球大而凸使其眼睫毛倒生(倒睫),倒生的睫毛会刺激眼球,引起犬的视觉模糊、结膜发炎、角膜混浊。对此,应在兽医的帮助下将倒生的睫毛用镊子拔掉或做眼睑拉皮手术,增加眼睑的紧张度。

此外,还有些品种,如马耳他犬、西施犬等,在它们的眼睛周围长满了毛,这些毛可能会摩擦眼球,引起眼部疾患。因此,眼的睫毛要经常梳理,周围的毛要适当剪短或用彩条扎结。

当犬发生某些传染病(如犬瘟热等),特别是患有眼病时,常引起眼睑红肿,眼角内存积有多量黏液或脓性分泌物,这时要对眼睛进行精心地治疗和护理。如果状况严重,应赶快看医生。

2)眼睛护理的注意事项

①在给犬眼睛上药时,一只手托住犬的下颌,使其固定,另一只手拿眼药水,在眼睛的后上方点药,切勿碰到眼睛。

②给患有倒睫的犬做眼睑拉皮手术时，如果手术不理想，反而会使眼睑包不住眼眶，甚至眼球外露，应谨慎。有些品种(如沙皮犬)的倒睫是有遗传性的，因此，购买时还要了解该犬的父母是否有倒睫的缺陷。

③眼药水或眼药膏不能经常使用，因为有些药物为了达到抗炎、抗过敏的效果可能加有皮质类固醇成分，长期使用会导致眼底萎缩，严重时会造成失明。此外，仔幼犬最好不要使用氯霉素眼药水，因其毒性大，仔幼犬的解毒功能弱，长期使用氯霉素眼药水，可能会导致再生障碍性贫血。

6.2.2　耳部护理

犬的耳朵大小不一，形态多种多样，几乎各种犬都有自己独特的耳朵形态。犬耳朵由外耳、中耳和内耳3部分组成。外耳包括耳廓和外耳道。外耳是一个软管结构，由肌肉和皮肤覆盖，形成一个能活动的耳廓，耳廓像一个雷达天线，瞄准声音发源地。耳廓通向外耳道，外耳道是由很细的皮肤覆盖的软骨管，起初垂直，然后水平。外耳道末端是很薄的鼓膜或耳鼓。中耳包括鼓膜、鼓室和听觉管。中耳是一个共振腔，声音冲击耳鼓，引起它的振动，因此，引起3块听小骨(锤骨、镫骨、砧骨)通过杠杆作用，在鼓膜腔振动，通过这个机制，把声音传给内耳并扩大。内耳由耳蜗和平衡器管组成，耳蜗把声波变成神经信号，并通过听觉神经把信号传给大脑。平衡器管含有小茸毛，其能察觉头的位置，使身体产生平衡感。

健康犬的耳朵内侧应该呈粉红色，不应该有任何硬壳样或蜡样的分泌物和毛发，也没有任何异味。

1)耳部的护理方法

犬的耳道很深，并成弯形，所以很容易积聚油脂、灰尘和水分，并容易寄生螨虫，尤其是大耳犬，下垂的耳廓常把外耳道盖住，或是外耳道附近的长毛也可将耳孔遮盖，这样外耳道由于空气流通不畅，易潮湿、积垢，极易感染耳螨，并且会使犬患上耳部炎症。因此，每周一次的耳部清洁和护理工作对维持犬的健康非常重要。犬耳部的清洁和护理方法如下：

①先用手控制住犬头部，向上翻起耳朵，露出外耳道。

②用少许医用棉花缠在止血钳顶部制成棉棒，将1~2滴洗耳水沾在棉棒上，将犬外耳道的杂物和分泌物擦拭干净，再将耳廓部分的凹槽也擦拭干净，清理干净之后擦干(如图6.5)。

③如果有需要的话，可以先用手拔除耳朵内部过长的毛发。拔除的时候，先将耳朵抬起、外翻，然后将外翻的部分贴在犬的头部，这样既能保护耳朵，又能获得比较清晰的视线。拔除毛发的时候可以使用耳粉来防滑，每次只能拔除几根，而且动作一定要轻柔，否则，犬会因疼痛而拒绝配合操作。对于位置较深的耳毛，可以配合使用止血钳。

对于耳垢过多或耳垢位置过深的犬，如患有慢性耳疾的犬，要经常使用能分解耳垢的矿物油(或石蜡油)、3%碳酸氢钠滴耳液或2%硼酸水清洗耳朵。清洗时，先让助手固定犬的头部，操作人员用手把耳朵向后压住，并向犬耳朵内滴几滴石蜡油或滴耳液，让犬耳恢复到原来的位置，用手掌小心地揉搓耳部，使药液渗入整个外耳道。在药液的作用

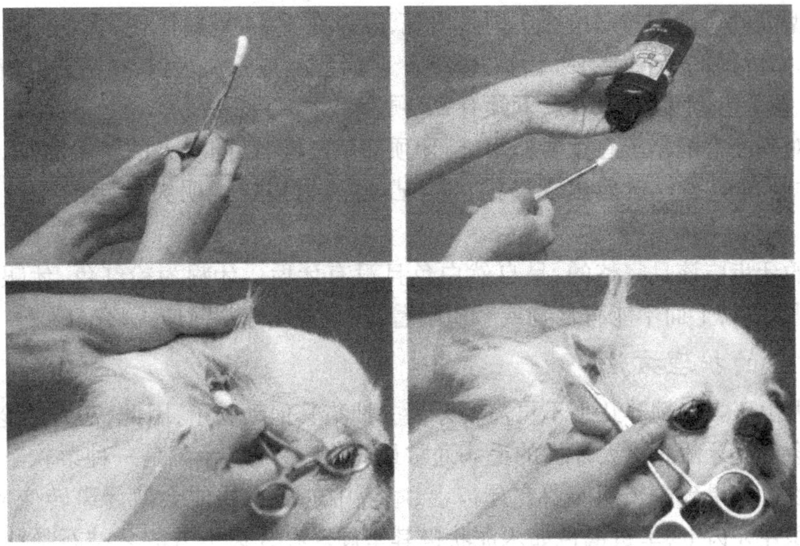

图6.5 耳朵的护理

下，耳垢逐渐软化、分解成小块，由于药液的浮力，使耳垢浮到上面。此时，可用缠有脱脂棉的止血钳蘸取干净。

在耳朵清洗过程中，如发现犬经常搔抓耳朵、不断摇头、头单侧倾斜、耳道红肿、触摸有痛感或有红褐色分泌物，并散发出腥臭味时，则说明耳道感染发炎。对于一般感染，在常规清理耳道的同时，可向耳道内滴入几滴3%的双氧水、4%硼酸甘油滴耳液或2.5%氯霉素甘油滴耳液，然后用缠有脱脂棉的止血钳将耳道擦净。如果患有耳螨，可向耳道内滴入癣螨净擦剂或除虫菊醋2~3滴，用手掌轻轻揉搓耳朵，使药液渗入整个外耳道，然后再用脱脂棉棒将耳道擦净。如自己不能处理应及时请兽医治疗，切莫延误治疗时机。

2)耳部护理的注意事项

①洗澡时防止洗发香波或水溅入耳朵。

②耳道内少量蜡状物(耳蜡)不需要清理，因为量少时可形成对耳道的天然保护。

③如果选择使用脱脂棉签来清理犬的耳部，千万不要把它插入犬的耳道内，因为棉签很脆弱，非常容易折断。一旦棉签折断在耳道内，那么再取出将会非常费力，并且在为犬清理耳道时，棉签内的棉花头很容易脱落在耳道内，取出来会相当地困难，还有可能刮伤耳膜，严重的会造成犬听力受损。脱脂棉签只能用来清理耳廓凹槽上的分泌物。

④拔除耳毛时可以使用耳粉来防滑，注意不要让粉末进入耳道深处，因为粉末受潮后会凝结成块，堆积在耳道内会造成耳道的堵塞。

⑤耳朵的清理工作只能在眼睛看得到的范围内进行，只能擦拭外耳道和耳廓，不能触碰更深的位置。清洁时不能用力拉长耳朵。

6.2.3 牙齿护理

犬的牙齿主要是用来抓取、扯裂、磨碎食物，作用很大。犬是异形齿动物，因此其不同形状的牙齿有不同的用途。前臼齿是永久齿，而门齿、犬齿、臼齿则会更换。

幼犬出生时并没有牙齿，在出生后20天左右开始长牙齿。牙齿经过一定时间才长出。如中型犬的犬齿和前臼齿在3周龄出现,门齿在3~4周龄出现,大约到4月龄乳牙基本长齐。乳牙长齐后,所有牙齿在3~5个月后更换成永久齿,1岁左右恒齿长齐。成年犬有42颗牙齿,上颌有20颗,下颌有22颗。

牙齿对判断犬的年龄有重要作用,门牙顶部呈三叶状,随着犬的年龄增加,门齿首先变光滑(中凸角变平),然后出现磨损(3个凸角消失),这说明犬的年龄可以用牙面去判断。

健康的牙齿应该是完整的,呈自然白色且没有牙垢。牙龈为粉红色,牙龈应该紧紧包围着每颗牙齿,上面不能有食物或杂质附着,轻轻按压牙龈时应无疼痛感。

1)牙齿的护理方法

现代犬由于人工饲养几乎不再需要牙齿去捕猎其他动物了,因此,70%的宠物犬在4岁左右便会患有牙龈病。犬牙齿的毛病通常最先出现牙斑,牙斑是一种柔软呈白色或黄色的黏附物。如果牙斑长期保留在牙齿上,唾液中的矿物质便会使牙斑转变成牙结石。牙结石储积在牙齿上,呈黄褐色如水泥状极其坚硬。在牙齿下方的牙结石是细菌滋生的温床,细菌繁殖造成牙龈发炎,从而使牙齿周围的骨骼和结缔组织都会受到影响,导致牙齿松动,甚至牙齿脱落。当犬从口中呼出的气体有恶臭味(口臭)时,应当引起足够地重视。因为口臭是口腔疾病的先兆,是由于残留在牙缝中的食物使细菌繁殖或牙龈发炎所致。

为了防止口臭、牙斑、牙结石的形成及牙龈发炎,有效保持犬口腔和牙齿卫生,应定期给爱犬刷牙。常规刷牙每周2~3次,对所有的犬都比较适合。刷牙的方法是:

①开始时,先用一只手托住犬的下颚,另一只手的食指缠上纱布轻轻地在犬的牙齿和牙龈部位来回摩擦,最初只摩擦外侧部分,等到它们习惯这种动作时,再张开它们的嘴,摩擦牙齿和牙龈的内侧。

②当犬习惯了手指的摩擦时,可正式用牙刷和牙膏刷牙。刷牙应使用犬专用牙刷,这种专用牙刷由合成的软毛刷制成,刷面呈波浪形,能有效清洁牙齿的各个部位。刷牙时,牙刷成45°角,在牙龈和牙齿交汇处用画小圈的方式一次刷几颗牙,最后以垂直方式刷净牙齿和牙齿间隙里的牙斑。重复上面的程序,直到牙齿外表面全部刷净为止。接着再刷净牙齿和牙龈的内表面。

经常刷牙,再加上定期到宠物医院洗牙才能使犬保持健康和光亮的牙齿。平常可以从兽医诊所里买到特制的口腔卫生软膏,直接将其与牙膏一起使用,或者与少量的食物混在一起使用。这项工作平均每周要做一次。在牙齿的护理过程中,如果有牙石附着,会造成牙龈炎等后果。所以,日常就要做好清洁、护理工作。为了不形成牙石,要尽早除去牙齿上的残留物。为了去除牙石,可以用成人牙刷蘸取碳酸钙粉末,每天在牙齿与牙龈之间来回刷2~3次,这样做效果比较显著。根据牙齿及牙龈的状态,有时也能用钳子等工具去除牙石。

幼犬换牙时,应仔细检查乳牙是否掉落,尚未掉落的乳牙会阻碍永久齿的正常生长,造成永久齿的歪斜,容易积聚食物残渣等现象。特别是小型犬常有乳齿不掉的问题。

干粮和饼干等含水量少的较硬的食物能够与牙齿产生摩擦,协助清除犬牙齿上的牙斑,另外,牛皮做的玩具以及市上所出售的一些洁牙玩具也是良好的洁牙工具。但是也应该使犬习惯定期刷牙。犬断乳后被送到新主人处时,就可以开始要它习惯让主人检查和处理口腔。完整健康的牙齿,对参赛犬更加重要,是评判时必须检查的项目。

2)牙齿护理的注意事项

①给犬刷牙时要用犬用牙膏或淡盐水,记住不要使用人用的牙膏,因为人用牙膏有刺激性,犬是无法接受的。并且刷完牙后犬自己又不能漱口,人用牙膏长时间留在口腔中,使犬感到极不舒适,下次刷牙时犬可能出现抗拒。

②犬用牙刷是指套型的,可以套在人的食指上使用,比较方便。没有专用牙刷时也可以用儿童牙刷代替,要求刷毛比较柔软,不损伤齿龈。

③刷牙时,必须从牙冠到牙龈使整个牙齿都得到彻底清洗。

④刷牙应从小就开始训练,并养成定期刷牙的习惯。为了保护犬的牙齿,不要饲喂甜食。大部分甜食分解后产生葡萄糖,后者被细菌利用产生酸,龋齿就是酸腐蚀的结果。

除了刷牙之外,还可利用超声波洁牙机清洗牙齿。超声波洁牙机是目前我国人用专业洗牙机,目前在我国还没有宠物专用的洗牙机,因此,只能以人用的洁牙机代替宠物专用的洗牙机,其目的与效果是相同的。

应准备的器械:超声波洁牙机 1 台,棉签 2 包,生理盐水 1 瓶,脖颈用软垫 1 个,眼药水 1 瓶,碘甘油 1 瓶,绷带 2 根。

操作过程:首先,将犬肌肉注射全身麻醉药,待其完全麻醉后将其平放到美容台上,向眼内滴入眼药水。接着,将犬脖颈处用软垫垫起,使其头向下低,这样的做的目的是防止在洗牙时,水进入气管内造成犬窒息。将 2 根绷带分别绑在犬的上颌和下颌,并拉动绷带,使其嘴巴完全张开,牙齿暴露在外,一手拿起洁牙机柄,将洁牙头对准牙齿,一手用棉签将吻部翻开使牙齿露出,进行清理。清理过程中如果出血,属正常现象,及时撒上少量止血粉即可。清理完一侧后再清理另一侧,双侧清理结束后,还应检查牙齿内侧是否有结石,如果有,也应该一同清理干净。最后,在清理过的牙齿与牙龈处涂上少量碘甘油进行消炎处理。犬洗牙过后,应连吃 3 ~4 天消炎药(阿莫西林糖浆即可),并连续吃 3 天流食,以免食物过硬,损伤牙龈,造成再次感染。

6.2.4 趾甲护理

趾甲是皮肤的衍生物,由外向里分为角质部、皮质部、髓质部 3 部分。最外层角质部是死亡组织,深层的髓质部内有血管。健康的趾甲应该是趾甲及其周围都是整洁的,趾甲长度以刚刚能够接触到地面为宜,趾甲完整无破损。

1)趾甲的护理方法

大型犬和中型犬由于经常在户外活动,粗糙的地面能自动磨平长出的趾甲。而小型的玩赏犬,如北京犬、西施犬、贵妇犬等多生活在居室内,缺少在粗糙地面跑动的机会,趾甲磨损较少,过长的趾甲会导致犬在走动时脚趾必须展开,而出现不舒适感。如不及时修剪,过长的趾甲可能弯曲,不仅伤及自身的皮肉,而且也会伤人、损伤家中物品、抓破衣物或抓伤同类。此外,悬挂在后脚上的第一趾,俗称“狼爪”,它是无实际功能的退化趾,不但妨碍犬的行动,有时还会刺伤自己。因此,必须要定期给爱犬修剪趾甲。修剪趾甲的方法如下:

①使犬体保持稳定,托住足垫,用拇指和食指将足蹼展开,并牢牢地抓住爪子的根

部。这样剪趾甲时的振动就不会那么强烈。

②准备好止血粉,按"三刀剪法"用犬专用趾甲钳修剪每一个趾甲(图6.6)。

③为防止爪子钩到地板上,或是爪子被刮断等情况的发生,要用锉刀把剪过的指甲的各个棱角挫圆滑,或用趾甲钳反复修剪,把尖锐部位修钝。使用锉刀时,用食指和拇指抓紧爪子的根部,以减小振动。

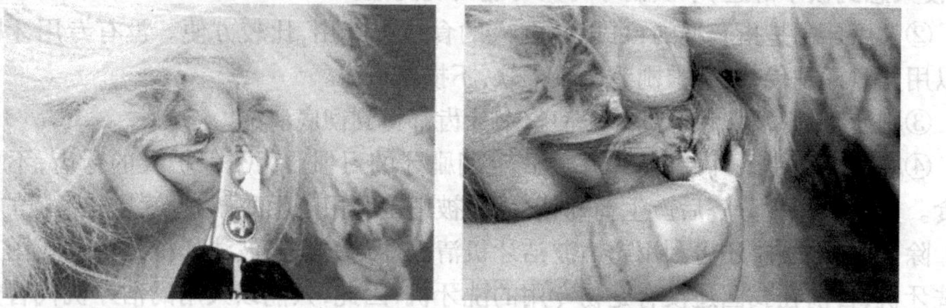

图6.6 趾甲的修剪

2)犬指甲修剪的注意事项

犬的指甲非常坚硬,应使用犬专用的趾甲钳进行修剪,而不应使用人用的指甲钳进行修剪。这是因为,用人用的指甲钳进行修剪,不但剪不断趾甲,而且还会将趾甲剪劈。这样既不美观,而且犬只也会感觉特别不舒服。对退化了的"狼爪",应在幼犬生后2~3周内请兽医进行切除,只须缝一针,即可免除后患。哺乳期仔犬的趾甲也要修剪,尤其是前脚的趾甲,以防止哺乳时抓伤母犬。

日常修剪趾甲时,除使用专用趾甲钳外,最好在洗澡时待趾甲浸软后再剪,因为这时它的趾甲比平常要柔软。但应注意,犬的每一个趾爪的基部均有血管和神经。因此,修剪时不能剪得太多太深。如犬趾甲为白色,即可看到在趾甲内有红色血样东西,这便是趾甲内的血管和神经,千万不能剪到。一旦剪到便会流血不止,犬会非常疼痛。应在靠近红色肉垫的边缘,略长于红色肉垫3~4 mm处进行修剪,这样剪起来会非常安全,不会剪到血管。另外,如犬的趾甲为黑色,在给犬修剪趾甲时应试探着剪,剪到看见趾甲断面有些潮湿时即可,剪过后再用平锉修复平整,防止造成损伤。在剪趾甲的同时,身边还应准备一瓶止血粉,以便在一旦将犬趾甲剪流血时马上止住流血,这样就减少了很多不必要的麻烦。如修剪后发现犬的行动异常,要仔细检查趾部,检查有无出血和破损,若有破损可涂擦碘酒。除修剪趾甲外,还要检查脚枕有无外伤。另外,对趾甲和脚枕附近的毛,应经常剪短以防滑倒。

6.2.5 肛门护理

1)肛门护理

排便后的残留物和随之一起被排出的寄生虫卵很容易附着在肛门的周围,所以保持肛门清洁的工作十分重要,尤其是在软便或腹泻的情况下。犬在蹲坐的时候,容易沾上垃圾、泥土等加重污染。一般每天要用温开水和刺激性小的肥皂为犬清洁肛门及周围部分,洗后立即用毛巾擦干。

犬肛门周围的毛发应定期修剪。如果肛门周围的被毛过长,犬排便后残留的粪便很容易粘到毛上,长期下去,很容易引起肛门发炎,或招致一些外来寄生虫,所以,应将肛门周围的毛剪短以露出肛孔。其方法是:用一手掀起尾巴,保持犬静止不动,另一手用牙剪或者电剪剪掉肛门周围的毛。健康犬的肛门及其周围洁净且干燥,没有腹泻的症状,也没有生殖道分泌物流出。

2)肛门腺的检查和清理

在犬肛门下缘外侧约 2 cm,与时钟表盘 5 点和 7 点相对应的地方,分别有一个囊腔——肛门腺。肛门腺是犬的"气味腺体",是连接肠道末端皮肤的内翻形成直径为 1 cm 的囊,它们都有细小的导管,在肛门皮腺处开口,肛门腺内积聚液体,这些液体是囊壁上发达的脂腺所分泌出的产物,具有强烈黏度,呈泥状或水状。这种分泌物可能有助于犬做记号,划定自己的疆界或吸引异性。犬在排便的时候,囊内的分泌物会随之一起排出。假如分泌物一直不被排出,久而久之会被细菌感染,最后被充满了恶臭的脓水所代替,这也是引起肛门腺炎、肛门腺肿大的原因,所以一定要慎重对待。如果肛门腺中的分泌物大量潴留,犬会用肛门摩擦地面,还会导致犬阴部受损、尾巴的活动出现异常等情况,因此,应该定期清理干净。一般是利用犬洗澡的机会,定期排空肛门腺,以预防犬的肛门腺因流通不畅而继发肛门腺炎。具体方法是:

①用温水清洗肛门,皮肤会变得柔软,犬也会放松,肛门腺也比较容易排空。

②用棉布或纸巾按附在肛门外,把拇指和食指放在肛门两侧下方,摸到两个坚硬的物体,向上向外挤压使肛门腺内容物排出(如图 6.7),这些排出物有的像牙膏一样浓,有的则像水一样清。

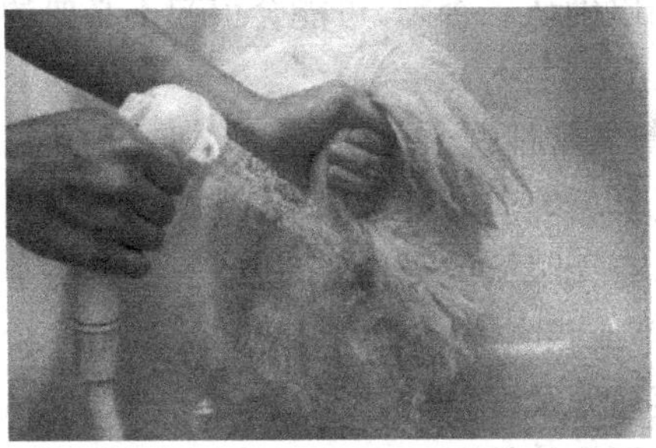

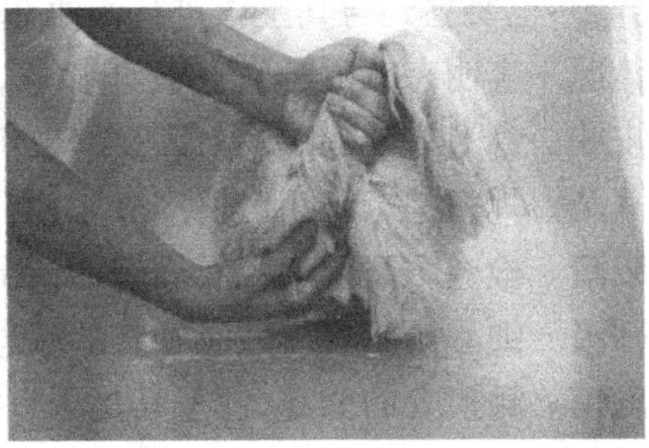

图 6.7 肛门腺的清理

③清理干净肛门及其周围区域。如果由于没有及时清理肛门腺而导致肛门出现了红肿和疼痛的症状,造成了肛门腺炎,就应该马上找专门的兽医来处理和治疗。治疗方法是:用拇指、食指挤压肛门腺,排除囊内容物,然后向囊内注入复方碘甘油等消炎软膏,必要时全身应用抗生素治疗感染,每天 3 次,连用 4 ~5 天。

形成肛门腺炎的原因有很多,可能因为饲喂过高脂肪日粮或不适宜配料引发软便,或者动物肥胖,缺乏锻炼,使肛门括约肌张力减退,或者腺体分泌过多,或者绦虫节片或其他异物阻塞肛门腺开口或导管。上述原因均可造成囊液潴留或囊内分泌物不能排出,引起囊内容物发酵而引致炎症。肛门腺炎常并有细菌感染。

如果肛门周围局部溃烂或形成瘘管时,应手术切除肛门腺。手术过程为:

A. 术前 24 小时要禁食,灌肠使直肠排空。

B. 将尾固定于背部后俯卧保定,肛门周围剃毛、消毒。

C. 全身浅麻醉，配合肛门周围浸润麻醉。

D. 持钝性探针插入囊底，纵向切开皮肤，彻底摘除肛门腺，除去溃烂面、脓汁、坏死组织和瘘管组织，注意不要损伤肛门括约肌。

E. 修整创口，压迫止血，撒上抗生素粉，结节缝合创口。

术后肌肉注射抗生素，局部涂抹消炎软膏。术后 4 天内喂流食，减少排便，防止犬坐下和啃咬患部，加强犬的运动。

6.3 犬的洗澡

犬皮肤上会分泌皮脂，皮脂对于皮肤健康非常重要，它可以防止皮肤干燥，防止病原微生物入侵。但同样分泌的皮脂会沾染外部灰尘，让污垢附着在皮肤表面，成为细菌的温床，引发皮肤病，影响皮肤的新陈代谢。定期给犬洗澡可以刺激皮肤，去除过剩的油脂、污垢和细菌，洗去坏死的毛发、皮屑、寄生虫以及它们的粪便，同时，可以保持犬的美观和清洁，方便修剪和美容。

6.3.1 洗澡前的准备

1）体检

洗澡前，一定要确认犬的体况、皮肤等是否正常，如果觉得有异常状态，即使是非常细微的异常，也要立刻与其主人进行沟通并加以确认。否则，可能会引起不必要的麻烦。

①体况。查明有无呕吐、痢疾、口水等。

②皮肤。身上有无死皮、湿疹、皮肤发红等异常情况。

③耳朵。耳内是否脏污、发炎、肿胀，有无耳垢等。

④眼睛。检查眼睛的颜色及周围的情况，有无眼屎或受伤等。

⑤呼吸。细心倾听有无呼哧呼哧的喘息声或咳嗽声。

⑥触摸。触摸犬的全身，注意其是否有疼痛感及发怒的情况。

只有在确定了犬的身体状况后，才可以根据具体情况确定是否给犬洗澡。

2）梳理

洗澡前，要进行充分地毛发梳理，要仔细地把所有脱落的毛都清理干净，将杂乱的毛梳理整齐，若已发生缠结，必须先通过梳理或其他解结用品打开缠结，绝不可以带结水洗，否则会造成更严重的死结，以保证梳子能够顺滑地将毛一梳到底。提高洗澡效率的秘诀在于洗澡前的梳理工作。洗澡前还必须完成以下几项工作：清洁耳朵、眼睛、牙齿，修剪趾甲。

3）物品准备

准备好所有的洗澡物品，如稀释后的香波、护发素、吸水毛巾、沐浴海绵等，放置在操作者可方便取用的地方。

4）耳眼防护

为避免把水弄到犬的耳朵里，在洗澡前可以先给犬耳道内塞入大小合适的棉球，给犬的每只眼睛点上矿物油或眼药水，以防香波刺激眼睛。

6.3.2 洗澡

1）消毒浴缸

消毒浴缸，并将吸水毛巾拧干挂在浴缸边缘。

2）将犬抱入浴缸

把犬抱入浴缸内，身体顺着犬缓慢放稳，并固定好。

3）调水温

冬季适宜温度为37～38 ℃，夏季适宜温度为33～35 ℃，用手腕内侧试温，感觉有微热即可。试温时先开凉水再开热水，每次用水前都要试温。

4）挤肛门腺

将肛门周围淋湿，用手轻轻揉揉肛门腺位置，一手握住尾巴，一手挤肛门腺。

5）清洗两遍

用淋浴的方法将犬的全身淋湿，让喷头尽量贴近皮肤，从犬的肩部开始往尾部移动喷头，然后再返回到肩部，之后淋湿腿部和尾部，最后是头部，这样可以缓解犬的紧张情绪。对于少数沾水就特别活泼的犬，宜从后面开始淋湿，然后臀部、背部、腹部、后肢、肩部、前肢依次进行。

淋湿躯体时，用手掌托起下胸部和下腹部的被毛，稍微向上提，均匀地淋水。头部要淋水时，先将犬的头部抬高，以喷头贴着头部让水慢慢流下。头部冲水时要小心，别让犬的鼻子进水。耳朵部分，则顺着耳朵往下冲，以避免耳朵进水。要注意淋透所有的毛发，特别是那些毛发很厚的犬，一定要保证淋透最底层的毛发（如图6.8）。

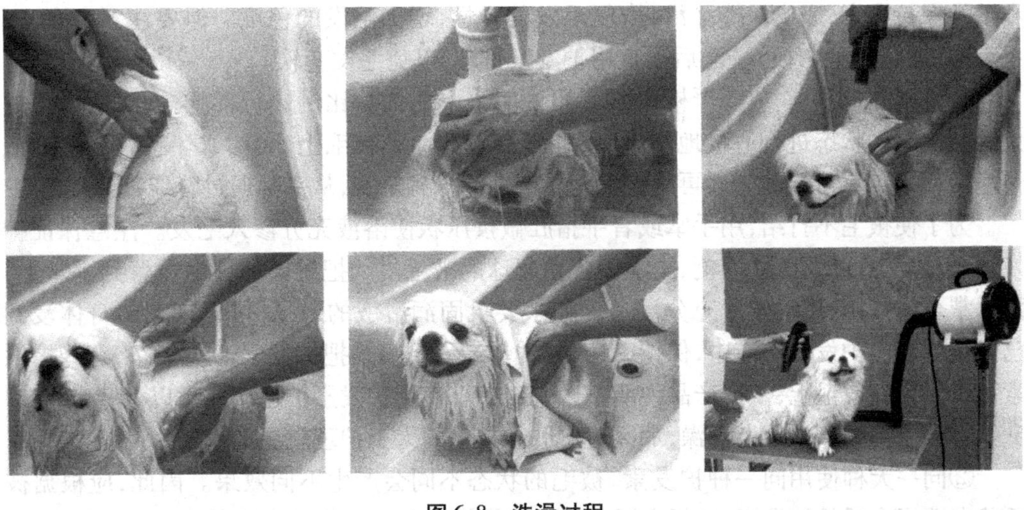

图6.8 洗澡过程

当犬全身完全湿透后，用沐浴海绵给犬涂香波。从尾部开始涂抹香波，以清除肛门腺分泌物，接着是后肢，然后是背部和身体两侧、前肢、肩部、前胸、颈部，最后才是头部。每一段都从上往下涂，一边涂抹一边轻轻拨动被毛或用毛刷刷拭，使香波均匀分布并产生大量泡沫而发挥作用。清洗时绝对不能把长毛犬的毛用手指抓起揉搓,要用手指的指腹顺着毛势清洗,或者用手掌按压的方式,抬起平顺的被毛逐步清洗。

脸部容易弄脏,但面积较小,要用手指认真清洗,防止清洁剂进入眼睛。一旦清洁剂进入眼睛,要立即用生理盐水冲洗,使之尽可能快速并完全地被排除。若没有生理盐水,可以用干净水代替。尽管干净水的低渗透压会使眼睛发涩,但它造成的危害比清洁剂要轻微。

犬四肢是最脏的部位,要逐一仔细清洗,犬的脚缝、脚掌间,也要仔细搓揉。

稍稍冲洗一下皮毛,用香波再洗一遍,这样清洗两遍后才能彻底地洗净。

6)彻底冲净

第二次冲洗一定要洗掉所有的泡沫。用手盖住犬的眼睛,同时要把它的耳朵按住,用温水从犬的头部开始冲洗,一边冲一边用手拂去泡沫,接着是颈部、背部到尾巴,然后再冲洗胸腹部、四肢,直到冲完的水较为清澈为止。香波液容易残留在耳根和眼睛周围、四肢内侧等地方,要注意充分冲洗干净。如果是被毛较厚的犬,则须用喷嘴紧贴住被毛对毛的内部进行冲洗。用手指把犬的眼睛扒开,用水快速冲洗干净眼睛里的香波液、眼屎等。一定要保证把所有的香波都冲洗干净,否则皮肤上残留的香波对犬有刺激作用,以后犬会不时地抓挠,而且没有洗干净的毛发感觉比较涩,看起来颜色黯淡,也很难修剪成型。记住一点:当你认为已经彻底冲洗干净时,再冲洗一遍。

7)护发素护理

洗澡的目的是去除皮肤和被毛上的污垢,为使污垢脱落,香波必须呈碱性。通常去污能力越强的香波含碱量越高,但是如果犬皮肤和被毛呈碱性状态,将会破坏蛋白质,使细菌繁殖加快。护发素的作用是中和偏向碱性的皮肤和被毛,使其恢复到弱酸性。护发素还能减少静电的产生,使毛发易于处理。深层护理产品作用于受损的毛发,能使皮肤和毛发保持湿润,表皮保持平滑,恢复毛发的弹性,增加毛发的色度。但要注意一点,刚毛犬(如西部高地白梗)洗澡后不宜用护发素护理,以免毛发变软。

护发素在使用前,应该严格按照使用说明书上的稀释比例进行稀释,同时应该根据犬种和被毛的状态进行适量地加减,不能把原液先涂到被毛上,再掺水。将香波液冲洗干净后,顺着毛势挤干水分,再将护发素均匀地涂抹到全身,从头部通过背线直到尾巴。

为了使被毛不打结,用手掌或者手指肚做按压状使溶液充分渗入毛发。注意保证护发素充分浸透前胸、四肢内侧、腹下等容易起球的被毛里。把尾巴的被毛放置到手掌上,两手掌合拢按压,用护发素充分浸透。如果要巩固润滑液的效果,可以把犬的身体浸到已经被稀释的护发素溶液中,保持3~5分钟。最后用喷头把护发素冲洗干净,有些护发素可以保留在皮毛上,依据产品说明书区别对待。使用护发素护理应注意以下几点:

①如果高频率地给犬洗澡,那么对皮肤和被毛的人工护理就更为重要。

②同一犬种使用同一种护发素,被毛的状态不同会产生不同效果。因此,应根据被毛状态选择合适的护发素,选择合适的浓度、冲洗的时间、干燥的方法等。

③新的香波和护发素不断上市,对未经专业严格评定的,要谨慎使用。

8)用吸水毛巾尽量擦干

先擦头部,再擦躯体、四肢,全身应该擦拭2~3次(如图6.8)。

9)吹水或烘干

大型犬用吹水机吹至半干,小型犬要用变频吹水机(如图6.8)或放入烘干箱。烘干箱应预热5分钟,把犬放入烘干箱时要关闭烘干箱,一般烘干时间为15~20分钟。

10)清洁及消毒梳刷工具

清洁及消毒梳刷工具,否则会把脏的毛发和油脂重新梳到干净毛发中。

11)用吹风机吹干

被毛的主要成分是蛋白质,如果富含水分,被毛的结聚力就会变弱,除去水分后,又会再次牢固地结合起来。从洗澡时因富含水分而变柔软一直到因为吹风机的热量而失去水分,被毛总是呈直线状地延伸,所以吹干是一个把毛按照中意的形状重新造型的过程。

根据犬种、被毛质量、美容目的等情况的不同,清洗、护理、吹干这一连串的步骤都略有不同。有些犬种(如马尔济斯犬、日本狆、西施犬、约克夏梗等)需要顺着毛势进行吹干;有些犬种(如贵宾犬、贝林顿梗、卷毛比熊犬等)需要逆着毛势进行吹干;也有些犬种(如英国古老牧羊犬、波尔瑞猎犬、苏格兰牧羊犬、西德兰犬的下层被毛等)需要部分逆着毛势进行吹干。

在吹干被毛前,应准备好吹风机、毛巾、美容师梳、针梳等工具。

操作时,一手拿起针梳,将吹风机对准犬的身体一边梳一边吹。先由背部吹起,用针梳以逆毛的方向将犬背部的毛梳开,再用吹风机吹干,吹时温度不要过高也不要过低,风速可以稍微大一些。接着吹干胸部、四肢及肚皮,四肢是全身吹起来比较麻烦的部位,因为四肢的内侧吹起来比较费劲,所以吹干时风筒可以稍微接近身体内侧,或让助手将犬体抱起并直立站起,这样就方便了吹四肢的内侧,同时还能将肚皮的毛发吹干。值得注意的一点就是:在吹肚皮及四肢内侧的毛发时不能用针梳梳理。因为肚皮及四肢内侧的皮肉比较娇嫩,易剐伤。此时,应该用手轻轻抚摩其毛发,再进行吹干。四肢的脚尖是操作中最难的环节之一,经常会出现被毛蜷缩的现象,让犬躺下,把脚抬起来进行精心操作。然后吹尾巴,一手拎起尾巴,一手拿针梳,沿尾尖向尾根部,一边逆毛梳理一边吹干。最后吹干的部位为头部和前胸。头部为犬吹干中最为困难的部位,因为犬头部的器官最多,并且头部是犬听觉、嗅觉、视觉最为敏感的部位。此外,大多数犬都不适应吹风机吹干的方式,所以在吹干的过程中,犬会动来动去,而且有的犬还会将头藏起来,并对你产生敌意。因此,在这个时候给犬吹干时要换上美容师梳梳理,避免因使用针梳时扎到眼睛或其他部位。风速应适当减小,当吹风机到达脸部时,要用手遮住犬的眼睛,目的是不让热风直接吹进犬的眼睛里。除了正在吹干的部位,其余部位应用毛巾包裹。头部的毛吹干后,用橡皮圈进行固定,能方便后面的操作。注意用钢针梳时动作稍快,这样可以让毛从头至尾完全被拉直,否则被毛就会缩回去。此时,吹干的目的就不仅限于把毛吹干,拉直它们也是非常重要的。吹干时应注意以下几点:

①吹风机不可以过于靠近被毛,保持20 cm以上的距离比较好。

②吹干时要用梳子轻柔、迅速地进行梳理。

③要使被毛从根部开始完全干燥。

④不要对着长毛犬的同一部位吹太久,把吹风机一边慢慢移动一边吹干。不要把吹

风机从正面朝着犬的脸吹。

⑤如果是卷毛犬的话,若不对着同一个部分集中吹干,毛就会蜷缩起来。

⑥对于被毛没有拉直就已经干燥的部位,应利用喷雾器把毛喷湿,让被毛立起来后再吹干,达到理想的效果。

12)取出耳朵里的棉塞

将犬耳朵里的棉塞取出。

13)梳理

吹干后的被毛是带有静电的。吹风机的热风会使被毛打结,不能达到紧贴皮肤的状态。因此,通过梳理来解开缠结的被毛,端正毛势,整理被毛。

6.3.3 洗澡的注意事项

①由于洗澡后可除去被毛上不少的油脂,这就降低了犬的御寒力和皮肤的抵抗力,一冷一热也容易发生感冒,甚至导致肺炎。所以,洗澡时要注意室内外温度,给犬洗澡应在上午或中午进行,冬季室内应加温。不要在空气湿度大或阴雨天时洗澡,洗后应立即用吹风机吹干或用毛巾擦干,切忌将洗澡后的犬放在太阳光下晒干。

②根据被毛、皮肤的状态和洗澡的频率,注意选择适当的香波液。如果洗澡频繁,最好使用优质的香波和护毛素。如果选择不恰当的香波,会产生一些弊端。例如,去除皮脂后,被毛和皮肤失去弹力,造成体温调节功能下降,防止皮肤干燥的能力下降,防水功能下降,造成被毛脱落,给被毛细胞带来坏的影响等,所以必须密切注意。

③不要竖起指甲搓揉犬毛,以免抓伤犬的皮肤。

④当犬身体状况不佳或者有疾病的时候忌洗澡。身上带有剃毛器或钉刷等造成的伤口时忌洗澡。生了皮肤病的犬,只能进行与病症相适应的药浴。

6.3.4 幼犬的清洁

一般3个月以内或未完全注射完疫苗的幼犬,是不应该洗澡的。因为3个月以内或未完成免疫的幼犬,抵抗力较弱,易因洗澡受凉而发生呼吸道感染、感冒和肺炎,尤其是北京犬一类的扁鼻犬,由于鼻道短,容易因洗澡而发生感冒,严重时容易患上犬瘟、细小病毒病等急性传染病。同时,洗澡还会影响毛量、毛质和毛色。因此,3个月以内或未完全注射完疫苗的幼犬不宜水洗,而应以干洗为宜,即每天或隔天喷洒稀释100倍以上的宠物护发素或婴儿爽身粉,勤于梳刷即可代替水洗。也可以去专业的美容院买宠物专用的干洗粉进行清洗,还可以用温热潮湿的毛巾擦拭其全身。擦拭时,注意不要碰到眼睛。肛门是犬比较敏感的部位,擦拭时一定要小心。水温不能过热,过热会烫伤肛门黏膜,但也不能过凉,过凉也会刺激肛门,使犬感觉特别不舒服,并且会使犬产生恐惧感,以至于以后都不愿意接受人为的擦拭。全身擦拭完后应马上用干毛巾再擦拭一遍,然后再轻轻地撒上一层爽身粉,最后用梳子轻轻地梳理10~20分钟。

6.4 疾病预防

6.4.1 宠物犬、猫皮毛疾病预防

宠物皮毛是机体健康状况的直接表现，皮肤光滑、毛发浓密油亮意味着机体健康状态良好，反之，皮毛晦涩、凌乱、脱毛往往是机体疾病的信号。因此，了解疾病与皮毛的关系，可以使宠物美容师从美容动物皮毛的状态来判断动物是否健康，是否适合美容，并可及时提醒动物主人对动物的健康状况提高警惕，以此赢得宠物主人的好感并避免美容风险。

1)疾病与皮毛

(1)**寄生虫病**

寄生虫可以分为外寄生虫和内寄生虫。外寄生虫主要包括跳蚤、虱、蜱、疥螨、蠕形螨；内寄生虫主要包括蛔虫、钩虫、绦虫、心丝虫等。跳蚤、虱子可引起动物瘙痒、抓挠，皮肤红点、破溃，细菌感染，跳蚤、虱、蜱的大量感染可以引起动物贫血，皮毛暗淡无光。疥螨、蠕形螨的感染可引起皮肤瘙痒、红肿，掉毛，严重可引起皮肤增厚和色素沉积，多见四肢和头部。内寄生虫的大量感染可以引起动物营养不良、消瘦、皮毛干燥、晦涩。其中，钩虫可钻入皮肤感染，引起皮肤发炎(多见爪部)。绦虫的孕卵节片可在肛周活动，引起肛门瘙痒，动物啃咬引起肛周尾根发炎，并可在肛周毛发上见到芝麻粒大小干燥蜷缩的孕卵节片。

(2)**皮肤细菌感染**

主要为葡萄球菌感染，常见浅层脓皮症，深层脓皮症。可见局部、多部位或全身性丘疹、红斑、脓疱，严重时出现皮肤红肿、糜烂、溃疡，甚至化脓性感染。被毛枯燥，无光泽，皮屑过多及不同程度的脱毛，瘙痒程度不等。

(3)**皮肤真菌感染**

常见最典型的症状为脱毛，圆形鳞斑、红斑性脱毛斑或结节，一般无皮屑，但局部有丘疹、脓疱，被毛易折断等症状。真菌症状较为复杂，易与其他皮肤病混淆，应做实验室检查区分，但真菌引起局部脱毛的现象最为常见。

(4)**伤口感染**

伤口感染是由于伤口(如咬伤、烧伤、割伤等)的处理不当造成的。如遇到此情况，则要求犬主人带犬就医，以防对犬造成更为严重的伤害。

(5)**过敏症**

过敏症常见于食物过敏、跳蚤过敏及异位性皮炎(过敏原多为花粉、尘螨、纤维、人的皮屑等)，最常见的症状是瘙痒，并伴有长期的慢性耳炎，趾间潮红，眼周、下巴、腋下红肿、脱毛，并因发病时间较长而出现皮肤增厚和色素沉着。常因动物瘙痒抓挠引起掉毛及皮肤发炎。美容师在给宠物美容时发现慢性耳炎及趾间发红应首先考虑过敏问题。

(6)**内分泌疾病**

内分泌引起的脱毛在临床较为常见，往往脱毛面积较大且呈对称性，一般没有瘙痒。

常见的内分泌疾病有:

①肾上腺皮质机能亢进(库兴氏病)。除头部和四肢外,出现对称性脱毛,被毛干燥无光,皮肤变薄、变松弛、色素沉积,皮肤易擦伤出血,严重时,皮肤可能出现钙化灶。

②犬甲状腺机能减退。犬的躯干部被毛对称性脱毛,被毛粗糙、变脆。应注意有甲状腺机能减退的犬若剃毛后可能出现不长新毛的现象。

③雌激素过剩。脱毛往往先出现在后肢上方、外侧,呈对称性,皮肤基本正常,多见于发情周期异常,经常假孕的母犬,也常见于患有睾丸支持细胞瘤的公犬。

(7)免疫性疾病

免疫性疾病如天疱疮、红斑狼疮等,在鼻梁、眼周、耳周出现糜烂、结痂、鳞屑,鼻部色素减退等,但临床发病率比较低。

(8)营养性疾病

长期的营养不良会引起皮毛无光泽、脱毛、皮屑较多等现象。维生素、微量元素的缺乏也会引起一系列的皮肤问题,如:维生素 B_1 的缺乏会造成皮肤皮屑红斑;维生素 A 的缺乏会造成皮肤角化问题,皮肤皮屑增多,被毛暗淡易脱落,常见的为美国可卡犬的维生素 A 应答性皮肤病;微量元素锌的缺乏会引起角化过度和嘴、眼周围、下腭、耳朵上出现红斑、脱毛、结痂和鳞屑,哈士奇最为多见。

(9)胃肠道疾病

长期慢性的胃肠道问题一方面会影响机体的营养吸收,造成营养不良,体内维生素吸收或合成不足(如维生素 A 原无法合成维生素 A),造成皮肤营养不良,皮毛暗淡、枯燥;另一方面,胃肠道问题会造成酸中毒和机体脱水,皮肤失去弹性,皮屑增多。

(10)肿瘤

体内的肿瘤因侵害的器官不同,表现出的皮肤问题也各不相同。如前所述,肾上腺皮质肿瘤会引起库兴氏症,睾丸支持细胞肿瘤会引起后躯对称性掉毛等。皮肤的肿瘤一般都会有肿块或突出物,皮肤可能破溃掉毛、色素沉着等,不同性质的肿瘤会有不同的皮肤表现。

(11)肝脏、肾脏问题

肝脏问题会直接引起胆红素代谢障碍,皮肤出现黄疸。胆酸在血中的浓度增高时,会沉积于皮肤,导致严重的皮肤瘙痒等问题。肾脏问题会造成血中磷浓度过高,也会出现皮肤干燥、瘙痒等。同时,肝、肾问题往往是慢性过程会直接影响动物的营养状况造成皮毛营养不良,掉毛、皮屑多、无光泽等。

疾病和皮毛的关系纷繁复杂,宠物美容师很难单凭皮毛的表现去确诊为何种皮肤问题,但应具有足够的职业敏感性,能及时发现问题和造成疾病的可能原因,能够及时建议动物的主人带动物就医,这也是专业宠物美容师的职责。

2)宠物皮毛疾病的预防

犬猫作为宠物与主人关系密切,一旦犬猫有皮肤病,不仅动物难受,影响美观,主人也非常心疼,脱落的毛和皮屑使主人心烦。犬猫皮肤病不仅治疗起来需要很长时间,而且容易复发。所以,重在预防。预防犬猫皮肤病主要应注意以下几个方面的问题:

①选择适合该动物的犬猫专用的洗澡液。如选择不合适的洗澡液,会使犬猫皮肤角

质层被破坏,背毛干燥无光,皮肤抵抗力下降。

②选择合适的时间间隔洗澡,一般每半个月到一个月洗一次比较合适。如洗澡太勤,会使皮肤干燥,抵抗力下降。

③选择合适的犬猫粮食。如是自制食品,需要注意添加维生素和矿物质。

④经常给犬猫梳理皮毛,促进皮肤的血液循环。

⑤多晒太阳,促进皮肤代谢,也能对体表进行日光消毒。

⑥定期驱虫,预防跳蚤、虱子、蛔虫等体内外寄生虫。

⑦定期去动物医院体检,包括血液检查,及时治疗原发病。

⑧避免犬猫再次接触过敏源,必要时给予防过敏的处方食品。

6.4.2 宠物犬、猫的驱虫与免疫接种

1)犬的驱虫与免疫接种

(1)驱虫

①制订驱虫计划。定期驱虫是预防寄生虫病、保证犬体健康的重要措施之一,应当有计划地进行。通常在仔犬 20 日龄后进行首次驱虫,以后每个月驱虫 1 次,直至成年。成年犬要每季度驱虫 1 次,种母犬在配种之前要驱虫 1 次,仔犬在驱虫的同时给哺乳母犬驱虫。

②每次驱虫前要进行粪检,根据粪检的结果选择合适的驱虫药品。常用的驱虫药有:丙硫苯咪唑、左旋咪唑、甲苯咪唑、灭滴灵等。丙硫苯咪唑和左旋咪唑对蛔虫、蛲虫和钩虫有效;甲苯咪唑对蛔虫、蛲虫、钩虫、鞭虫和线虫有效;吡喹酮对绦虫有效;磺胺类药对球虫有效。

③在日常管理中,除根据计划驱虫外,还要根据犬体的状况,不定期抽检粪便,及时驱虫。

(2)免疫接种

①免疫程序制订的依据。根据本地区近年发生过的传染病种类、发病季节、发病犬的年龄、流行强度、犬的品种、年龄、体内的抗体水平,拟采用疫苗的种类及其免疫源性、免疫持久性、免疫反应、免疫途径及过去在本地区(场)使用的情况,还应特别考虑疫苗生产厂家推荐的免疫程序,从而制订出适合具体犬群的免疫程序。

②免疫程序。包括幼犬免疫程序和成犬免疫程序。

A. 幼犬。6 周龄注射 1 支或 2 支免疫球蛋白,以清除体内隐藏的病毒,8 周龄时开始第一次免疫接种,注射小犬二联苗,预防犬瘟热、犬细小病毒病。10 周龄时进行第二次免疫接种,注射六联或七联苗。12 周龄进行第三次接种,注射六联或七联苗。六联苗用于预防犬瘟热、犬细小病毒病、犬传染性肝炎、犬副流感、传染性支气管炎、狂犬病。七联苗除预防以上 6 种病外,还可以预防犬钩端螺旋体病。以后每年接种 1 次或 2 次,接种时间最好选择在元旦前后春季疾病流行之前。

B. 成犬。首免 2 次,第一次注射六联苗,第二次注射六联或七联苗,两次间隔 3 ~ 4 周,以后每年加强免疫 1 次。

③检查免疫效果。注射疫苗后要进行全套检查,如没有产生抗体,还应重新接种

疫苗。

2)猫的驱虫与免疫接种

(1)驱虫

猫成天东钻西爬,有时还会掏垃圾筒,难免会吃些脏东西,所以猫定期驱虫十分必要。6月龄之前的小猫,1个月驱虫1次,最好选用广谱驱虫药,因为有的药只驱一次虫,购买之前要问清楚或去宠物医院咨询医生。6个月以上的猫每季度驱虫一次即可。

(2)免疫接种

目前,国内比较常见的猫用疫苗种类有两大类:进口的三联疫苗和国产的猫瘟疫苗。

①三联疫苗,可以预防猫瘟、猫病毒性鼻气管炎、卡他性肠炎。注射后,免疫有效期为1年,以后每年应免疫1次。

②国产的猫瘟疫苗只对猫瘟进行防护。注射后,免疫有效期为1年,以后每年应免疫1次。

③注射狂犬病疫苗,3个月以上的猫就可以免疫了。狂犬病疫苗是一种灭活的细胞疫苗,3~4月龄的幼猫即可接种。首次接种应肌肉注射2次,每次间隔4周;4月龄以上的猫肌肉注射1次,免疫期为1年;以后每年注射1次。

3)驱虫和免疫接种的注意事项

①每次驱虫前一定要进行粪检,以选择最佳的驱虫药品。驱虫的同时,一定要搞好卫生,避免重复感染。

②必须使用正规厂家的疫苗,用前要检查疫苗有效期。灭活苗用前摇匀,冻结后不能使用。弱毒苗必须冷冻保存,使用时用注射水稀释后立即使用。

③接种前检查健康状况,健康的宠物才能接种疫苗,接种采用皮下注射途径,注射后10~15天才能产生免疫力。

④酒精不要与弱毒疫苗接触。使用酒精消毒时,一定要等酒精干后才可注射。

⑤注射疫苗后,由于免疫系统开始反应,可能会出现发烧、精神变差、食欲下降、嗜睡等现象,这些都是正常的反应,通常1~3天就会自行恢复。

⑥疫苗注射7天左右,才能产生一定数量的抗体,刚接种1~3天的宠物,并非处于安全期,疫苗的作用没有完全体现出来。所以,注射疫苗1周内,应该注意避免洗澡、外出。

⑦注射过血清的宠物,需经20天左右才能接种疫苗,这样做是因为血清(含有一定的抗体)需要一定的时间才能从体内消失,或者下降至一定水平之下。

⑧处于疾病(如猫瘟)潜伏期的宠物,当时并未发病,但接种疫苗后会在1~7天内发病,应予以治疗。

⑨注射疫苗并非百分之百有效,一般的保护率为90%~95%。注射疫苗的同时,一定要加强饲养管理。

4)免疫失败的原因

常见许多免疫失败现象,造成的原因有以下几种:

(1)免疫程序错误

对初生的宠物本来应该间隔一定时间连续免疫3~4次,可因主人不理解或经济等方面的原因,只免疫一次,这是靠成免疫无效的主要原因。

(2)**母源抗体的干扰**

新生宠物可通过母犬、乳汁和胎盘获得一定量的免疫抗体,这些抗体可抵抗某些传染源的侵袭,对仔犬、幼猫的保护作用能维护6~10周,但它也同样能干扰并中和疫苗病毒的抗原性,这期间如给仔犬、幼猫注射疫苗,不但不能刺激其机体产生抗体,甚至会降低母源抗体对病原的抵抗作用。现在市场上的仔犬、幼猫来源复杂,其母犬、母猫的免疫情况大多不清楚,甚至有些母犬、母猫根本就没有免疫,这就更使得这些仔犬、幼猫体内母源抗体的水平高低不一,确定首次免疫的时间就比较难了。

(3)**疫苗方面的因素**

①疫苗的种类不同,免疫效果亦不尽相同,如同源疫苗(用实验犬所制疫苗)比异源疫苗(用其他动物生产的犬疫苗)效果好,弱毒的活疫苗一般比灭活苗效果好。此外,还有单价苗、二联苗、三联苗、五联苗、六联苗等,其免疫效果也有所差别。

②疫苗的质量有差别,如进口疫苗与国产疫苗、国内不同厂家所研制的疫苗等,不管从实验检测还是从实际应用的效果来看均存在差异。

③疫苗的运输保存不合要求也会影响效果,运输途中如果冷冻、冷藏措施不力,活苗部分或全部变成死苗,肯定会影响免疫效果,再如长期保存期间,冰箱、冰柜断电,出故障等也会影响疫苗质量。

(4)**免疫缺陷**

这是犬、猫本身的问题。有先天性的免疫功能不全,即这种犬、猫对疫苗很少或完全不产生反应,也有后天性的,如犬、猫因某些内外因素而处于免疫抵制状态,通常说生病的犬、猫暂时不宜打防疫针就是为了避开免疫抵制状态。

(5)**其他**

如年龄的影响,过老、过幼的犬对抗原发生应答的能力比较差,体温过高、过低也有影响,防疫的同时使用一些免疫抵制类药物,可导致免疫反应性降低。

6.4.3 观赏鸟疾病的预防

家庭观赏鸟由于长期甚至一生都在人为的饲养条件下生活,饲料单一,运动量少,因此,其体质要比野生的鸟差,抗病力弱,很容易生病。倘若人们在饲养时对鸟照顾不周,诸如饥饱不匀、饲料变质、饮水污染、天气骤变等都会导致疾病的发生。为了及时了解鸟的健康状况,每天早晚都要细心观察鸟的精神状态、取食、饮水、粪便等情况是否正常,如发现异常(如精神萎靡、不爱活动、不上杠、长趴笼底、不爱鸣叫),应及时治疗。

为了预防和消灭观赏鸟的疾病,将其危害性限制在最低限度,在养鸟实践中,必须切实抓好“养、防、治、消”的综合防治措施,消除或切断疾病发生和流行的传染源、传播途径和易感鸟这3个环节之间的相互联系和相互作用。

1)养

养是指平时必须搞好饲养管理,即合理搭配饲料,满足鸟的正常生理需要。做好清洁卫生工作。养是防治工作的基础,是增强鸟的体质,提高抗病能力,保证健康生长发育和繁殖的基本措施。

2)防

防是指通常所说的防疫。目前,有些鸟类的疾病尚无特效药可用。在这种情况下,采用药物预防和免疫接种的方法来预防疾病就显得特别重要。家禽的免疫接种已广泛采用,研究也较深入,但对观赏笼养鸟的免疫接种报道不多。

3)治

治是指疫情发生后,采取必要和恰当的措施对病鸟进行治疗,以减少损失和促进病鸟的早日康复。同时,对受威胁的健康鸟也采取必要的措施,进行疫苗接种或作药物预防。

4)消

消是指消除和杀灭鸟所在的生活环境中的病原体,以预防鸟传染病的发生和传播。养鸟者要结合自己养鸟的规模和实际情况建立起一套完整的消毒制度,以预防各种疾病的发生。

6.4.4 淡水鱼疾病预防

观赏鱼长期生活于优越的环境中,单位养殖面积小,对水质管理较严格、细致,种苗淘汰率高,与外界接触少,交叉感染疾病的机会很少。许多观赏鱼,特别是热带鱼的体型多小巧玲珑,它们娇生惯养,生活在适温环境中,觅食量与活动量较小,受外界气候、饲养条件变化的干扰少,故抗病能力较差。目前,观赏鱼鱼病的防治,本着“养是基础,预防为主,防重于治,防治结合”的原则,做到无病先防,有病早治,以便控制鱼病的发生和流行。

本章小结

本章对宠物的日常健康护理(包括毛发护理、局部护理和洗澡)及疾病预防进行了详细阐述。通过对本章的学习,能了解宠物毛发护理、局部护理、洗澡和预防疾病的目的、操作程序和方法,并重点掌握具体的操作技术。

复习思考题

1. 阐述为犬洗澡的全过程。
2. 画出并说明公犬和母犬剃腹毛的位置。
3. 画出并说明公犬和母犬剃脚底毛的位置。
4. 犬的日常护理中有哪些注意事项?
5. 阐述犬、猫的驱虫和免疫接种程序,并说明应注意的事项。

第7章 宠物美容

本章导读：本章系统地阐述了宠物美容的理论知识和专业技能，内容包括目前最常见的贵宾犬、北京犬、博美犬、西施犬、标准雪纳瑞、宠物猫等宠物的品种标准、基础护理及其造型修剪方法。通过学习，要求能了解常见宠物品种的起源、历史及标准，掌握它们的具体造型修剪技术，能够从事宠物美容的全程技术工作。

7.1 贵宾犬的标准与美容技术

7.1.1 品种标准

1)起源

贵宾犬是一种历史悠久的品种，原产于德国，最早作为水猎犬。贵宾犬按体型分为3种：标准型、迷你型、玩具型。它们有着统一的标准。身体呈方形，身高（肩胛最高点到地面的垂直距离）与体长（胸骨前缘到坐骨结节后缘之间的水平距离）比例为1∶1。身高：迷你型贵宾犬为25.5～38 cm，玩具型贵宾犬在25.5 cm以下，标准型贵宾犬为38 cm以上。体毛分为多种颜色，均为单一色。毛质非常丰厚、粗密且富有弹性。贵宾犬的比赛造形分为芭比式、欧洲大陆式和英国马鞍式。宠物贵宾犬有多种造型变化。贵宾犬美容造型通常将脸部、颈部、脚部及尾根部毛剃光。

贵宾犬的毛必须定期梳洗、修剪，否则很快会变成乱糟糟的一团，定期美容有利于其身心健康，使爱犬免受毛发缠绕、皮肤病、耳部感染、指甲过长和寄生虫等不利因素的影响。

贵宾犬最早修剪造型为狮子式，为了便于更好地完成任务，将长长的毛剪短，可防止长毛浸水后变得沉重，肋骨后面毛发剪掉是为了方便跑动，关节上面保留一簇毛用于保暖的，肋骨外部保留长毛是为了保护心脏和胸腔免受寒冷的侵袭。古老的狮子型是传统展示的先驱，而现代的修剪更体现了贵宾犬的优雅。

2)历史

迷你贵宾和玩具贵宾可能是由标准贵宾与马尔济斯及哈威那杂交而培育出来的小

型品种。标准贵宾本来是被培育成猎犬的，而迷你贵宾和玩具贵宾仅仅是伴侣犬。贵宾犬流行于路易十四至路易十六时期的法国宫廷，迷你贵宾和玩具贵宾则出现在17世纪的绘画中。这种犬在18—19世纪的马戏团中也十分流行。贵宾犬是19世纪末被首次介绍到美国的，但直到第二次世界大战结束后才开始流行，并将最流行品种的荣誉保持了20年。目前，贵宾犬分两大类：标准贵宾首先是猎犬，其次是宠物犬，而迷你贵宾和玩具贵宾仅仅是宠物犬。除了大小不同之外，两大类在标准上完全一致。

3）体型

贵宾犬的外观标准对于标准型、迷你型、玩具型的贵宾犬来说，除了高度外，各项指标的标准都是一样的。贵宾犬是很活跃、机警而且行动优雅的犬种，拥有很好的身体比例和矫健的动作，显示出一种自信的姿态。经过传统方式修剪和仔细地梳理后，贵宾犬会显示出与生俱来的独特而又高贵的气质。

（1）尺寸、比例

①标准型。身高超过15英寸(38 cm)。任何一种标准型贵宾犬身高等于或小于15英寸都会在竞赛中被淘汰。

②迷你型。身高小于或等于15英寸(38 cm)，高于10英寸(25.5 cm)。任何一种迷你型的贵宾犬超过15英寸或等于、小于10英寸都会在竞赛中被淘汰。

③玩具型。身高小于或等于10英寸(25.5 cm)。任何一种玩具型贵宾犬超过10英寸都会在竞赛中被淘汰。

（2）体形大小

区分玩具型和迷你型贵宾犬的唯一标准就是体形大小。体态匀称，令人满意的外形比例应该是：从胸骨前缘到坐骨结节后缘的水平距离近似等于肩部最高点到地面的垂直距离。前腿及后腿的骨骼和肌肉都应符合犬的全身比例。

4）头部和表情

①眼睛。非常黑，形状为椭圆形，眼神机灵，成为聪慧表情的重点。主要缺陷：眼睛圆、突出，大或太浅。

②耳朵。下垂的耳朵紧贴头部，耳根位置在眼睛的水平线或者低于眼睛的水平线，耳廓长、宽，表面上有浓密的毛覆盖。但是，耳朵不能过分的长。

③头部。小而圆，有轻微突出。鼻梁、颊骨和肌肉平滑，从枕骨到鼻梁的长度等于口鼻的长度。

④口鼻。长、直且纤细，唇部不下垂。眼部下方稍凹陷。下颚大小适中，轮廓明显，不尖细。主要缺陷：下颚不明显。

⑤牙齿。白而坚固，呈剪状咬合。主要缺陷：下颚突出或上颚突山，齿型不整齐。

⑥面部缺陷。鼻子、嘴唇和眼眶颜色不一致，或这些部分的颜色与犬全身颜色不协调。

5）颈部、背线

脖子的比例匀称，且结实、修长，足以支撑头部，显出其高贵、尊严的品质。咽喉部的皮毛很软，脖子的毛很浓。由平滑的肌肉连接头部与肩部。主要缺陷：母羊脖子。

背线是水平的，从肩胛骨的最高点到尾巴的根部既不倾斜也不成拱形，只有在肩后有一个微小的凹陷。

6)躯干

胸部宽阔舒展,富有弹性的肋骨。腰短而宽,结实、健壮,肌肉匀称。尾巴直,位置高并且向上翘。截尾后的长度足够支持整体的平衡。主要缺陷:位置低、卷曲,翘得过于靠后。

7)前躯

强壮,肩部的肌肉平滑、结实。肩胛骨闭合完全,长度近似于前腿上部。主要缺陷:肩部不平、突出。

前肢直,从正面看是平行的。从侧面看,前肢位于肩的正下方。脚踝结实、狼趾可能会被剪掉。脚较小,形状成卵状,脚趾成弧状排列。脚上的肉垫厚、结实。脚趾较短,但可见。脚的方向既不朝里也不朝外。主要缺陷:腿软、脚趾分开。

8)后躯

与前躯平衡。后肢直,从后面看是平行的。肌肉宽厚。后肢膝关节健壮、结实,曲度合适;股骨和胫骨长度相当;跗关节到脚跟距离较短,且垂直于地面。站立时,后脚趾略超出尾部。主要缺陷:母牛式跗关节。

9)被毛

(1)品质

①粗毛:自然、粗糙的质地,被毛非常浓密。

②软毛:紧凑、平滑垂下、长度不一。在胸部、身侧、头部和耳朵等部位的被毛较长,关节部位的毛发相对短而蓬松。

(2)修剪

不满12个月的贵宾犬常被修饰成"芭比式"。在通常的分类标准里,满12个月或大于12个月的犬必须修剪成"英国马鞍式"或"欧洲大陆式"。种犬和参加非竞争性展示的犬可被修剪成猎犬型。其他任何类型的犬都会被淘汰出竞赛。

①"芭比式"(如图7.1)。不足1岁的贵宾犬可能被修剪为留有长毛的幼犬型。这种形态的犬要修剪面部、喉部、脚部和尾巴下部的毛。修剪后的整个脚部清晰可见,尾部被修饰成绒球状。为了使其外形整洁、优雅,保证其流畅的视觉效果,允许适当修饰全身的皮毛。

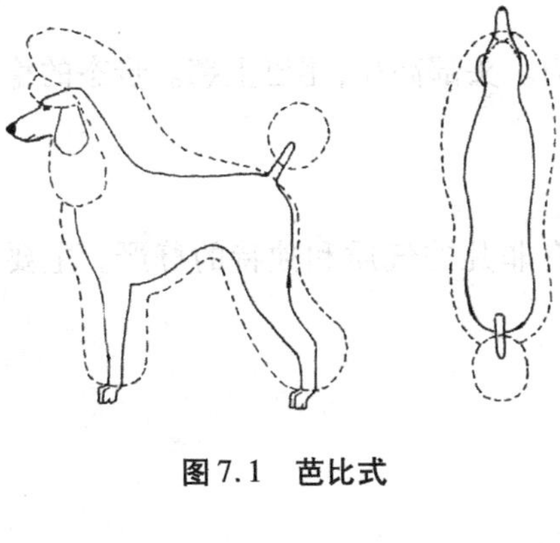

图7.1 芭比式

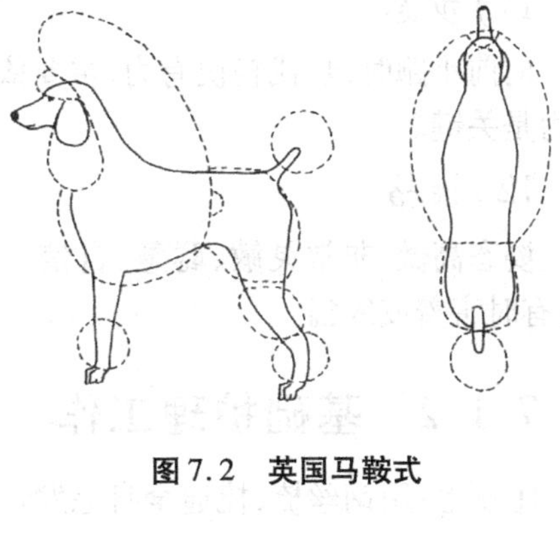

图7.2 英国马鞍式

②"英国马鞍式"(如图7.2)。英格兰鞍型犬的面部、喉部、前肢和尾巴底部的毛需要修剪。修剪后,前肢的关节处留有一些毛,尾巴的末梢被修剪成绒球状。后半身除了身体两侧和两条后腿上各留出两片弧形的、修饰过的皮毛外,其余部分全部剪短,修剪后可露出整个脚部,前肢飞节以上的部分也清晰可见。其他部分的皮毛可以不用修剪,但为了保证贵宾犬整体的平衡,可以适当修整。

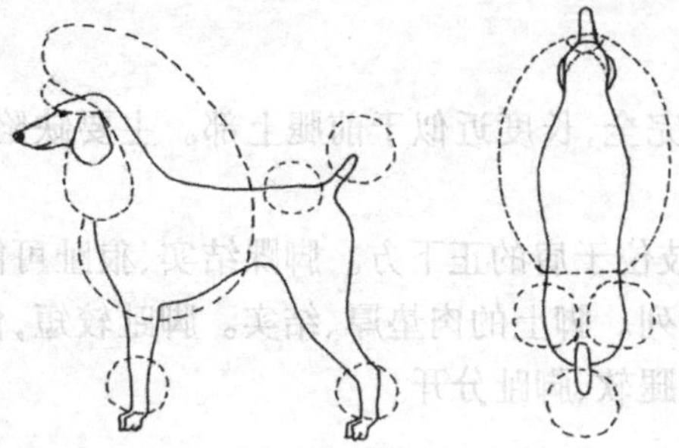

图7.3 欧洲大陆式

③"欧洲大陆式"(如图7.3)。修剪面部、喉部、脚和尾巴底部。犬的后半身在臀部被修剪成绒球状,其余剪净。修剪后,整个脚部和前腿关节处以上的部位都露了出来。身体其他部分的皮毛,可以不用修剪,但为保持整体的平衡,可以适当修整。

④"猎犬型"。在猎犬型贵宾犬的修剪中,面部、脚部、喉部和尾巴底部得到修剪,只留下一团剪齿状的帽型皮毛,尾巴底部也被修饰成绒球状。为了使整个身体轮廓清晰流畅,躯干的其他部分包括四肢的毛应不超过一英寸,四肢的毛可以比躯干的毛略长。

在所有形态的修剪中,头部的毛发可以留成自然状或用橡皮筋扎起米。只有头部的毛发长度相当时,犬才能显出流畅完美的外观。"头饰"仅指头骨,即鼻梁至枕骨这部分的毛发,只有在这个部位,橡皮筋才有用武之地。

10)颜色

毛色均匀、一致。贵宾犬有青灰色、灰色、银白色、褐色、咖啡色、杏色和奶油色,同一种颜色也会有不同的深浅,通常是耳朵和颈部的毛色深一些。通体同色为上品,但毛色中自然的深浅变化也不视为缺陷。褐色和咖啡色的贵宾犬通常有着肝褐色的鼻子、眼眶、嘴唇,深色的脚趾甲和深琥珀色的眼睛。而黑色、青灰色、灰色、银白色、奶油色和白色的贵宾犬通常有黑色的鼻子、眼眶和嘴唇,黑色或本色的脚趾甲和深色的眼睛。而杏色的犬拥有上述的这些颜色都还不错,如果是肝褐色的鼻子、眼眶、嘴唇和琥珀色的眼睛也可以,但已不是上品。

杂色的犬都会被淘汰出竞赛。所谓杂色,即其身上的毛色并非均匀、一致,而是由两种或两种以上颜色组成。

11)步态

向前小跑时,步伐轻快有力,主要依靠后肢发力。头部高昂,尾巴上翘。步态的稳健有力是关键。

12)性格

姿态高傲,非常灵敏、聪慧、自信。贵宾犬拥有非凡的气质和独特的尊严。主要缺陷:有时害羞或凶猛。

7.1.2 基础护理工作

①刷毛:用钢丝梳,梳通全身毛发。

②清洗耳部:要拔耳毛。

③清洗眼睛:有污染,需用去泪痕洗眼水。

④修剪指甲:趾甲修剪尽量短,一般先剪脚毛再剪趾甲。

⑤洗澡:耳朵要塞棉花,挤肛门腺。

⑥吹干:一边吹干,一边梳理,一边拉直毛发,毛没拉直不允许修剪。

⑦修腹底毛:用10号刀头。

7.1.3 芭比式修剪法

1)电剪操作

(1)**脚部修剪**(**用15号刀头**)

①将电剪指着腿的方向,从趾甲开始剪去顶部及两侧的毛,修剪至脚的末端为止。

②脚修剪完后,趾甲上不应该有任何碎毛,脚底部平滑。

(2)**面部修剪**(**用15号刀头**)

①首先在眼角处修一条平直线,从耳朵前向开始到外眼角,剪去耳前部所有的毛发。

②继续剪去脸颊及脸两侧的毛发。

③两侧脸部修完后,在两眼之间剪一个倒"V"字形。

④抬起犬的头,从喉结下方开始剪到双耳孔,修剪过的部位呈"V"字形的项链状。

(3)**尾巴修剪**(**用15号刀头**)

①尾根部修剪1/3毛发。

②一手抓住犬的尾巴,修剪尾根后下方至肛门止,使修剪部位呈"V"字形。

③修剪尾根前方,以尾根的宽度为基准,使修剪的部位呈倒"V"字形,连同尾根呈等边三角形。

④根据尾巴的长短,调整毛团的位置。

2)手剪操作

(1)**修剪股线**

剪刀刃的中点紧贴尾根,剪刀倾斜45°将臀部修剪成倾斜平面。

(2)**修剪背部**

从臀部股线向前延伸到肩胛,剪刀尖朝上,剪刀倾斜15°~20°,将背腰部修剪成倾斜平面。如果背部不规则,可以通过修剪来弥补。

(3)**修剪后肢**

①后肢内侧。两后肢之间修剪成"A"字形或者是上细下粗的喇叭形。

②后肢外侧。从背部边缘到脚外侧修剪成与内侧相呼应的斜面。

③后肢后侧。从股线下缘到生殖器最高点修剪成一个垂直面,也可以修剪成生殖器最高点稍向里倾斜10°左右的斜面。生殖器最高点至飞节修剪出向下的弧线。飞节以下,修出45°转折。

④后肢前侧。从大腿至脚尖修剪成弧线,注意与后侧相响应。

⑤袖口。用梳子将脚踝处的毛垂直向下梳,将低于脚踝处的毛剪去,剪刀刃倾斜45°

将袖口修成碗底形。

⑥修圆后肢。将后肢4个面之间用圆弧连接,使后肢呈倾斜的圆柱形,股线与后肢外侧作圆弧连接。

(4)修剪腰部

腰一般定在前胸与坐骨端之间的后1/3的前缘,剪刀尖朝上,在腰所处位置稍作收腰处理,注意腰部不能太明显。

(5)修剪腹线

将腹线最高点定在公犬生殖器前端,母犬的肚脐后方,修剪出向上的弯度,与后肢的毛自然过渡。将胸的最低点定在前肢的肘部,与腹线的最高点自然衔接。

(6)修剪侧身

由背线至下腹线作弧线修剪,注意胸侧不能修剪过平,从腰部到肩部外侧修剪成30°的放射状圆桶形。

(7)修剪前胸

①颈部的毛与前胸的毛自然衔接。

②前胸修剪成扁平状或圆弧形,前胸毛不可留下太多,以免使身体过长,与胸部最低点衔接成圆弧形。

(8)修剪前肢

袖口的修剪方法与后肢相同。前肢整体修剪成与地面垂直的圆柱形,注意将两前肢之间的毛水平修剪至肘关节,与下腹线的毛自然衔接。前肢修剪时略突出前胸即可。内侧的毛应先比较两腿的间距,再作长短的修剪。如果腿间距不正常,可以通过修剪来弥补。

(9)头饰修剪

头饰作圆形修剪,要丰满有立体感并与身体自然衔接。

①头饰正面。头毛向上梳理,剪刀刃向外倾斜45°,剪刀置于两眼睛外眼角之间,紧贴额段将头毛正面作斜面修剪。

②头饰侧面。头毛向上梳理,剪刀刃向外倾斜45°,剪刀置于外眼角与耳根前侧之间,紧贴头皮将头毛侧面作斜面修剪。再将剪刀置于耳根位,剪刀刃垂直将多出耳根的头毛剪掉。将剪刀置于耳根后侧与颈部外侧之间,剪刀尖朝下,垂直修剪颈部外侧。

③修圆头饰。从正面、后面、侧面不停变换角度将头饰剪成圆形。并将头部的毛与颈部作拱形衔接。注意头饰最高点在眼睛正上方,头饰的高度与犬体型大小协调。

(10)修剪颈部

将剪刀置于颈部剃光毛发的"V"字边缘,修剪到肩外侧。再将剪刀置于耳根后侧与颈部外侧之间,修剪到肩外侧。这两个位置修剪时注意作小的圆弧过渡,不要将颈部剪得过细。

(11)修剪耳朵

耳朵毛顺毛梳理,将耳朵边缘修剪成圆弧形,注意耳朵毛尽可能留长。

(12)**修剪尾巴**

将尾尖的长毛拉起,使尾巴竖起后,将尾部的长毛修剪成球形,要多角度修剪。注意修剪后的尾巴最高点与耳根在同一水平线上。

7.1.4 贵宾犬的身体畸形纠正

1)贵宾犬的腿部畸形修剪(如图7.4)

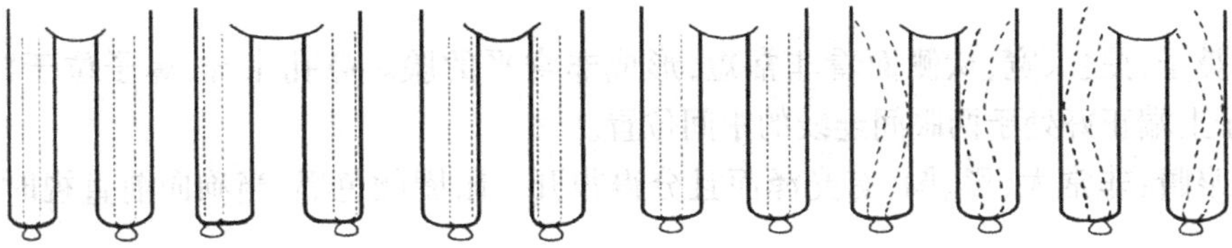

图7.4 贵宾犬的腿部畸形修剪

2)贵宾犬的背部异常修剪(如图7.5)

图7.5 贵宾犬的背部异常修剪

3)贵宾犬的尾部异常修剪(如图7.6)

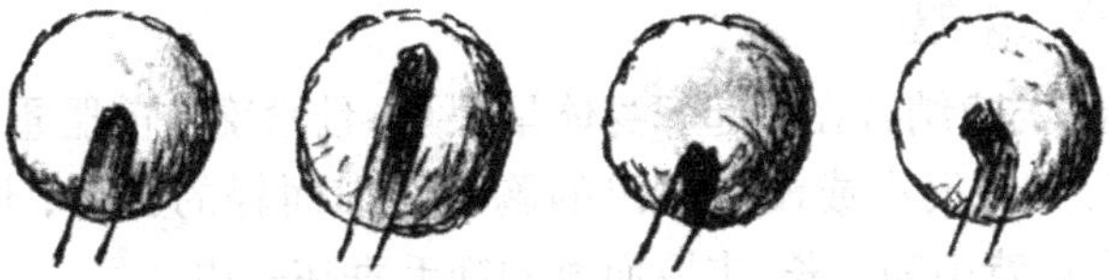

图7.6 贵宾犬的尾部异常修剪

7.2 北京犬的标准与美容技术

7.2.1 品种标准

1)简介

北京犬原产于中国,是世界上历史最悠久的犬种之一。清末年间,慈禧太后在宫中请人专门饲养北京犬。八国联军侵入中国时,在皇宫发现了5只北京犬,带回英国,并将其献给了维多利亚女王。

北京犬是一种平衡良好、结构紧凑的玩赏犬,前躯重而后躯轻。表现欲强,其形象酷似狮子。它代表着勇气、大胆、自尊、漂亮、优雅和精致。

2)头部

①头颅:头顶骨骼粗大、宽阔且平(不能是拱形的)。头顶高,面颊骨骼宽阔,宽而低的下颚和宽宽的下巴组成了其面部结构。从正面观察,头部宽大于高,造成了头面部的矩形形状。从侧面看,北京犬的脸必须是平的。下巴、鼻镜和额部处于同一平面。当头部处于正常位置时,这一平面应该是垂直的,但实际上是从下巴到额头略向后倾斜。

②鼻子:黑色、宽,从侧面看非常短,形成非常平的脸。鼻孔张开,鼻子位于两眼中间,鼻子上端正好处于两眼间连线的中间位置。

③眼睛:非常大、黑、圆,有光泽而且分得很开。眼圈颜色黑,当狗向前直视时,看不见眼白。

④皱纹:非常有效地区分了脸的上半部分和下半部分。从皮肤皱褶开始到面颊有毛发覆盖,中间经过一个倒"V"字形皱纹延伸到另一侧面颊。皱纹既不过分突出以至于挤满整个脸,也不会太大,以至于遮住鼻子和眼睛而影响视线。

⑤止部:深,看起来鼻梁和鼻子的皱纹完全被毛发遮蔽。

⑥口吻:非常短、宽,配合了高而宽的颧骨。皮肤是黑色的。胡须添加了东方式的面貌。下颚略向前突。嘴唇平,当嘴巴闭合时,看不见牙齿和舌头。过度发达的下巴和不够发达的下巴同样不受欢迎。

⑦耳朵:心形耳,位于头部两侧。正确的耳朵位置加上非常浓密的毛发造成了头部更宽的假象。

任何颜色的北京犬的鼻镜、嘴唇、眼圈都是黑色的。

3)颈部、背线、身躯

颈部非常短、粗,与肩结合在一起。身体呈梨形,且紧凑。前躯重,肋骨扩张良好,挂在前腿中间。胸宽,突出很小或没有突出的胸骨。细而轻的腰部,十分特殊。背线平。尾根位置高,翻卷在后背中间。长、丰厚而直的饰毛垂在一边。

4)四肢

前肢短,粗且骨骼粗壮。肘部到脚腕之间的骨骼略弯。肩的角度良好,平贴于躯干,肘部总是贴近身体。前足爪大、平且略向外翻,后肢骨骼比前躯轻。后膝和飞节角度柔和。从后面观察,后腿适当地靠近、平行,脚尖向前。前躯和后躯都要求很健康。

5)外观标准

头部大,黑黑的大眼睛,扁鼻短嘴,极短的四肢。心形垂耳,弯曲尾巴。

6)被毛

①身躯被毛:被毛长、直,而且有丰厚柔软的底毛盖满身体,脖子和肩部周围有显著的饰毛,比身体其他部分的被毛稍短。长而丰厚的被毛比较理想,但不能影响身体的轮廓外观,也不能忽略正确的被毛结构。

②饰毛:在前腿和后腿后边,耳朵、尾巴、脚趾上有长长的饰毛。脚趾上的饰毛要留着,但不能影响行动。

7)体型

如果举起北京犬的话,会发现它惊人的沉重。它身材矮胖,肌肉发达。它的重是与前躯骨量有密切关系的。体重不能超过6.35 kg,这一点不能忽略。其比例为:体长略大于身高。整体平衡极其重要。

8)颜色

允许所有的颜色,所有颜色一视同仁。

9)步态

步态从容高贵,肩部后略显扭动。由于弯曲的前肢、宽而重的前躯,轻、直和平行的后肢,所以会以细腰为支点扭动。扭动的步态流畅、轻松,而且可能像弹跳、欢蹦乱跳一样自由。

10)性格

北京犬只对自己的主人亲近。它性格自信、固执、高傲、独立,对外面的世界有些无动于衷,但对主人则表现出完全地投入、忠诚和关爱,并有独自占有的欲望。它不信任陌生人,主观意识强,是出色的看家犬。北京犬有帝王的威严、自尊、自信、顽固且易怒的天性,但对获得其尊重的人则显得可爱、友善且充满感情。这是它有别于其他犬的地方,它是令人愉快、使人着迷的家庭宠物,尤其适合仅有成人的家庭。

7.2.2 基础护理工作

①刷毛:用针梳先梳理,再用美容师梳梳理通顺。注意耳后容易打结。

②清洗眼部:可用洗眼水及棉花清理眼垢,同时,清洗鼻梁与眼睛之间的褶皱部位以保持干爽,防止眼睛感染及发出异味。

③清洗耳部:无耳毛,只用洗耳水清洗外耳道和耳廓。

④修剪趾甲:采用侧卧式保定法固定后修剪趾甲时,中间注意休息,不要因保定时间过长,使犬喘不上气而休克。

⑤洗澡:耳朵要塞棉花,挤肛门腺。

⑥吹干:用针梳一边梳一边吹。

⑦修剪脚底毛。

⑧修腹底毛:用10号刀头。

7.2.3 造型修剪

1)手剪造型

(1)修剪肛门

用牙剪修剪覆盖在肛孔周围的被毛,以露出肛孔,注意范围不能太大。

(2)修剪臀部

中间有一假想线分开左右两部分,中间界限不可过于明显。然后用直剪将臀部修成“苹果状”。

(3)修剪后肢

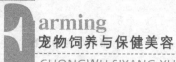

飞节以上依腿的粗细用牙剪修剪出浑圆感,似"大鸡腿状";飞节以下修剪整齐,呈小圆柱形。后脚用直剪围绕脚趾边把毛剪齐呈圆形,注意不要露脚趾。

(4)修剪尾巴

用手捏住尾尖,使尾巴与身体成一条直线,尾巴饰毛向下梳理,用直剪修剪成菜刀形或半月形,注意饰毛尽量留长。

(5)修剪腰部

用牙剪在体长中1/3与后1/3交接处适当收腰处理,注意腰部不要过于明显。

(6)修剪侧身

侧身上2/3的毛尽量不修,下1/3的毛用牙剪修剪成圆弧形。

(7)修剪腹线

用牙剪修剪成船底形。

(8)修剪前肢

用牙剪将前肢后侧饰毛倾斜45°修剪,与腹线自然连接。其他两面依前肢的粗细剪出浑圆感,使整个前肢形状似"小鸡腿状"。前脚用直剪修圆。

(9)修剪前胸

用牙剪从下颚至胸部作饱满地圆弧修剪,中心点尽量上提,要求前胸有圆滑及隆起形状,并将胸部最下端与腹线结合自然。

(10)修剪头部

头部和耳朵上饰毛尽量不修剪。如果头顶太圆,可适当修平。

2)电剪操作

(1)狮子装

①将犬肩胛骨以前的毛向前梳理,用7F刀头自肩胛骨向后剃至犬的坐骨端,尾巴剃2/3之后,尾尖的毛1/3修成毛笔状。

②前后肢修剪自然,脚修圆。

③臀部修剪整齐。

④前胸剪去多余的毛,使之成为狮子状的胸毛。

⑤用牙剪修剪腹部与电剪的衔接处。

(2)夏装

①将颈部以前的毛向前梳,用4F刀头向后剃至坐骨端。

②留头及脖子周围的饰毛。

③尾部剃至1/2处,尾尖修成毛笔状。

④前后修剪自然,脚修圆。

⑤用牙前修剪腹部与电剪衔接处。

7.3 博美犬的标准与美容技术

7.3.1 品种标准

1)起源

博美犬属尖嘴犬系品种,祖先为北极的雪橇犬,因此,该犬与荷兰毛狮犬和挪威糜缇关系密切。据有关博美犬的最初记载,此犬来自波兰及德国沿海交界地的泼美拉尼亚地区,当时,这些犬被用于看守羊群。

1750年,博美犬传到欧洲各国,其中包括意大利。当维多利亚女王访问意大利时,佛罗伦萨的百姓们赠送女王一只博美犬,此犬亦深受女王的宠爱。早期的博美犬体型较大,19世纪以来,经过筛选配种而成为今天被毛蓬松柔软、颜色鲜明的小型犬。

2)体型

博美犬的体重范围是1.36~3.18 kg。体长要略小于肩高,从胸到地面的距离等于肩高的一半。骨量中等,腿的长度与身体结构保持平衡。触摸时,感觉它很结实。

3)头部

头部与身体相称,口吻短、直、精致,能自由地张嘴却不显得粗鲁。表情警惕,可以说有点像狐狸。头骨密合,颅骨略圆,但不能呈拱形。当从前面或侧面看时,能看见位置很高且竖立的小耳朵。如果想象有一条线从鼻尖出发,穿过两眼中间和耳朵尖,你能发现博美的头部是呈楔状的。眼睛颜色深、明亮、中等大小且呈杏仁状。主要缺陷:颅骨太圆呈拱形,上颚突出或下颚突出。

4)颈部、躯干、尾巴

颈部短,与肩结合的位置正好能使头高高昂起。背短,背线水平。身躯紧凑,肋骨扩张良好,胸深与肘部齐平。羽毛状尾巴是这个品种的特征之一,直直地平放在背后。

由于博美的肩膀足够靠后,使其颈部和头能高高昂起,肩膀和腿的肌肉适度发达,肩胛的长度与上臂相等。前腿直而且相互平行,从肘部到肩隆长度与从肘部到地面的长度大致相等,腕部直而且结实。主要缺陷:脚腕低。

后躯与后腿和臀部与后躯成恰当的角度。大腿肌肉比较发达,后肢膝关节适度倾斜,形成清晰的轮廓。飞节与地面垂直,腿骨直且两条后腿相互平行。足爪呈拱形、紧凑,既不向内翻也不向外翻。趾甲前伸,如果后腿有狼爪,可以切除。主要缺陷:牛肢或后腿、后膝关节缺乏稳定的支撑结构。

5)被毛

被毛为双层被毛,底毛柔软而浓密。被毛长、直、光亮且质地粗硬。厚厚的底毛支撑起外层被毛,使其能竖立在博美的身体上。脖子、肩膀前面和前胸的被毛浓密,在肩和胸前形成装饰。头部和腿部的被毛比身体其他部分的被毛短,紧贴身体。前肢的饰毛延伸到脚腕,尾巴上布满长的、粗硬的、散开的且直的被毛。为了使轮廓清晰、整洁而作的修剪是允许的。主要缺陷:被毛软、平、稀。

除白色以外，所有的颜色、图案、变化都可以接受，并一视同仁。图案为褐色或棕色。清晰的棕色或铁锈色斑纹分布在眼睛、口吻、喉部、前胸、腿和尾巴等部位。棕色多一些比较理想。斑点的基本颜色是金色、红色或橘色，上面布满黑色十字斑纹。在颜色搭配上，白色加其他颜色斑纹，头部有白筋比较理想。在专业比赛中，把颜色分为3类：红色类包括红色、橘色、奶油色和紫貂色；黑色类包括黑色、褐色和蓝色；其他颜色类包括除红色类和黑色类的其他任何颜色和图案的变化。

6）步态

步态流畅、轻松、和谐而且活泼，有良好的前躯导向和有力的后躯驱动。每一侧的后腿都与前腿在同一直线上移动。腿略向身体中心线汇聚，以达到平衡。前腿和后腿既不向内翻也不向外翻，背线保持水平而且整体轮廓保持平衡。

7）性格

博美犬性格外向、活泼调皮、聪明，非常容易融入家庭，但一般会与一名家庭成员特别接近而视他为领袖。博美犬是非常优秀的伴侣犬，同时也是很有竞争力的比赛犬。但它尖锐的吠声，好奇和集中注意的性格能充当对陌生人的一种警报。博美犬可以群体生活，通常对同类十分友善，但如遇到其他有攻击性的犬，会不顾一切地反击，就算面对比它大几倍的犬也是如此。

7.3.2 基础护理工作

①刷毛：用木柄针梳逐层梳理，再用美容师梳梳通梳顺，注意耳后、耳根部位容易打结。

②清洗耳部：无耳毛，耳道窄，棉棒不可做得太大。

③修剪趾甲：趾甲尽量剪短。

④洗澡：耳朵要塞棉花，挤肛门腺。

⑤吹干：逆毛吹干吹透。

⑥修剪脚底毛。

⑦修剪腹底毛：用10号电剪。

7.3.3 造型修剪

1）修剪肛门周围的被毛

用牙剪修剪覆盖在肛孔周围的被毛，以露出肛孔，注意范围不能太大。

2）修剪股线

牙剪刃中点紧贴尾根，剪刀倾斜45°，在尾根周围平行移动，将其修剪成一个倾斜平面。

3）修剪尾巴饰毛

①将尾巴饰毛全部向上拉起，用牙剪将尾根至尾尖方向约2 cm长度的毛剪短。修剪尾根前后位置时，剪刀刃紧贴尾根垂直修剪。修剪尾根左右部位时，剪刀尖朝前呈倒“八”字形，剪刀刃倾斜45°修剪。

②将尾巴饰毛拉起放于背上用手拉住尾尖，毛尖最长不可超过顶骨，长出的部分应剪去。

③手指捏住尾尖，将尾巴饰毛外翻在背上，两边饰毛自然分开，用直剪将其修剪成“扇形”，注意扇面宽度与其身体宽度保持一致。

4）修剪臀部的毛

①直剪垂直臀部，紧贴肛门向下垂直修剪，将臀部分成左右两半，注意缝隙不能太宽。

②用梳子将臀部的毛向上挑起，先定好将臀部修成半圆弧形的最高点，最高点应在整个臀部上1/3与中1/3交接处（坐骨端），此点以上与股线圆弧连接。

③根据犬的体型定出臀部修剪的大小，由半圆弧的最高点向下到飞节作弧线修剪。

④由臀部后沿身体方向向前作弧线修剪，切记不可将博美犬的臀部修剪得过于肥大，应有好的比例。

⑤博美犬的臀部可以修剪成一个完整的圆，也可修剪成两个半圆，还可根据顾客的要求来完成。

5）修剪后肢的毛

飞节以上依臀部的形状修剪出浑圆感，侧视呈“大鸡腿”形。飞节以下逆毛梳起，用牙剪修剪成饱满的圆柱，后肢后侧不能剪得过短，适量的毛有修饰腿部骨量的作用，将后脚的毛修剪成椭圆形。

6）修剪腰部

腰定在体长的中点，要微微收腰，但不要将后躯与前躯过分分开。

7）修剪躯干的毛

整个背部要修剪成浑圆最好是由头至毛有一定斜度。胸侧部要修剪得饱满，不可修剪成扁平。胸部侧面应与腰部有连贯的衔接。

8）修剪腹线的毛

腹线最高点为膝关节前下方，最低点是前肢肘关节，两点之间直线相连。

9）修剪前肢的毛

将前肢水平拉起，同时，将前肢的饰毛向下梳理，由腕部至肘部用斜线修剪，肘部最长处的毛应与腹线衔接。前肢后饰毛修剪后呈三角形，前脚修剪呈圆形。

10）修剪前胸的毛

前胸最为重要，修剪后一定要给人以挺胸抬头的感觉。修剪前，应定好前胸的最高点为喉结。先用直剪修剪成饱满的圆弧，再用牙剪细细打理一遍。胸部不能收窄，应宽阔浑圆，胸骨下方应及时收至胸下部最低点，即前肢的肘关节，向后与腹线相连。

11）修剪耳朵的毛

用拇指指尖按着耳朵，用剪刀尽量修剪指尖以外的毛，修成小圆耳朵，但不能剪到耳朵皮肤。耳根处的毛应与头顶部及颊部的毛相连接呈圆形，将两耳埋于其间。

12）修剪胡须

脸部胡须应剪掉，但也可根据客人的要求不作修剪。

7.4　西施犬的标准与美容技术

7.4.1　品种标准

1)简介

西施犬原产于中国,17世纪由西藏被带入中原。它结实、活泼、机警,身高为20.3~27.9 cm,体重4.08~7.26 kg。西施犬有长长的双层被毛,浓密华丽,下垂,头部的被毛多系成小辫子。颜色为多种颜色或斑纹。西施犬的美容有多种变化,特别是头部可以留毛扎辫子,也可以剪出平头、圆头、日式头等多种可爱的造型。

西施犬是一种结实、活泼、警惕的玩赏犬,有两层被毛,毛长而平滑。其中国祖先具有高贵的血统,是一种宫廷宠物。所以,西施犬非常骄傲,总是高傲地昂着头,将尾巴翻卷在背上。

2)体型

理想的尺寸是肩高23~27 cm,但不能低于20 cm或高于28 cm。

3)头部

头部圆且宽,两眼之间开阔。其缺陷为:头窄,眼睛距离近。表情热情、和蔼,眼睛大睁,友好而充满信任。眼睛大而圆,不外突,两眼间距离恰当,视线笔直向前。眼睛颜色非常深。肝褐色和蓝色犬的眼睛颜色浅。其缺陷为:眼睛小,距离近,浅色眼睛,眼白过多。耳朵大,耳根位于头顶下略低一点的地方,长有浓密的被毛。脑袋呈圆拱形,眉头清晰。口吻宽、短,没有皱纹。口吻前端平,下唇和下颌不突出,也不后缩。其缺陷为:眉头不清晰。鼻孔宽大、张开。鼻、嘴唇眼圈应该是黑色的(除了肝褐色和蓝色的狗鼻和眼眶的颜色与身体一致)。其缺陷为:粉色的鼻子、嘴唇或眼圈。下超咬合。其缺陷为:上颚突出式咬合。

4)颈部、身躯

颈长足以使头自然高昂,并与肩高和身长相称。背线平,身躯短而结实,没有细腰或收腹。其缺陷为:腿长;胸部宽而深,肋骨扩张良好,但是不能出现桶状胸。

肩的角度良好,平贴于躯干。腿直,骨骼良好,肌肉发达,分立于胸下,肘紧贴于躯干。

后躯角度应与前躯平衡。后腿的骨骼和肌肉都很发达。

5)被毛

被毛华丽,双层毛,丰厚浓密,毛长而平滑,允许有轻微波状起伏。头顶毛用饰带扎起。

6)颜色

允许有任何颜色,而且所有颜色一视同仁。

7)步态

西施犬的行走路线直,速度自然,自然地昂着头,尾巴柔和地翻卷在背后。

8)性格

明快、活泼、敏捷好动，自命清高，西施犬主要是作为伴侣犬和家庭宠物，它的性情基本上是开朗、欢乐、多情的，对所有人友好而充满信任。

7.4.2 基础护理工作

①刷毛：用针梳先梳理，再用美容师梳梳理通顺，注意耳后容易打结。

②眼部清洗：可用洗眼水及棉花清理眼垢，以保持干爽，防止眼睛感染及发出异味。

③清洗耳部：需拔耳毛。

④洗澡：耳朵要塞棉花，挤肛门腺。

⑤吹干：一边梳一边吹，拉直毛发。不能用太热的风吹，否则毛会变干枯，损伤毛发。

⑥修剪趾甲：趾甲尽量剪短。

⑦修腹底毛：用10号刀头。

7.4.3 造型修剪

1)修剪肛门周围的毛

用牙剪修剪覆盖在肛孔周围的被毛，以露出肛孔，注意范围不能太大。

2)修剪臀部的毛

毛垂直向下梳理，用直剪修剪臀部的飞毛，使臀部被毛紧贴皮肤，呈扁平状。两后肢之间修剪成圆弧状或一条直线，注意被毛尽量留长。

3)修剪尾巴的饰毛

用手捏住尾尖，使尾巴与身体成一条直线，尾巴饰毛向下梳理，用直剪修剪成“菜刀”形，注意饰毛尽量留长。

4)修剪后肢的毛

顺毛梳理后肢被毛，左手顺着后肢，由上至下压紧脚掌周围的被毛，抬起脚掌，露出脚垫，用直剪以脚垫最高点为基准，剪平四周的被毛。让后肢自然站立，被毛顺毛梳理后，剪刀刃倾斜45°把脚掌修剪成“碗底”形。“碗底”不可过小，不能露出脚趾。如果脚形不正常，可通过修剪来弥补。把飞节以上的毛逆毛向上撩起，飞节以下的毛向四周梳开后修成圆柱形，注意圆柱与“碗底”大小一致。

5)修剪侧身、腹线的毛

后背毛沿背中线用分界梳分开左右两侧长毛，身体两侧被毛顺毛梳理，用直剪将飞毛修剪干净，使侧身平滑。修剪腹线时，如果腹侧毛很长，沿美容台边修齐，不能拖地；如果腹侧毛不够长，修剪整齐。

6)修剪前肢的毛

前脚用直剪修剪成碗底形。前肢肘关节以上的毛向上撩起，肘关节以下修成圆柱形。如果腿形不正常，可以通过修剪来弥补。

7)修剪前胸的毛

前胸被毛顺毛梳理,用直剪修剪飞毛,将前胸修饰整齐。

8)修剪头部的毛

(1)头顶长毛扎辫子

扎毛方向:内眼角—内眼角;外眼角—耳根;耳根—耳根。围成一圆圈,圈内毛呈弧线扎起,在眼部上方形成蓬松的毛团来美化犬的脸部。因西施犬的毛比较厚密,有时需要几根皮筋来完成,装饰上头花。

(2)圆头

采用"五刀剪"法。

①第一剪:下额毛向下梳理,找到喉结处,用直剪水平横剪。

②第二、第三剪:拉起耳朵,沿耳朵两侧垂直向下各一剪。

③第四、第五剪:把脸下方左右两个角修掉。

④用直剪把圆头的轮廓修剪好后,再用牙剪细细打理。将脸上的毛逆毛梳理,从鼻镜到喉结,从喉结到耳孔,从鼻镜到耳孔间作圆弧修剪,使面部呈圆球形。

⑤把1/2的头部毛往前梳。通过两外眼角横向一直剪,外眼角的毛用剪刀向斜下方作修剪,并且与脸部自然衔接。

(3)菊花嘴

用面虱梳将鼻子周围的毛挑起,用直剪在额段距鼻镜1 cm高处,将剪刀水平修剪鼻子上部的被毛,再向两边延伸,作大圆弧修剪到两侧脸颊最高点,仔细修剪鼻头、嘴唇周围的杂毛,使嘴巴周围的被毛呈菊花形状。

9)修剪耳朵的饰毛

耳朵上饰毛顺毛梳理,下边修剪成圆弧,与头部圆形协调,注意耳朵上饰毛尽量留长。

7.5 雪纳瑞的标准与美容技术

7.5.1 品种标准

1)体型

雪纳瑞是由德国人培育,用于守卫工作和陪伴的犬种,主要分为迷你型、标准型及大型3种。迷你雪纳瑞身高为30.5~35.6 cm,标准雪纳瑞身高为44.6~49.5 cm,巨型雪纳瑞身高为59.7~69.9 cm,身高与体长应该成正比,身体粗壮,骨骼发育良好,骨量充足,肌肉十分发达,拱形的眉毛和粗壮的胡须是该犬种的特征,而粗硬的被毛更衬托出其粗犷的外形。

2)颜色

雪纳瑞毛发的颜色有椒盐色、银黑色、纯黑色。

3)头部

①头。头部强壮、矩形,宽度从耳至眼逐渐缩小,至鼻尖进一步缩小。前额平坦。头顶骨平,相当长。前脸与头顶骨平行,额段平缓,前脸至少与头顶骨一样长。口吻部结实,与头骨相称,胡须丰厚,加强了头部的矩形效果。其缺陷为:头部粗犷,颊部圆、厚、突起。

②耳朵。需剪耳朵的饰毛,剪后,双耳外形和长度一样,尖角。与头部平衡,长度不能过度。位于头骨顶部,以内缘直立,沿外缘呈尽量小的钟形。不剪耳时,双耳小倒“V”形,折向头骨。

③眼睛。眼睛小、深褐色,深陷。椭圆形,表情丰富。有缺陷的眼睛:颜色淡,眼大、突出。

④嘴巴。呈剪状咬合,即当嘴闭上时,上门齿与下门齿交替,上门牙的内表面刚好与下门牙的外表面接触。

4)颈部、躯干、四肢、尾巴

①颈部。强壮,呈良好的弓形,与肩部连接自然,咽喉部皮肤紧绷。

②躯干和背线。躯干短而深,胸部延伸至少至肘部;肋骨曲率良好,深、很好地向后延展至短短的腰部;躯干下部在腰窝处不折起;背线直,从肩至尾根略下倾;肩部为身体最高点,从胸到臀的总长与肩部高度一样。其缺陷为:胸过宽或过窄,“空洞”的背或拱背。

③尾巴。需断尾,尾根高,直立。当犬的被毛长度合理时,尾部的长度只要在背线以上可以辨别出即可。其缺陷为:尾根过低。

④前躯。从各个角度看,前腿均直而平行。掌骨强壮,骨量好。胸深,将双前腿分开,避免收拢的前部形态。肘部紧靠,肋从第一条肋骨逐渐延伸,形成足够的空间使双肘可以紧靠身体活动。其缺陷为:肘松。肩有坡度,肌肉发达,但仍平坦而匀称。肩胛与垂直线有一定角度,从侧面看,肩胛顶端在肘部以上,与肘部呈垂直线。肩胛顶端紧靠在一起。肩胛斜向前向下成一角度,使前肢能充分前伸,没有粘滞。肩胛和上臂长,使胸有足够的深度。

⑤足。短而圆(类似猫足),足垫黑色,厚。脚趾弓,紧凑。

⑥后躯。肌肉强健,股骨倾斜,在膝关节处充分弯曲,有充分的角度。后半部不能过分高,不能高过肩。后掌短,垂直地面,从后而看,互相平行。

5)被毛

为双层被毛,外层为硬的刚毛,内层被毛紧密。头、颈、耳朵、胸、尾、躯干要拔毛,拔毛的犬是用于比赛的犬,宠物犬可以用电剪,颈部、双耳和头骨覆毛紧密。修饰毛厚但不柔软。

6)步态

从前面看,前腿肘部紧靠身体,直向前,双腿既不能靠得太拢,也不能分得太开。从后面看,后腿直,与前腿在同一个平面内运动。

7)性格

迷你犬的性格应该是机警、勇敢、服从命令的。它很友好,聪明,乐于取悦主人。不能表现出过度的攻击性或胆怯。

7.5.2 基础护理工作

①刷毛：用钢丝梳先刷理，再用美容师梳梳理通顺。

②清洗耳部：要拔耳毛。

③洗澡：耳朵要塞棉花，挤肛门腺。

④吹干：四肢的毛逆毛梳理吹干，腹部的毛向下梳理吹干，胡须向前梳理吹干，眉毛向前下方梳理吹干。

⑤修剪指甲和脚底毛。

⑥修腹底毛：用10号刀头。

7.5.3 造型修剪

1)电剪操作

(1)背部

用10号刀头，从枕骨开始，沿脊柱一直到尾部，顺毛修剪，剃颈后部时，可将头部与身体拉水平。前胸由颈部顺毛剃至胸骨下1 cm。肩部由肩胛顺毛剃至前肢肘关节处，和前胸自然连接。身体侧面饰毛的位置由前肢的肘关节至后肢根部和腹部相连接处，有明显的收腹线，向后下方继续剃至后肢关节上2 cm位置。尾巴用10号的刀头修剪，尾尖可以用牙剪修剪得比较圆润一些。肛门下从生殖器最低点两侧至飞节上2 cm处引一斜线，斜线以上部位全部剃干净。

(2)头部

用10号刀头，从眉骨后方（向后生的毛开始）紧贴头皮剃向枕骨。

(3)脸部

用10号刀头，从上耳根处逆毛剃到外眼角向下垂直的位置，前而留胡子。

(4)颈部

用10号刀头，由喉结逆毛剃至下耳根，从喉结逆毛剃至胡子，要求颈部从正面看有明显的“V”字形。

(5)耳朵

用15号刀头顺毛剃耳朵内侧及外侧的毛，耳洞内的毛也一并剃干净。注意耳朵边毛必须手剪，用手固定耳朵后修剪。

2)手剪操作

(1)修剪后肢的毛

后脚用直剪修剪成“碗底”形。后肢外侧的长毛用牙剪向下剪出层次，后肢前方饰毛用直剪向下剪成指向脚尖的倾斜直线，两后肢内侧的毛不能相接，应有间隔比例。后肢用直剪作圆柱形修剪，但要体现上细下粗的形状。飞节最高点以下倾斜45°修成斜面，再与脚底自然连接。

(2)修剪腹线的饰毛

腹线饰毛用直剪修剪成前低后高的整齐斜线,腹线饰毛和后肢前侧相接处要做出向上的弧度。

(3)修剪前胸的毛

前胸的毛向上打起,用直剪修剪成一个垂直的平面。

(4)修剪前肢的毛

前脚用直剪修剪成"碗底"形。前肢毛从脚边开始向上挑起作圆柱状修剪,前肢前侧毛的长度不应超过前胸。前肢外侧的长毛应与肩胛部的短毛过渡流畅。前肢内侧的毛不能过长,前肢两腿间应有空隙。两腿之间修剪整齐,与腹线自然连接。

(5)修剪头部的毛

①分开左右眉毛。用牙剪修剪两眼之间的毛发,使其分离,注意只能间隔一个牙剪宽度。

②分开眉毛和胡子。用面虱梳向上梳理眉毛,并用手按住,从犬的内眼角,用牙剪贴近犬的眼角,剪刀指向犬另一边的眉骨处倾斜剪分开眉毛和胡子。

③修剪眉毛。用面虱梳向外梳理眉毛,从外眼角处开始,直剪对准鼻子外侧修剪成三角状。

④修剪胡须。用面虱梳向前梳理胡须,用牙剪将长于口吻的胡须全部剪掉,也将左右两侧分散的胡须修剪整齐,鼻头根部的碎毛可剪掉,鼻下方唇边的毛应修剪整齐并与唇边看齐,修剪后俯视头部应该呈矩形。

(6)修剪耳朵的毛

用直剪采用剪刀向后拉的滑剪方式,从耳根向耳尖方向修剪耳朵边缘,要修剪得极服帖。

(7)修剪尾巴的毛

用牙剪修整齐。

(8)过渡修剪

用牙剪把电剪剃的地方与留毛处自然衔接,并将脸部和臀部的不同方向生长的毛的交界处作过渡修剪。

7.6 猫的基础护理与美容

7.6.1 被毛的梳理

猫的被毛不梳理或弄脏以后,不仅是卫生问题,而且会造成缠结,长毛猫的毛尤其容易缠结,所以需要经常梳理。通常不必给猫洗澡,因为猫一般会自己把毛舔干净。但如果猫的毛非常脏或油腻时,就必须进行清洗。

如果天气许可,最好在室外给猫梳理。在室外给猫梳理时,可使污物、毛发和跳蚤留在屋外,对于那些患有对猫的毛发及皮屑过敏的人也有益处。如果不能在室外进行,最佳地点是门廊、浴室或屋外的公共场所。在室内进行梳洗时，最好让猫站在一张纸或塑胶垫上。

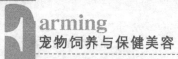

猫每天都要花费一定的时间用舌舔毛以梳理自身的被毛，使其被毛整洁、漂亮。但有的部位猫自己舔不到，如肩部和背部，尤其是长毛猫，只依靠猫自身的梳理是远远不够的，猫的主人需要经常帮它梳理被毛。

1）梳理被毛的好处

①梳理被毛，不但可以增进人与猫之间的感情，而且有利于猫的健康。

②平时猫身上总会有少量的被毛脱落，尤其是在换毛的季节，脱毛更多。猫在舔梳被毛时，或多或少地会将这些脱落的毛吞进胃内，而引起毛球病，造成猫的消化不良，影响猫的生长发育。经常给猫梳理，就可以把脱落的毛及时清除掉，防止毛球病发生。

③梳理被毛，还能促进皮肤的血液循环，有利于被毛的生长，增加皮毛的光泽，起到保健作用。

2）梳毛的注意事项

给猫梳理被毛要从小开始，并定期进行，以使猫养成习惯。一般短毛猫用密齿梳子每月梳理 4 ~ 5 次就行，长毛猫要用疏齿梳子每天梳理 1 次。梳理时要顺着毛梳，切不可逆毛梳，逆毛梳容易将毛折断，猫也不舒服。如梳脸颊时，要朝前方梳，而额头到头顶要朝下梳，下腭的毛要朝鼻子的方向梳，腿部的毛要从上往下呈圆形梳。梳毛的动作要轻，不可用力划着皮肤。初步梳理完后，往猫身上撒点爽身粉。其方法是：用手逆着毛的方向抚摸，使毛蓬起直立，从头到臀部依次撒，脸部可以不撒，以免撒到眼睛、鼻子和嘴里。撒完以后，再用梳子顺着毛的方向梳一遍。最后用鞋刷或绒布将猫全身擦拭一下，以除掉被毛表面残留的毛。经过梳理以后，被毛将变得既光亮又蓬松，尤其是长毛猫，会显得更加漂亮。梳理被毛时应注意：在梳理之前，趁此机会检查猫的眼、耳、口腔和爪，看看有无疾病症状。选择合适的天气，最好在室外给猫梳理，梳理完毕后，清理梳理场所和铺垫物，最好用消毒药水喷洒梳理场所。

3）对待不同类型猫的梳理要求

（1）长期不梳理的猫

①这种猫的被毛会出现大小不等的缠结，小的缠结可用手指尖理开，再用梳子从毛根的间隙向毛尖的方向梳，不能硬性用力梳，这样不但会引起猫的疼痛，还有可能将毛拔掉。如果已严重黏结擀毡了，可用剪刀顺毛尖的方向，将毡片剪成细条，再用梳子将脱落的毛清除。如果还不行，可将擀毡部分全部剪掉。不必担心影响美观，新毛很快就会长出。

②在脱毛季节，不能只顺毛梳，也要逆毛梳理，或用密齿梳子，以清除脱落的被毛，促进新毛生长。

③梳理的动作要快，每次梳理 3 ~ 5 分钟，时间长了猫会感到厌烦而不予配合。

④玷污油漆猫的梳理，油漆对猫有毒，如果猫身上玷污的油漆未干时，可用松节油擦掉油漆后，再用肥皂和温水洗去松节油，因为松节油对猫也有害。如果油漆已经干了，则只有将沾有油漆的被毛剪掉。

（2）**梳理长毛猫**

①梳理长毛猫的工具。有钢丝梳、针梳和鬃刷、密齿和宽齿梳子。

②梳毛的方法。长毛品种须每日梳理，梳理时，用梳子对猫进行护理，可保持整洁。虽然大多数猫不喜欢被梳理，但长毛的品种如不每天梳理的话，毛就会缠绕到一起，破坏毛样。所以，在猫出生后2个月左右就要开始对其进行梳理，让猫逐渐适应。每天在固定的时间，从头到尾进行梳理。梳到腰部时，把猫翻转过来，从颈部向下腹部梳理。要一处不漏地梳理，连尾巴尖也不能放过。梳理时，梳子跟皮肤呈直角。梳子即使被挂住一点点也要用手指压住毛根部先梳上半部分，然后再梳毛根。腹部和尾部最容易打结，所以要特别细心。梳毛具有按摩的效果、有利于血液循环，猫也乐于接受。

用稀齿梳子清除皮屑，梳理缠结的毛，一旦梳子顺畅地梳通毛，就改用密齿梳子进行梳理。用密齿梳子向上梳毛，把颈部周围脱落的毛梳掉以便形成颈毛。用一把牙刷轻刷猫脸部的短毛，当心别靠猫眼太近。

③刷毛。刷毛可以防止脱毛，刺激皮肤，促进血液循环，使毛更亮泽。长毛的品种要每天1次，每次以5分钟为宜。首先，要使毛更顺滑的话，刷子要和身体成直角对全身进行梳理。尾巴、爪子等身体的每一处都要顺着毛样刷。有时，逆着毛样刷进去可以清除难去的污垢。最后，再轻轻刷一遍，以保持毛间的良好通风。脏且有汗的时候，洒点爽身粉，再梳理一下，毛就松散了。刚开始不喜欢被刷毛的猫，习惯了以后，只要一拿出毛刷，猫就会很高兴地靠过来。

用钢丝梳清除掉所有脱落的毛，要特别认真梳理臀部，在这个部位很可能会梳掉一大把毛。往毛里洒些爽身粉或漂白粉，这样可使被毛蓬松，增加丰满感，而且有助于将毛分开，不要立即将粉刷掉。

在野生动物世界里，长毛的猫科动物总是只在春末及秋末时会换毛，但是，家猫由于终年被饲养在明亮和温暖的环境中，他们一整年都会换毛。因此，长毛猫需要每天梳理，否则毛就会缠结。如果不及时处理缠结的毛球，猫会十分疼痛，常常伤及周围的皮肤。

（3）**梳理短毛猫**

短毛猫不需要每天梳理，短毛的品种在污垢很明显时进行刷洗即可，每周梳理2次就可以了。如果主人给猫梳理的次数多了，猫就不愿自己梳理了。主人平时也可将猫抱在怀里，不用工具梳理猫，而用手指梳理。这样，一方面可将被毛捋顺捋光，另一方面还能增加主人和猫的感情。

①梳理短毛猫常用工具。有密齿梳子、猪鬃毛刷、橡胶刷、油鞣革巾等。

②梳理的方法。

用一把金属密齿梳，顺着毛由头部向尾部往下梳。梳理时，找找看有无黑色发亮的小粒，那就是跳蚤。

用一把橡皮刷，沿着毛的方向刷。如果您养的是卷毛猫，这种刷子不可少，因为不会抓破表皮。某些品种的短毛猫，您最好用质地柔软的毛刷，而不用橡皮刷，同样，也是顺着毛的方向刷。

最后，为了使短毛猫的毛显出光泽，尤其是马上要参加展览之前，用一块绸子、丝绒或麂皮把被毛“磨亮”。在两次梳理的间歇时间，用干净手顺着毛的方向轻轻按摩也能保持毛的光泽。

7.6.2 清洁眼睛

猫的眼睛很敏感,不能因为有眼屎或眼泪就用人用的眼药水。长毛猫容易患眼病,它们的泪小管被阻塞,眼会失去光泽,这时需要清洗,最好的方法是用温水洗眼。猫眼中常会出现一些分泌物,如果置之不理的话,就会在眼周围形成"泪疙瘩"或"泪痕",有时还会使毛色发生变化,所以要经常清理。

清洁的方法是:清洗之前,先检查它是否有视觉障碍的各种迹象,用棉球或纱布蘸上温水轻拭眼部,将分泌物软化后,用湿润的棉球轻轻擦掉,不可触碰到眼球。另外,硼酸水可能会引起发炎,使用时必须注意。像波斯猫一样的长毛品种,常常因为泪眼,而极易弄脏眼周围的毛,因此平时要注意护理。

7.6.3 清洁耳道

健康的猫不需要天天清洁耳道,只要定期检查即可。如果发现耳道内有污物时,可用清洁的棉花球蘸上橄榄油轻轻擦拭耳道,将污物清除掉即可。擦拭时,需要一个人保定猫的头部,防止在操作的过程中猫的头部摆动时伤到耳朵,另一个人用一只手将猫的耳廓翻开,另一只手用棉球擦拭。动作要轻,先外后内,给猫以舒适感,使其不惧怕清洁耳道,下一次就会极为配合。如果猫习惯了,不需要他人保定,一个人便可完成操作,让猫侧躺在操作台上,一只手保定,另一只手操作即可。

如果长毛猫的耳道内的耳毛过长,会粘有耳道分泌物及灰尘,阻塞耳道,影响猫的听力,甚至污物积存过多会引发中耳炎。我们可将过多的耳毛拔除,其操作的方法是:首先将猫保定,将耳粉适量倒入猫的耳内,轻揉,待耳粉分布均匀后,用止血钳夹住少量的毛用力快速拔出,先拔除靠近外侧的耳毛,再向内拔,给猫一个适应的过程,这种操作最好一次性完成,可减少猫的紧张感与疼痛感。

7.6.4 清洁口腔

不能随便剪掉猫的胡须,因为猫的胡须起雷达作用,剪掉胡须的猫就丧失了生活能力,但是对于折断的胡须可以将它拔除。拔的时候,用一只手托着猫的下颌,并用手指摁住应拔的胡须,然后用另外一只手的拇指和食指快速把他拔除。下腭的毛,在猫吃食的时候很容易受到污染,特别是食用流食时,如果不注意清理,干燥后易形成结痂样的块状物,既影响美观,又容易滋生细菌,因此,出现这种情况时,应当使用脱脂棉蘸水进行擦洗。

有些猫经常食用罐头等水分含量高的食物,很容易长牙垢,长期下去,就会发展成牙龈炎、牙周炎,甚至于牙齿松动脱落。因此,最好定期清洁牙齿为宜,以防积垢,需要准备牙膏、牙刷、棉签等。

清洁口腔的方法有:

①猫从小就要训练拿手抚弄它的牙齿,可以在手指上缠上清洁的纱布或用棉签蘸上淡盐水擦拭它的牙齿及按摩它的牙床,使其习惯刷拭它的口腔。

②也可以用专用猫用牙刷、宠物专用牙膏为其清洁牙齿,每周清洗一次。为猫刷牙

时需要一人保定，另外一人将适量的牙膏涂在牙刷上，让猫嗅一下牙膏的味道，使它习惯。刷牙的时间不易过长，清洁时用力要轻柔，将牙齿上下左右全部刷拭一遍。刷拭结束后，用清洁的纱布将口腔内的牙膏等残留物擦拭干净。

③经常喂它一些干硬的食物，饭后喝点水，可起到预防牙垢和牙龈疾病的作用。还可以为猫准备一定的棉绳或剑麻类玩具，通过啃咬，来清洁牙齿，也可以起到清洁作用。

7.6.5 修剪趾甲

在野外生活的猫是靠自己来磨趾甲的，防止趾甲长得过长而影响行动。即使是家养的猫仍然保留了这一特点，但是，只依靠猫自己处理，猫趾甲长得过长时会利用家中的家具来磨爪，甚至会抓伤人和破坏家具。而且，还有可能出现趾甲断裂或是趾甲扎进肉垫导致化脓等情况。所以，猫的趾甲要人为修剪，前爪每两周修剪1次，后爪3~4周修剪1次，要用猫专用的趾甲钳进行修剪。最好在洗澡前给猫剪趾甲。当然，最好要让猫从小就习惯于被人握着爪子，以便修剪时配合美容师操作。

修剪的方法：首先把猫放到膝盖上，从后面抱住。轻轻挤压趾甲根后面的脚掌，趾甲便会伸出来。用趾甲剪轻轻剪掉白色的爪尖。不要忘记剪"拇指"，在前腿的内侧。有的猫在两只脚上分别有6~7个脚趾。只要剪尖端的趾甲，一般是白色的，避免剪到粉红色的部分，趾甲根处呈粉色的部分有血管通过，所以不要剪过血管，以防出血。趾甲剪得太贴肉的话，猫以后就会讨厌剪趾甲。如果剪得太多而出血，可用止血粉止血。当猫放松的时候是剪趾甲的最佳时机，比如小猫睡醒后。最好的方式是让操作者的两只手都参与剪趾甲的过程中，一只手用来抓住它并让它安静，另一只手给它剪。动作要快，如果猫在修剪的过程中出现烦躁不安时，就放它走，即使没剪完，等它安静后再继续剪。或者陪它玩耍，给它奖励，这样猫就会对剪趾甲产生好感。

7.6.6 寄生虫的清除

猫是许多种寄生虫的宿主。有些寄生虫是昆虫，生活在猫的皮肤上或接近皮肤，靠吸食后者的血液为生；其他为生活在肠道以及身体其他部位里的体内寄生虫。有些存活于猫的身体表面或体内的寄生虫在一定情况下能影响到人类。寄生虫的数量受到诸如气温、气候以及当地猫只密度等可变因素的影响，如跳蚤需要温暖的天气来繁殖，城市的绦虫发病情况要比乡村地区严重得多。

猫的大多数皮肤疾病都是因为感染寄生虫而引起的，其中以跳蚤最为常见。另外，其他皮肤疾病包括脓肿、真菌感染、过敏和内分泌失调。在梳理被毛时，注意检查有无外寄生虫、外伤以及过度脱毛。猫常常对跳蚤的叮咬产生过敏反应，能引发许多种皮肤病。雌跳蚤每天能产下20~50只卵，会在2~20天内被孵化出来。在度过幼虫和蛹之后，跳蚤就成为成虫，也会立即去寻找宿主来寄生。跳蚤的整个生命周期最短仅为3周，但是蛹能在凉爽气候里潜伏最长达一年的时间。因此，仅杀死猫身上的跳蚤是不够的，猫以及家里的环境均要清扫消毒。

白虱是一种体型很小，呈浅黄褐色的昆虫，它在猫的毛发和皮肤下缓慢活动，远不像跳蚤那么常见。白虱终生寄宿在猫的身上，在毛里产卵。用治跳蚤药剂通常也杀白虱。

扁虱是一种类似于蜘蛛的细小生物，靠吸食植物的汁液为生，随着猫路过而被弄到猫身上的毛里，然后紧贴在猫的皮肤上。随着它们吸食猫的血液，它们的身体会肿胀起来，看上去有点像小灰豆子。几天之后它们会从猫身上脱落下来，但是一旦看到这种动物在猫身上存在，你就应该立即把它杀死。大多数扁虱会在被接触部位引起刺痛，但有些能对受害者产生更严重的影响，引发瘫痪或致衰性疾病。例如麋鹿扁虱，体内携带着莱姆关节炎疾病，这是一种会引发皮肤皮疹和关节发炎的缓慢发展的疾病。如果你居住在有扁虱病例的地区，你就应该每天检查猫身上的毛，并定期给它使用保护性洗液、喷雾剂或特制药物治疗方法。

螨虫小到几乎不能为裸眼所发现，一般通过动物之间的直接接触传播。靠在猫的皮肤和耳道的内侧部位吸食猫的血液为生，能引发猫的皮肤脱落和刺痛。可以用洗浴剂、喷雾剂或滴耳液来治疗。

1）检查的方法

把猫床上的铺垫物放在湿的白毛巾上敲打，就能知道猫身上是否有跳蚤。另外，如果猫睡觉的地方出现一些黑色颗粒的话，取一颗放在卫生纸上，滴一滴水，润湿的地方如果呈红色，则表明这是吸了猫血的跳蚤的粪便。用齿密的梳子梳理猫毛时，可能会有跳蚤卡在梳齿里。这时不要把它碾死，而要粘在胶条上或是放到溶有洗涤剂的水里杀死。碾死的话，跳蚤体内的绦虫卵就会飞出来，还会被猫舔食到体内。

2）清除跳蚤的方法

（1）家中要进行彻底清洁

经常用吸尘器清理床、地毯和猫的被褥，以减少家中的虫卵和幼虫，在吸尘器里放置一个驱虫项圈以确保杀死跳蚤。特别是屋子里的角落、木地板的边缘、地毯、毛毯等要细心清理。

（2）利用杀虫剂

一些喷雾剂能杀死成虫，或含有生物制剂能防止虫卵孵出，将其应用于地毯、毛毯、墙边、家具上，可以在一定的时间内生效。不过，杀虫剂对人和猫都有害，有小孩儿和幼猫的家里最好不用。灭蚤项圈并非总是有效，有时还会引起颈部皮肤的炎症。口服药是控制跳蚤的安全有效的方法，口服药通过阻止跳蚤卵的生长发育而达到治疗的目的。每月给予少量的液体药物，这些药能使跳蚤失去生育能力。虫卵不能孵出幼虫，跳蚤将会减少直至消失。但这种药不能杀死成虫，因此，需要治疗的初期同时应用杀灭成虫的药物。

（3）保持猫身体清洁

用专门杀跳蚤的洗毛剂和护理液来清除跳蚤。洗的时候，从头开始一点一点地湿起，让跳蚤无路可逃。对于不喜欢洗澡的猫，可以给它用跳蚤粉。其方法是：分开有跳蚤的耳后、腹部、腿跟处的毛，把手插进去洒上跳蚤粉，然后用毛刷梳理。即使是在跳蚤很多的时候也要隔2～3天洒1次，不能每天都洒。但是，不论内服还是外用，猫都有可能不适应，因此，要先咨询再使用。

7.6.7 猫的洗澡

猫不需要经常洗澡，一旦被毛太脏或沾上油腻时，才需要清理或洗澡。白色猫需要洗澡的次数比其他有色的猫多些，给猫洗澡最好从幼年时开始训练，使其养成习惯。

1）洗澡的方法

给猫洗澡前应把所有的门关好，以防止猫逃跑。洗澡最好用木盆，如果没有木盆，用其他盆时，可在盆内铺一个胶皮垫，猫能站在上面不滑动。猫由于害怕洗澡而无法洗澡时，可把猫放入袋子，浸入水里，主人可在外面用手揉猫的被毛，最后再用清水冲洗被毛。洗澡时，猫最怕洗澡水进入眼睛和耳朵。

（1）干洗

如果猫特别害怕用水洗澡，可用干洗的方法给猫清理被毛和皮肤，干洗方法只适用于不太脏的短毛猫。其方法为：加热250～500 g麸皮到38.5 ℃左右，让猫站在报纸上，把温麸皮揉入猫的全身被毛里，用手不断地揉搓。最后，用梳子把麸皮梳掉即可。

（2）擦洗

长毛猫要经常洗澡以保养长毛，短毛的品种没有必要频繁洗澡。可以用湿毛巾给它擦一擦就行了。擦洗可以参照以下方法：

①两手用热水或冷水沾湿，先从猫的头部逆着毛抚摸2～3次，然后顺着毛按摩它的头部、背部、两肋、腹部，就可以把附着的污垢和脱落的毛清除掉。也可以选用宠物商店出售的免洗香波，取少量放入手中，在猫的皮毛上涂抹揉搓，擦遍全身。

②快速仔细地用毛巾将猫身上的水分擦掉，以免猫受凉感冒，注意保暖，最好是在家里温暖的地方进行，冬天要在有暖气的屋里为其擦拭。

③用干净的毛刷轻轻刷拭猫全身的皮毛，特别脏的地方更要细心刷拭，平常猫不喜欢人碰的腹部和脚爪也要认真刷拭。

④用纸巾或毛巾将猫身上的污垢和水分仔细擦干净后，再用吹风机吹干。如果猫讨厌吹风机，可以把猫装在笼子里远远地对它吹暖风。

⑤等猫的毛完全干燥以后，从头到尾再刷拭一遍，别忘了胸部和腹部。刷完后，把毛刷清洗干净。

（3）水洗的方法

除土耳其品种的猫外，通常猫初次看到洗澡水时，毫无疑问会吓得不停地叫。应该充分地抚摸猫，以免洗澡出现麻烦。厨房的洗涤槽很可能是猫洗澡最好的“澡盆”。开始洗澡前，务必把所有的门窗关好，使房内没有穿堂风。在洗涤槽中放一块橡皮垫，以防猫打滑。如果您认为猫会挣扎，可以把它放进布袋里，只露出头部。把洗发剂倒进袋里，再把猫和布袋放低，放入水中。然后通过布袋，在猫身上按摩，以形成泡沫。洗澡前先检查与清洁耳朵，修剪趾甲，好好梳理一下被毛，尤其是长毛猫。下面我们介绍一下给猫洗澡的方法。

①首先用脱脂棉将猫的耳孔塞住，接着调节水温，使水温应尽可能接近猫的体温（38.5 ℃），冬季时要高一些，以不烫手为宜，将水轻轻地淋在猫的全身，让水渗透到毛根。头部要一点一点地弄湿，不要将水喷入眼中或耳中，如果猫愿意的话，让它的前掌放

在水的外面。

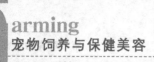

②按照颈、胸、头的顺序抹上洗发剂,然后用指尖像按摩一样地轻轻搓洗,等起泡后,再细心地洗屁股、爪,特别是很脏的地方。按颈、胸、尾、头的顺序用淋浴器或水桶淋水清洗。要注意水温,注意别把洗毛剂和泡沫洗进眼里。很脏时要洗两次,直到没有泡沫。完全清洗过之后,再涂上护理液,然后用水冲洗掉即可。

③洗净后,把猫从洗涤盆中提出来,用一条大的热毛巾包好,再用棉球蘸温水给猫洗脸。在猫全身都干燥以前,必须把猫放在暖和的地方。

④如果猫不害怕吹风机,可以用来给猫吹干,当心不要把毛烤焦。毛吹干后,轻轻地进行梳理和刷毛。

2)洗澡需要注意的几个问题

①6月龄以内的小猫很容易得病,一般不要洗澡,猫的精神状况不佳时也不要洗澡,以免洗澡后因感冒加重病情。

②对于长毛猫,洗澡前要先梳理几遍被毛,以清除脱落的被毛,防止洗澡时造成缠结,以免花更多时间进行整理。

③洗澡时,要尽量防止水进入耳内,一旦发现有水进入耳朵时,应立即用脱脂棉球擦干。为避免眼睛受刺激,可将眼药水(膏)挤入眼内少许,有预防和保护眼睛的作用。

④猫的洗澡次数不宜太多,一般以每月2~3次为宜。猫皮肤和被毛的弹性、光泽都由皮肤分泌的皮脂来维持,如果洗澡次数太多,皮脂大量丧失,则被毛就会变得粗糙、脆而无光泽、易断裂,皮肤弹性降低,甚至会诱发皮肤干裂等,影响猫的美观。

⑤给猫洗澡、梳理被毛时,都免不了抓猫。抓猫不是一件普通的事情,如果不注意容易被猫抓伤或使猫受伤害。抓猫时,要先和猫亲近一下,轻轻拍拍猫的脑门,抚摸猫的背部,然后,一只手抓起猫颈部或背部的皮肤,另一只手迅速地去抱住猫或托住猫的臀部,再用手轻轻地抚摸猫的头部,尽快使其安静下来。如果是小猫,用一只手抓住颈部或背部的皮肤,轻轻提起即可,或双手呈摇篮状托起它的整个身体。如果是怀孕的母猫,要倍加注意,动作要轻柔,轻拿轻放,将整个猫抱入怀中,将猫爪放在臂弯中或将猫爪搭在肩上托起其身体的后部。千万不能抓猫的耳朵,也不能揪猫的尾巴或四肢,这样更容易被猫抓伤或咬伤。让猫逐渐习惯于被陌生人抓起来,受陌生人的关注。

7.6.8 正确对待神经紧张、胆小和依赖性强的猫

要想得到猫的信任和友谊,可不是一件容易的事情,采取强制手段建立起的感情是办不到的,而要像对待小孩子一样,和蔼、动作轻柔,以博得猫的欢心。猫在休息和睡眠状态下也处于高度警觉状态。经常可以看到处于睡梦中的猫一旦听到声音立刻会睁大眼睛,四处张望,并准备随时作出反应。

要照顾一只受到惊吓的猫是具有挑战性的,但这个时候却正是获取它的信任、培养它成为理想伙伴的最好时机。刚开始接触它的时候,操作者必须安静地坐在它旁边,忽视它的存在,任何试图接近它的举动对它来说都是一种威胁。在操作者抚摸它之前,必须获得它的足够信任。用温柔的语调和动作来安抚它,避免任何眼神的接触。当要与它接触时,慢慢地将手伸向它,等待它主动来嗅,这时不要试图抚摸它,而是将手慢慢地缩

回来，以显示对它来说并不构成威胁。也可以给它一些食物来加强刚与它建立的良好关系。在最初几天中，要重复这样的动作。这之后，可以尝试抚摸它，第一次抚摸必须温柔、缓慢而短暂。如果它转过身去，千万不要去追赶。在接触的过程中，一定要避免用眼神接触，用食物巩固你与它接触所建立的良好形象。

在与猫接触的过程中，要理智、认真地对待胆小和过分依赖的猫，可以在短时间内得到猫的信任，使工作能顺利进行。胆小的猫尾巴下垂，夹在两腿之间，眼中总带有警惕的目光，碰上陌生人可能跑开藏起来。猫一般不会胆小，可如果它突然表现出胆怯的特征，就有可能是它的日常生活遭到了破坏，或对陌生人的出现还不适应。要让猫慢慢适应被触摸的感觉，轻轻抚摸它，跟它说话，奖励它一点吃的。对于过分依赖的猫，它处处跟着主人，如果主人离去，它会不时地叫唤，这时可以通过玩具来吸引它的注意力，亲切地爱抚和交流会更容易被猫接受。

本章小结

宠物美容是在了解不同宠物品种的起源、历史、标准及人类审美变化的基础上，利用宠物保健美容器具和用品，在维护宠物健康的同时，对宠物的被毛及身体的特定部位进行专业性的修饰，创造出宠物的优美形体和宠物主人的快乐生活。

对宠物的美容不能像对无生命的物体那样随意改造，而是对生命的必要维护和修饰。所有的操作既要满足人的精神需求，又必须满足宠物机体需要及承受能力。

复习思考题

1. 画出贵宾犬参赛的 3 个造型图，标出名称并写出所适应的犬的标准。
2. 画出贵宾犬的畸形躯体修正图。
3. 画出北京犬的臀部修剪图，并标明运剪方向。
4. 说出北京犬头部、尾部的修剪要点。
5. 画出博美犬的臀部、前胸修剪图，并标明运剪方向。
6. 画出博美犬的耳部修剪图，并说明其要点。
7. 画出西施犬的圆头、菊花嘴修剪图，并标明运剪方向。
8. 画出雪纳瑞的头部、躯干部位的电剪操作图，并标出所剃位置、方向及使用的刀头型号。
9. 给猫洗澡的方法有哪些？每种洗澡方法的操作要点是什么？它们分别适用于哪种类型的猫？

阅读材料

一、断尾

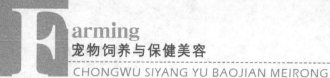

最初的断尾是为了使猎犬便于参加捕猎活动。断尾后的犬在参加捕猎活动的时候比较占优势,一方面可以避免荆棘挂住尾巴暴露目标,另一方面还可提高奔跑速度便于追猎。现在已经有很多犬告别了原始的工作,断尾的目的也只是为了外形的需要。所以,有些人认为给犬断尾是一种不人道的行为,对此也产生了争议。虽然对一些犬种实施断尾手术已经成为了传统的标准,但是现在,在欧洲的某些国家和地区,对参赛的犬也已经不再要求必须断尾了。目前,也有一些专业的犬展仍然对某些犬种有断尾的要求,比如贵宾犬、雪纳瑞、可卡犬等。但是,仅作为家庭宠物犬是否断尾完全由个人的兴趣爱好决定。

断尾手术适宜在1周龄以内进行。出生后立即断尾,对手术犬影响小,出血量少,愈合快。

1. 断尾方法

断尾依据犬种的不同尾根保留长度不一样,一般保留1～2个尾椎。手术的方法有很多种,常用的有细线绑扎断尾法、止血钳断尾法和手术断尾法3种。

(1)细线绑扎断尾法

具体操作:幼犬刚出生几天内,用消过毒的细线将尾部需要截断的部位系紧。由于血液循环障碍,几周之后,需要被截断的组织坏死、自然脱落。平时要注意结扎部位消毒,并防止母犬过多地舔结扎部位。这种方法优点在于:整个过程中,不会出血,因为出生不久的幼犬神经没有完全发育因此也不会有太大的痛苦。

(2)止血钳断尾法

具体操作:幼犬出生第二天,用手摸到幼犬的第一尾椎和第二尾椎(根据需要在相应的两尾椎之间)之间将已消毒的止血钳夹下去,幼犬的尾椎就分离了,把止血钳松开后再用消毒过的细线在分离的两尾椎结扎,用碘酒消毒结扎部位。过一段时间,由于血液循环障碍下段尾巴会坏死,用消毒过的手术剪把下段尾巴剪掉并给伤口作消毒处理。这种方法的优点是:不需要麻醉,不会给幼犬带来太大痛苦,断尾的位置准确,效果明显。

(3)手术断尾法

年龄较大的幼犬和成年犬断尾不适用细线绑扎断尾法和止血钳断尾法,要行断尾手术。断尾手术的一般操作步骤如下:

①麻醉。麻醉前15～30分钟按0.02～0.04 mg/kg肌肉注射阿托品,然后按0.04～0.08 ml/kg“846”(或犬眠宝0.1～0.15 ml/kg)肌肉注射进行全身麻醉或硬膜外麻醉。

②尾部剃毛,消毒。先用75%酒精消毒,然后用2%～5%碘酒消毒,再用75%酒精消毒。

③尾根部绑扎止血带，以防手术过程中出血过多。

④手术部位确定，在预计截断的部位，用手指触尾椎间隙，在两尾椎间隙远心端 1 ~ 2 cm处呈“V”字型切开皮肤，分离皮下组织，暴露两侧尾静脉和尾中动脉，结扎尾静脉和尾中动脉。检查不出血后，用手术刀横切断尾椎肌肉，从尾椎间隙截断尾椎。

⑤修剪“V”字型切口皮肤，缝合皮下组织以免形成空腔，结节缝合皮肤，并整理皮肤使其对合皮肤缝合不能内翻。解开止血绑带，碘酒消毒。

2. 术后护理

①手术后要抗菌消炎 5 ~7 天，防止感染。

②伤口消毒，每天用碘酒或聚维酮碘消毒液消毒。

③要防止犬只舔伤口，佩带伊丽莎白圈或口罩。

④饲喂易消化、营养丰富的食物。

⑤术后 7 天，皮肤拆线。

二、立耳术

立耳术是一种外科美容手术，通过立耳术，可改变犬耳的自然成长方向，让原本向下生长的耳朵向上生长，将垂耳变为立耳，这样犬的脸部看起来会更为美观，提高犬的气质和外貌。

兽医在手术前要确定手术犬具有良好的营养状态、正常的免疫力、耳软骨发育完全，否则不能实施手术。如果耳软骨发育完全之前手术，可能导致长成后耳内翻或外翻。根据犬种的不同，实施手术的时间、截去部分大小都不同，如标准雪纳瑞在 10 周龄时截去耳朵全长的 1/3，拳师犬在 2 月龄前后时截去耳朵全长的 1/4 ~1/3，大丹犬在 2 月龄时截去耳朵全长的 1/4 左右。

手术准备要求停食 12 小时，适度控制饮水，便于手术操作。

1. 保定与麻醉

麻醉前用阿托品 0.02 ~0.04 mg/kg，皮下注射。8 ~ 10 分钟后，肌肉注射速眠新 0.04 ~0.1 mg/kg（其中 kg 表示犬的体重）或犬眠宝 0.1 ~0.15 mg/kg。麻醉后的犬进行伏卧保定，犬的下颌和颈下部垫上小枕头以抬高头部。

2. 耳的准备

两耳剃毛、清洗、常规消毒。除头部外，犬体用灭菌单隔离，头部不覆盖隔离单，以利于最大限度地明视手术区域，与对侧的耳朵进行对照比较。将下垂的耳尖向头顶方向拉紧伸展，用尺子测量所需耳的长度。测量是从耳廓与头部皮肤折转点到耳前缘边缘处，留下耳的长度用细针在耳缘处标记下来，将对侧的耳朵向头顶方向拉紧伸展，将二耳尖对合，用一细针穿过两耳，以确实保证在两耳的同样位置上作标记，然后用剪子在针标记的稍上方剪一缺口，作为手术切除的标记。

3. 耳夹

一对稍弯曲的断耳夹子分别装置在每个耳上。装置位置是在标记点到耳屏间肌切迹之间，并尽可能闭合耳屏。每个耳夹子的凸面朝向耳前缘，两耳夹装好后两耳形态应该一致。牵拉耳尖处可使耳变薄些,牵拉耳后缘则可使每个耳保留得更少些。耳夹子固定的耳外侧部分,可以全部切除,而仅保留完整的喇叭形耳。

4. 切除

当犬的两耳已经对称并符合施术犬的头形、品种和性别时,在耳夹子腹面耳的标记处,用锐利的外科刀以拉锯样动作切除耳夹的腹侧耳部分,使切口平滑整齐。除去耳夹子,对出血点进行止血,特别要制止耳后缘耳动脉分枝区域的出血。该血管位于切口末端的1/3区域内。止血后,用剪子剪开耳屏间切迹的封闭着的软骨,这样可使切口的腹面平整匀称。

5. 缝合

用直针进行单纯连续地缝合,从距耳尖0.75 cm处软骨前面皮肤上进针,通过软骨于对面皮肤上出针,缝线在软骨两边形成一直线。耳尖处缝线不要拉得太紧,否则会导致耳尖腹侧面歪斜或缝合处软骨坏死。缝合线要均匀,力量要适中,防止耳后缘皮肤折叠和缝线过紧导致耳腹面屈折。

6. 术后护理

大多数犬立耳术后不用绷带包扎,待动物清醒后解除保定。丹麦大猎犬和杜伯文犬,耳朵整容成形后可能发生突然下垂,对此,可用绷带在耳的基部包扎,以促使耳直立。

手术后要坚持给犬佩戴伊丽莎白罩,以防止爪子触及手术伤口。手术伤口一般2~3天会结痂,若伤口久不干燥甚至渗出脓血则提示伤口感染,须及时处理。手术犬在清醒前若眼睛未闭合,要随时滴眼药水防止眼睛发干。清醒后要先喂水后饮食,防止因空腹时间太长进食太急而诱发肠变位,同时,通过排尿促进残留麻醉剂排出。

手术后7~10天可以拆线。手术伤口愈合后观察竖立情况,一般20天左右能看出手术效果。如果50天左右还不能直立则需要马上做立耳矫正。

犬耳整容术中耳的长度与年龄关系见表7.1。

表7.1 犬耳整容术中耳的长度与年龄关系表

品 种	年 龄	耳长/cm
迷你、标准雪纳瑞犬	10~12周龄	5~7
巨型雪纳瑞犬	9~10周龄	6.3
拳师犬	9~10周龄	6.3
杜宾犬	7~8周龄	6.9
大丹犬	7周龄	8.3
波士顿犬	任何年龄	尽可能长

实　训

实训1　主要宠物的形态特征识别和生活习性的了解

1. 目的要求

通过对各种宠物外貌形态的观察,要求掌握常见宠物的品种特征并进行识别,了解各自的生活习性。

2. 材料用品

宠物市场,提供不同品种的宠物若干,或通过电脑和投影仪识别各种宠物图片(宠物犬图片、宠物猫图片、观赏鸟图片、观赏鱼图片)。

3. 方法步骤

带领学生到宠物市场或通过电脑和投影仪放各种宠物图片,从头、眼、耳、被毛颜色等主要形态特征及生活习性介绍不同品种的宠物。

4. 技能考核

辨认不同品种的宠物,同时说出各自的基本生活习性。

5. 评分标准

根据识别情况现场打分,并根据实验完成情况及实验报告的质量,分优、良、中、及格、不及格5个等级进行评定或按百分制进行成绩评定。

实训2　了解宠物犬、猫和鸟的繁殖技术

1. 目的要求

通过对犬、猫早期妊娠诊断方法的了解掌握其繁殖技术。要求掌握鸟的性别鉴定方

法以熟悉鸟的繁殖技术。熟悉犬的发情鉴定方法。

2. 材料用品

发情母犬、待发情母犬、妊娠犬或妊娠猫1只、同一品种雌鸟雄鸟各1只、载玻片、显微镜、保定栏、手套、B超仪、验孕纸等。

3. 方法步骤

1)对妊娠犬或猫进行早期妊娠诊断

(1)犬猫的发情鉴定

①外部观察法。即通过观察母犬的行为表现和阴道排泄物来确定母犬是否发情。一般是食欲和外观有所改变,性情变得不安和兴奋,不服从命令,饮水增加,排尿频繁。

②阴道检查法。即通过对阴道涂片的细胞组织分析来确定母犬所处的阶段。

发情前期:犬阴道涂片含有许多角质化上皮细胞、红细胞,少量的白细胞和大量碎屑。

发情期:犬阴道涂片含有许多角质化上皮细胞、红细胞,无白细胞。

排卵后:白细胞占据阴道壁,同时出现退化的上皮细胞。

发情后期:涂片中含有许多白细胞、非角质化的上皮细胞以及少量角质化的上皮细胞。

乏情期:上皮细胞是非角质化的。

③试情法。主要利用公犬来测试母犬是否达到发情期。若母犬允许交配,则表明母犬进入发情期。试情公犬可用去势公犬或正常公犬进行。

(2)犬猫的妊娠诊断

①外部检查法。母犬交配1周后,阴部开始收缩软瘪,可看到少量黑褐色液体排出,食欲不振。

怀孕2~3周乳房逐渐增大,食欲大增,背毛光亮,性情温顺,行动迟缓、安稳,小心翼翼。

怀孕25天左右,有的会出现妊娠反应,呕吐、食欲不振、偏食。

怀孕1月左右,腹部膨大、乳房下垂、乳头富有弹性,乳腺逐渐膨大,甚至可以挤出乳汁。体重迅速增加,排尿次数增多。

怀孕50天后在腹侧可见"胎动",用听诊器可听到胎犬心音。

②尿液检查法。犬妊娠5~7天后,尿液中会出现一种与人绒毛膜促性腺激素的结构相似的激素,所以采用人用的"速效检孕液"可以测试出犬是否含有此种物质。若为阳性者即为怀孕,阴性者为未怀孕。此法准确率相当高,在交配后6天左右就可检测出来。

③触诊检查法。当母犬怀孕20天左右,子宫开始变得粗大,腹壁触摸可明显感知子宫直径变粗。妊娠25天左右,可触摸到胎儿(如摸到有鸡蛋大小、富有弹性的肉球)。

触摸时,应注意与无弹性的粪块相区别。

触摸时,应用手在最后两对乳头上方的腹壁外前后滑动,切忌过分用力,以免造成流产。

④超声波探测法。常用的有多普勒仪、A 型超声仪、B 型超声仪。

多普勒仪检查法可用于发现怀孕 19 ~ 25 天的胎犬心脏跳动。随着胎犬的发育，其准确率增加，怀孕 36 ~ 42 天的准确率为 85%，怀孕 43 天到怀孕结束的准确率为 100%，未怀孕的准确率为 100%。体型太小的母犬，由于腹部动脉的跳动，误诊率稍高。

A 型超声波检查法可用于 18 ~ 20 天以后的怀孕诊断，在怀孕 32 ~ 60 天时，其准确率为 90%，未怀孕的准确率为 85%。

B 型超声波检查法比多普勒仪、A 型超声波检查法的效果更好。其优点是：能探测出 18 ~ 19 天的胎犬，甚至可以鉴别胎犬的性别、数量以及死活。

⑤X 线检查法。在怀孕 30 ~ 35 天，可见子宫的外形。在 49 天胎犬骨骼变化，能充分显示出反差。在少数母犬怀孕 40 天作 X 线检查，胎犬的椎骨和肋骨明显可见。

⑥血液检查法。怀孕期间，母犬的血液组分发生变化，根据这些参数的改变可判断母犬是否怀孕，并能区分妊娠与假妊娠。

从怀孕 21 天起，红细胞开始下降，到怀孕的最后一周，70% 的母犬可减少到 500 万/ml，红细胞体积减少 40%，血红蛋白比率下降，特别是年轻和饲养不当的母犬下降最多。血沉增加，到分娩时达到最大值。从怀孕 20 天起，血红细胞容量持续下降，到临产前降到最低值 30，而未怀孕母犬为 45。从怀孕 21 天起，血小板增加，临产前达 50 万/ml。白细胞升高，在第 49 天左右达最大值，然后下降，但超过 3 万/ml 时为异常。在怀孕 28 ~ 42 天时，凝血因子浓度增加，直到分娩时下降。怀孕期间纤维蛋白质增加 2 ~ 3 倍。怀孕 21 天，血清肌酸酐水平下降 25% ~ 33%，经产母犬平均为 0.8(0.6 ~ 0.9) mg/L，初产母犬平均为 1.1(0.9 ~ 1.2) mg/L。血清丙种蛋白下降 40% ~ 45%，经产母犬平均为 648(440 ~ 1 220) mg/L，初产母犬平均为 1 108(840 ~ 1 460) mg/L。

2) 鸟的性别鉴定

(1) 羽毛鉴别

一般来说，雄鸟的羽毛颜色鲜艳美丽，而雌鸟羽色素雅，此种鉴别方法适用于羽色差异较大的雌雄个体。

(2) 鸣声鉴别

一般雄鸟鸣声好听动人，声调多变，而雌鸟鸣声单调。

(3) 触摸鉴别

此法适宜于雄鸟交配器明显的鸟类，如鸵鸟、鸭、鹅等，用手指可明显感知。

(4) 翻肛鉴别

此法用于雏鸟的鉴别。雄鸟泄殖腔突起有明显的交配器，雌鸟则较平呈圆形，用手轻轻将泄殖腔翻开可看到生殖突起。

4. 技能考核

①描述出犬(猫)的早期妊娠诊断方法，鉴定出犬(猫)是否怀孕，有几只胎儿，怀胎时间，计算预产期。

②如何分辨鸟的性别？

5. 评分标准

根据识别情况现场打分，并根据实验完成情况及实验报告的质量，分优、良、中、及格、不及格5个等级进行评定或按百分制进行成绩评定。

实训3　了解宠物犬、猫和鸟的饲养管理技术

1. 目的要求

通过观察宠物犬、猫、鸟各个生理阶段的饲养管理过程，掌握其不同时期的饲养管理技术。通过光碟，加深学生对于犬猫和鸟饲养管理要点的记忆，并能结合实际生产灵活运用各个阶段的饲养管理方法。

2. 材料用品

饲养场观察或饲养管理技术光盘。

3. 方法步骤

带领学生深入饲养场或借助光盘掌握不同时期宠物犬、猫、鸟的饲养管理技术。

①初生犬猫的饲养管理。

②仔犬仔猫的饲养管理。

③成年犬猫的饲养管理。

④老年犬猫的饲养管理。

⑤鸟的饲养管理技术。

4. 技能考核

①不同阶段犬猫的饲养管理要点。

②鸟的日常饲养管理要点。

5. 评分标准

根据实验完成情况及实验报告的质量，分优、良、中、及格、不及格5个等级进行评定或按百分制进行成绩评定。

实训4　了解宠物犬、猫、鸟的调教和特殊技能训练技术

1. 目的要求

通过对犬、猫和鸟的调教，特别是犬基本动作的调教方法，如坐、卧、站、随行、作揖等，加深宠物调教的方法与技能。

2. 材料用品

健康犬或猫若干、健康鸟若干、训练绳、牵引带、刺钉脖圈、奖食等。

3. 方法步骤

1）训练犬和猫的基本动作

对犬或猫进行现场调教巩固犬猫的调教方法，训练基本的动作。以猫为例：

(1)“来”的训练

在训练该项目之前，应让猫熟悉自己的名字，最好从断奶时就开始。训练此项目可采用食物诱导法，先将食物放到固定的地点，嘴里呼唤猫的名字并发出“来”的口令。如果猫不感兴趣，可将食物放到它面前引起它的注意并下达“来”的口令，猫若顺从地走来就让它吃食并轻轻抚摸其头部以示鼓励。如此反复形成条件反射后，猫就可根据指令前来而不需要再给予食物了。

(2)打滚训练

让猫站在地板上，训练者发出“滚”的口令，轻轻将猫按倒并使其打滚，反复多次，当猫有反应时应立即给予奖励并加以爱抚，每完成一次动作就给予一次奖励。随着动作熟练程度的加深，要逐渐减少奖励的次数，直至最后取消食物奖励。但是为了避免条件反射的消失，隔段时间应加以食物刺激。

(3)躺下、站立训练

躺下嬉戏是猫玩耍的一种方式，但要随着人的指令进行也必须训练。当猫站立时，右手拿着食物，抬起手臂固定姿势，然后发出“躺下”的指令并用左手轻压猫的右后腿将猫按倒，强迫其躺下，然后松开手发出“起来”的口令让猫站起来。完成动作后给以抚摸和食物奖励。

(4)衔物训练

猫经过犬一样的训练也能为主人叼一些小东西，常用的口令有“衔”“来”“吐”“好”。训练前，应先给猫戴上项圈，以控制猫的行动。训练时，一手牵住项圈，一手拿让猫衔的物品，口中发出“衔”的指令强行将物品塞入猫的口中，用“好”的口令及抚摸给予安慰。接着发出“吐”的口令，当猫吐出后立即给予食物和抚摸奖励。经多次训练后，达到将物品抛出发出“衔”的指令后，猫能迅速衔起物品回到训练者身边，再发出“吐”的指令后将

物品吐出，此时立即给予食物奖励。

(5)跳跃、钻圈训练

跳跃和钻圈的训练需要一个铁环和塑料圈，固定在一个地方。首先，主人和猫同时面对铁环，站于环两侧。训练者用手示意，配合口令做出“跳”或“钻”的指示，若猫跳过应立即给予奖励和抚摸，若猫无反应或绕过铁环应立即呵斥。一旦成功应加以巩固，并逐渐升高铁圈的高度。

2)训练特殊品种的鸟

对特殊品种的鸟进行现场调教，巩固所学方法，如放飞、接物、戴面具、学人语。

4. 技能考核

考核犬基本动作训练的口令，手势的正确与否及犬执行的情况。

①描述出正确的训练方法与技巧。

②谈谈自己在训练过程中遇到的难点，觉得自己能够完成的规定动作有哪些？

5. 评分标准

根据训练结果及实验报告的质量，分优、良、中、及格、不及格5个等级进行评定或按百分制进行成绩评定。

实训5　市场新出现宠物的调查

1. 目的要求

通过对宠物市场的调查研究，使学生及时掌握宠物市场动向，了解宠物流行品种价格、销售情况，并对宠物行业树立正确的价值观。

2. 材料用品

宠物交易市场、交通车。

3. 方法步骤

①在宠物市场观察哪些是新品种宠物（如犬的新品种、猫的新品种、蜥蜴、蜘蛛、蛇、龟、鼠类等）。

②询问宠物市场卖场情况，了解品种的价格及销量。

③询问宠物医院多发病的治疗及收费情况。

④询问宠物美容院装饰品价格、美容收费情况及有何美容新项目。

4. 技能考核

①至少介绍5种以上市场走势较好的品种及其特征。

②写出5种常见疾病的治疗及收费情况。

③写出3种常见宠物美容收费情况。

④写出市场调查报告。

5.评分标准

根据实验完成情况及实验分析报告的质量，分优、良、中、及格、不及格5个等级进行评定或按百分制进行成绩评定。

实训6 宠物犬洗澡实训

1.目的要求

通过实训掌握宠物犬洗澡的操作。

1.材料用具

1)洗护用品

浴液、美毛喷剂、洗眼水、洗耳水、耳毛粉、皮肤膏、止血粉、吸水毛巾。

2)洗护工具

梳子、刷子、开结刀、短毛剪、刮毛剪、牙剪、手剪、自动剪、刮刀、修饰剪、修饰刀、修甲剪、指甲剪。

2.方法步骤

①用棉花棒或者棉条塞住犬的耳道。用金霉素软膏点在眼睛上，以防止浴液和脏水的进入。

②如果把犬放在浴盆或浴缸中洗澡，水深应该控制在5~10 cm，浴缸里还应放置一块防滑垫，让犬在浴缸里站稳。洗澡水的温度不宜过高或过低，一般春夏两季在36 ℃，秋冬两季在37 ℃左右为宜。

③犬头向操作者的左侧站立，左手挡住犬头部下方到胸前部位，固定好犬体。右手置于浴盆中，用温水按臀部、背部、腹背、后肢、肩部、前肢的顺序轻轻淋湿，涂上宠物香波，轻轻揉搓后，用梳子很快梳洗。在冲洗前，用手指按压肛门两侧，把肛门腺的分泌物挤出来。

④一定要确保将残留在犬毛上的浴液彻底冲洗干净，确定完全洗净了犬身上残留的浴液后，使用护毛素。酸碱平衡有利于彻底洗净犬身上残留的浴液，使得毛发亮丽有光泽。

⑤用一块可以完全把犬包起来的大毛巾把犬擦干，取掉犬耳朵里面的棉条，擦净耳朵。以毛巾先行擦拭，然后用吸水毛巾把水擦干净，再用吹风机吹干。

⑥在吹干的过程中，要使用梳子把犬全身的毛梳顺。吹干后，帮犬梳理被毛。

⑦最后,用卫生纸清洁犬的眼睛及耳朵部分清洁,最好在犬身上喷洒适合犬只的香水。

4. 实训报告

叙述操作的过程,要写明注意事项,写出心得体会。

实训7 常用宠物保健美容器具的识别与使用

1. 目的要求

掌握宠物保健美容常用的设备与器具的结构、功能及使用方法,熟悉各种设备器具的清洁保养方法。

2. 材料用品

美容台、吹水机、吹风机、电剪、刀头、直剪、牙剪、拔毛刀、刮毛刀、开结刀、趾甲钳、梳理工具、洗眼水、洗耳水、止血粉、耳粉、皮肤膏、吸水毛巾等。

3. 方法步骤

①先由教师示教,强调操作要领,然后分组训练。
②保健美容器械的识别。具体识别方法见教材第5章。
③保健美容器械的使用。具体使用方法见教材第5章。
④保健美容器械的保养。具体保养方法见教材第5章。

4. 实训报告

叙述操作过程,写明注意事项,总结心得体会。

实训8 犬的保健护理(1)

1. 目的要求

掌握犬的毛发梳理方法,耳朵、眼睛的清理方法和趾甲的修剪方法。

2. 材料用具

犬、钢丝梳、针梳、美容师梳、开结刀、耳粉、止血钳、洗耳水、洗眼水、医用棉花、趾甲钳、止血粉等。

3. 方法步骤

①将犬抱上美容台,固定好。
②毛发的刷理与梳理。具体梳理方法见教材第6章。
③耳朵的清理。具体清理方法见教材第6章。
④眼睛的清洁与保养。具体清洁与保养方法见教材第6章。
⑤趾甲的修剪。具体修剪方法见教材第6章。

4. 实训报告

叙述操作过程,写明注意事项,总结心得体会。

实训9　犬的保健护理(2)

1. 目的要求

掌握犬的洗澡方法,被毛的吹干技巧和腹毛、脚底毛的修剪方法。

2. 材料用具

犬、医用棉花、浴缸、热水器、香波、吸水毛巾、消毒液、吹水机、吹风机、钢丝梳、针梳、美容师梳、电剪等。

3. 方法步骤

①犬的洗澡。具体清洗方法见教材第6章。
②被毛的吹干。具体吹毛技巧见教材第6章。
③腹毛的修剪。具体修剪方法见教材第6章。
④脚底毛的修剪。具体修剪方法见教材第6章。

4. 实训报告

叙述操作过程,写明注意事项,总结心得体会。

实训10　犬的断尾、立耳手术

1. 目的要求

掌握犬断尾、立耳手术的操作技术。

2. 材料用品

止血钳、手术刀、缝针、纱布、止血带、肠钳、剪刀、绷带、胶布、泡沫聚苯乙烯杯子、酒精、碘酒、麻药、消炎粉等。

3. 方法步骤

1) 犬的断尾

①术部剪毛、消毒，在术部上方3~4 cm处用止血带结扎止血。

②全身麻醉。

③助手将尾部固定，保持在水平位置。术者用外科刀环形切开皮肤，然后在皮下向上推移1~2 cm，结扎血管，于两尾椎处截断，充分止血后，洒上消炎粉，将皮瓣缝合，再用碘酒消毒即可。

2) 犬的立耳

①保定与麻醉。麻醉前用阿托品0.05 mg/kg，肌肉注射。8~10分钟后，肌肉注射速眠新0.1~0.15 ml/kg。

②耳的准备。两耳剃毛、清洗、常规消毒。

③耳型的确定。把两耳耳尖升直，在预定长度用笔作好标记保证两耳同样长度。在预定长度的口子上放置肠钳，钳夹大约在耳的2/3部分，然后对照两耳，保证两个肠钳放置同一位置。

④切除耳朵2/3包括耳廓的部分，从耳朵接近头部的位置到耳朵的顶端，切出一个轻微的曲线。

⑤缝合。用直针进行单纯连续缝合，从距耳尖0.75 cm处软骨前面的皮肤上进针，通过软骨于对面皮肤上出针，缝线在软骨两边形成一直线。耳尖处缝线不要拉得太紧，否则会导致耳尖腹侧面歪斜或缝合处软骨坏死。缝合线要均匀，力量要适中，防止耳后缘皮肤折叠和缝线过紧导致耳腹面曲折。

⑥缝合完毕后，把两只耳朵在头部上方用一只泡沫聚苯乙烯杯子固定，保持耳朵在切口愈合期间竖立。

4. 实训报告

叙述操作过程，写明注意事项，总结心得体会。

实训11　犬的染色、包毛

1. 目的要求

掌握犬的染色、包毛方法。

2. 材料用品

白毛犬、染色膏(多种颜色可供选择)、染色刷、锡纸、塑料手套、长毛犬、包毛纸、橡皮筋、分界梳等。

3. 方法步骤

1) 犬毛的染色

①将白色被毛犬清洗干净,并吹干。

②选择染色位置,身体任何部位均可(常见部位在耳朵、尾巴),尾巴毛质较粗,染色时要上两遍色。如果选择在身体上进行局部造型,应先修出造型的图案。

③带好塑料手套,将染色膏挤在毛发上,用染色刷均匀刷开。注意颜色要均匀,内外都要刷到。

④刷过后用锡纸将上色的毛发包裹好。

⑤用吹风机吹 10 ~ 15 分钟。

⑥打开锡纸,将染色部位用清水冲洗干净,吹干。染过色的犬毛,不要用白毛专用洗毛液洗澡,以免染过的颜色变旧。

2) 犬的包毛

①将长毛犬(如约克夏、马尔济斯、西施犬和贵宾犬等)清洗干净,并吹干。

②从头部开始操作,用分界梳将头部一侧的毛分成若干小绺儿。从外眼角到耳根将头部被毛分成上下两部分,上部分扎成头花,下部分被毛从外嘴角再上下分开后包毛。

③选择其中一绺毛发,取一定长度的包毛纸,将光面靠近毛发包好,对折两次,再用橡皮筋扎 3 下。

④采用相同的方法将头部其他毛发包裹起来。

⑤采用相同的方法将身体、尾巴的毛发包裹起来。身体侧身依毛量可分成 1 ~ 3 层,每层分成正方形小块后包毛。尾巴饰毛依毛量左右分开包毛,并在尾尖包裹一个。

4. 实训报告

叙述操作过程,写明注意事项,总结心得体会。

实训 12　贵宾犬的美容技术

1. 目的要求

了解不同贵宾犬的标准,掌握贵宾犬的美容技术。

2. 材料用品

贵宾犬、美容台、钢丝梳、美容师梳、耳粉、止血钳、医用棉花、洗耳水、洗眼水、趾甲钳、止血粉、热水器、浴缸、消毒液、香波、吸水毛巾、吹水机、吹风机、电剪、直剪等。

3. 方法步骤

1) 实训步骤

①刷理和梳理被毛。

②清理耳朵。

③清理眼睛。

④修剪趾甲。

⑤洗澡、吹干并拉直被毛。

⑥修剪腹毛。

⑦修剪脚底毛。

⑧贵宾犬的电剪操作。

⑨贵宾犬的手剪造型。

2) 实训方法

①先由教师示教，强调操作要领，然后分组训练。

②贵宾犬的具体美容方法见教材第7章。

4. 实训报告

叙述操作过程，写明注意事项，总结心得体会。

附　录

宠物饲养相关法律法规(以北京市养犬政策为例)

一、北京市养犬管理规定(2003年9月5日北京市十二届人大常委会第六次会议通过)

第一条　为加强养犬管理,保障公民健康和人身安全,维护市容环境和社会公共秩序,根据国家有关法律、法规,结合本市实际情况,制定本规定。

第二条　本市行政区域内的机关、团体、部队、企业事业单位、其他组织和个人,均应当遵守本规定。

第三条　本市对养犬实行严格管理、限管结合的方针,政府部门执法,基层组织参与管理,社会公众监督,养犬人自律。

第四条　本市各级人民政府负责本规定的组织实施。

市和区、县、乡镇人民政府以及街道办事处,应当建立由公安、工商行政管理、畜牧兽医、卫生等行政部门和城市管理综合执法组织组成的养犬管理协调工作机制。

公安机关是养犬管理工作的主管机关,全面负责养犬管理工作,并具体负责养犬登记和年检,查处无证养犬、违法携犬外出等行为。

有关行政部门和城市管理综合执法组织按照职责分工,各负其责:

(一)畜牧兽医行政部门负责犬类的免疫、检疫和其他相关管理工作。

(二)城市管理综合执法组织负责对街面流动无照售犬行为和因养犬而破坏市容环境卫生行为的查处;协助公安机关查处无证养犬、违法携犬外出等行为。

(三)工商行政管理部门负责对从事犬类经营活动的监督管理。

(四)卫生行政部门负责对人用狂犬病疫苗注射和狂犬病人诊治的管理。

居民委员会、村民委员会和其他基层组织,应当协助本市各级人民政府做好养犬管理工作。

第五条　街道办事处、乡镇人民政府以及居民委员会、村民委员会,应当在居民、村民中开展依法养犬、文明养犬的宣传教育和培训工作。广播、电视、报纸等新闻媒体,应当做好养犬管理法律、法规以及卫生防疫的宣传教育工作。

第六条　居民委员会、村民委员会、业主委员会可以召集居民会议、村民会议、业主会议,就本居住地区有关养犬管理规定事项依法制定公约,并组织监督实施。居民、村民、业主应当遵守公约。

第七条 本市东城区、西城区、崇文区、宣武区、朝阳区、海淀区、丰台区、石景山区为重点管理区，其他区、县为一般管理区。重点管理区内的农村地区，经区人民政府决定，可以按照一般管理区进行管理。一般管理区的城镇和人口聚集的特殊区域，经区、县人民政府决定，可以按照重点管理区进行管理。

第八条 本市行政区域内的医院和学校的教学区、学生宿舍区禁止养犬。天安门广场以及东、西长安街和其他主要道路禁止遛犬。主要道路名录由市人民政府确定，向社会公布。市人民政府可以在重大节假日或者举办重大活动期间划定范围禁止遛犬。区、县人民政府可以对本行政区域内的特定地区划定范围禁止养犬、禁止遛犬。居民会议、村民会议、业主会议经讨论决定，可以在本居住地区内划定禁止遛犬的区域。

第九条 本市实行养犬登记、年检制度。未经登记和年检，任何单位和个人不得养犬。

第十条 在重点管理区内，每户只准养一只犬，不得养烈性犬、大型犬。禁养犬的具体品种和体高、体长标准，由畜牧兽医行政部门确定，向社会公布。国家级文物保护单位、危险物品存放单位等因特殊工作需要养犬的，必须到单位所在地公安机关办理养犬登记。

第十一条 个人养犬，应当具备下列条件：

（一）有合法身份证明。

（二）有完全民事行为能力。

（三）有固定住所且独户居住。

（四）住所在禁止养犬区域以外。

第十二条 个人在养犬前，应当征得居民委员会、村民委员会的同意。对符合养犬条件的，居民委员会、村民委员会出具符合养犬条件的证明，并与其签订养犬义务保证书。养犬人应当自取得居民委员会、村民委员会出具的符合养犬条件的证明之日起30日内，持证明到住所地的区、县公安机关进行养犬登记，领取养犬登记证。养犬人取得养犬登记证后，携犬到畜牧兽医行政部门批准的动物诊疗机构对犬进行健康检查，免费注射预防狂犬病疫苗，领取动物防疫监督机构出具的动物健康免疫证。养犬登记证每年年检一次，养犬人在年检时应当出示有效的养犬登记证和动物健康免疫证。养犬登记证年检时间、地点及要求由公安机关予以公告。

第十三条 养犬应当缴纳管理服务费。重点管理区内每只犬第一年为1 000元，以后每年度为500元。对盲人养导盲犬和肢体重残人养扶助犬的，免收管理服务费。对养绝育犬的或者生活困难的鳏寡老人养犬的，减半收取第一年管理服务费。一般管理区的收费标准，由区、县人民政府根据实际情况确定。养犬缴纳的费用集中上缴国库，纳入财政预算管理。养犬管理工作以及管理工作所发生服务的费用纳入有关部门的部门预算。

第十四条 养犬人住所地变更的，应当自变更之日起30日内，持养犬登记证到新住所登记机关办理变更登记。养犬人将在一般管理区登记的犬，转移到重点管理区饲养的，应当符合重点管理区的养犬条件，并自转移之日起30日内，持养犬登记证到饲养地登记机关办理变更登记，补缴管理服务费差额。养犬人将犬转让给他人的，受让人应当到登记机关办理变更登记。

第十五条 养犬人丢失登记证的，应当自丢失之日起15日内，到原登记机关申请补发。

第十六条 犬死亡或者失踪的,养犬人应当到登记机关办理注销手续。未办理注销手续的,不得再养犬。养犬人因故确需放弃所饲养犬的,应当将犬送交犬类留检所,并到公安机关办理注销手续。

第十七条 养犬人应当遵守下列规定:

(一)不得携犬进入市场、商店、商业街区、饭店、公园、公共绿地、学校、医院、展览馆、影剧院、体育场馆、社区公共健身场所、游乐场、候车室等公共场所。

(二)不得携犬乘坐除小型出租汽车以外的公共交通工具;携犬乘坐小型出租汽车时,应当征得驾驶员同意,并为犬戴嘴套,或者将犬装入犬袋、犬笼,或者怀抱。

(三)携犬乘坐电梯的,应当避开乘坐电梯的高峰时间,并为犬戴嘴套,或者将犬装入犬袋、犬笼;居民委员会、村民委员会、业主委员会可以根据实际情况确定禁止携犬乘坐电梯的具体时间。

(四)携犬出户时,应当对犬束犬链,由成年人牵领,携犬人应当携带养犬登记证,并应当避让老年人、残疾人、孕妇和儿童。

(五)对烈性犬、大型犬实行拴养或者圈养,不得出户遛犬;因登记、年检、免疫、诊疗等出户的,应当将犬装入犬笼或者为犬戴嘴套、束犬链,由成年人牵领。

(六)携犬出户时,对犬在户外排泄的粪便,携犬人应当立即清除。

(七)养犬不得干扰他人正常生活;犬吠影响他人休息时,养犬人应当采取有效措施予以制止。

(八)定期为犬注射预防狂犬病疫苗。

(九)不得虐待、遗弃所养犬。

(十)严格履行养犬义务保证书规定的其他义务。

第十八条 犬伤害他人的,养犬人应当立即将被伤者送至医疗机构诊治,并先行垫付医疗费用。因养犬人或者第三人过错,致使犬伤害他人的,养犬人或者第三人应当负担被伤害人的全部医疗费用,并依法赔偿被伤害人其他损失。

第十九条 对伤人犬或者疑似患有狂犬病的犬,养犬人应当及时送交公安机关设立的犬类留检所,由动物防疫监督机构进行检疫;对确认患有狂犬病的犬,动物防疫监督机构应当依法采取扑灭措施,并进行无害化处理。发现狂犬病等疫病的单位、个人应当及时向区、县畜牧兽医、卫生行政部门报告;市和区、县人民政府接到报告后,应当根据疫情划定疫点、疫区,并采取紧急灭犬等防治措施。公安机关协助做好工作。

第二十条 从事犬类养殖、销售,举办犬展览,开办动物诊疗机构或者从事其他犬类经营活动的,应当取得畜牧兽医行政部门的许可,依法办理工商登记注册,并向公安机关备案。从事动物诊疗的人员应当具有兽医资格,并经过执业登记注册。禁养区、重点管理区内禁止从事犬类养殖、销售和举办犬展览。

第二十一条 养殖、销售犬类的单位和个人,必须遵守下列规定:

(一)对养殖的犬应当进行犬类狂犬病的预防接种,经预防接种后,由动物防疫监督机构出具动物健康免疫证。

(二)销售的犬有动物健康免疫证和检疫证明。

(三)不得将养殖的犬带出饲养场地。

第二十二条 禁止冒用、涂改、伪造、买卖与养犬和从事犬类经营活动相关的证件、证明。

第二十三条 对违反本规定的养犬行为，任何单位和个人都有权批评、劝阻，或者向居民委员会、村民委员会反映，或者向有关行政部门举报，居民委员会、村民委员会和有关部门应当及时处理。

第二十四条 因养犬干扰他人正常生活发生纠纷的，当事人可以向人民调解委员会申请调解，也可以直接向人民法院起诉。当事人没有申请调解的，人民调解委员会也可以主动调解。人民调解委员会主持下达成的调解协议，当事人应当履行。

第二十五条 公安机关应当建立养犬违法记录档案，对多次被举报或者处罚的养犬人进行重点管理。养犬人因违反本规定，被公安机关没收其犬、吊销养犬登记证的，在5年内不予办理养犬登记。居民委员会、村民委员会应当将本居住地区的养犬登记、年检情况等事项向居民、村民公开。

第二十六条 对违反本规定第八条、第十条第一款、第二十二条，在禁养区内养犬的或者在重点管理区内饲养烈性犬、大型犬的以及冒用、涂改和伪造养犬登记证养犬的，由公安机关没收其犬，并可对单位处1万元罚款，对个人处5 000元罚款。

第二十七条 对违反本规定第九条，未经登记、年检养犬的，由公安机关没收其犬，或者对单位处5 000元罚款，对个人处2 000元罚款。

第二十八条 对违反本规定第十四条、第十五条，逾期不办理养犬变更登记的或者丢失养犬登记证逾期不补办的，由公安机关责令限期改正，并可对单位处2 000元罚款，对个人处500元罚款。

第二十九条 有下列行为之一的，由公安机关予以警告，并可对单位处2 000元以下罚款，对个人处500元以下罚款；情节严重的，没收其犬，吊销养犬登记证：

（一）违反本规定第八条，在禁遛区遛犬的。

（二）违反本规定第十七条第一项、第二项，携犬进入公共场所、乘坐公共交通工具或者小型出租汽车的。

（三）违反本规定第十七条第三项，乘坐电梯的。

（四）违反本规定第十七条第四项、第五项，携犬出户的。

（五）违反本规定第二十一条第三项，将养殖的犬带出饲养场地的。

第三十条 对违反本规定第十七条第六项，携犬人对犬在户外排泄粪便不立即清除，破坏市容环境卫生的，由城市管理综合执法组织责令改正，并可处50元罚款。

第三十一条 对违反本规定第二十条、二十一条第一项和第二项、第二十二条，违法从事犬类经营活动的，由工商行政管理部门或者畜牧兽医行政部门依法处理；对街面流动无照售犬的，由城市管理综合执法组织依法处理。

第三十二条 负有养犬管理职责的行政部门和城市管理综合执法组织及其工作人员，应当实行执法责任制，依照法定程序积极履行管理职责，文明执法。负有养犬管理职责的行政部门和城市管理综合执法组织的工作人员，有下列行为之一的，由其所在单位或者上级主管部门给予批评教育责令改正；情节严重的，给予行政处分：

（一）对符合本规定条件的养犬人不予办理养犬登记、年检或者故意拖延的。

（二）对执法检查中发现的问题或者接到的举报，不依法处理或者相互推诿的。

(三)有其他滥用职权、玩忽职守、徇私舞弊行为的。

第三十三条 市公安机关设立犬类留检所,负责收容处理养犬人放弃饲养的犬、被没收的犬以及无主犬。公安机关设立的犬类留检所收容的犬,自收容之日起7日内可以被认领、领养;对无人认领、领养的,由公安机关负责处理;对病死犬,应当进行无公害处理。

第三十四条 市人民政府和有关行政部门应当制定实施本规定的配套规章和规范性文件。

第三十五条 本规定自2003年10月15日起施行。

1994年11月30日北京市第十届人民代表大会常务委员会第十四次会议通过的《北京市严格限制养犬规定》同时废止。

二、北京市养犬审批、登记、年度注册管理办法(修正)

第一条 为贯彻落实《北京市严格限制养犬规定》,制定本办法。

第二条 重点限养区居民饲养小型观赏犬申请登记程序:

(一)申请养犬人持居民身份证和户口簿到居住地公安派出所填写《申请养犬登记表》。

(二)公安派出所收到《申请养犬登记表》7日内,征求居民(家属)委员会的意见,报公安分、县局审核批准,公安分、县局在收到申请后10日内作出准养或者不准养犬的决定。

(三)公安分、县局批准养犬的,由公安派出所向申请养犬人发放《购犬许可证》。申请养犬人持《购犬许可证》购犬或者接受赠犬。

(四)申请养犬人购犬或者接受赠犬后,携犬到畜牧兽医机构,由畜牧兽医机构对犬进行健康检查、注射预防狂犬病疫苗。对经检查合格的,由畜牧兽医机构向申请养犬人发放《犬类免疫证》。

(五)申请养犬人持《犬类免疫证》、购犬发票或者接受赠犬的公证书、犬的彩色照片,携犬到居住地公安派出所审验;审验合格后,交纳登记费,办理犬类伤害他人责任保险,领取《养犬许可证》和犬牌。

第三条 重点限养区单位因工作特殊需要养犬申请登记程序:

(一)申请养犬的单位持养犬申请报告,到所在地公安派出所填写《申请养犬登记表》,由公安派出所报公安分、县局审核同意后,报市公安局审批。市公安局在收到申请后10日内作出准养或者不准养犬的决定。

(二)市公安局批准养犬的,由公安分、县局向申请养犬单位发放《购犬许可证》。申请养犬单位持《购犬许可证》购犬或者接受赠犬。

(三)申请养犬单位购犬或者接受赠犬后携犬到畜牧兽医机构,由畜牧兽医机构对犬进行健康检查,注射预防狂犬病疫苗。对经检查合格的,由畜牧兽攻机构向申请养犬的单位发放《犬类免疫证》。

(四)申请养犬单位持《犬类免疫证》和犬的彩色照片到市公安局办理犬类伤害他人责任保险,交纳登记费,办理登记手续并领取《养犬许可证》和犬牌。军犬、警犬、科研实验用犬、医疗卫生用犬免收登记费、年度津贴费。

第四条 一般限养区养犬申请登记程序:

（一）申请养犬人持本人居民身份证，申请养犬单位持养犬申请报告，到居住地或者单位所在地公安派出所填写《申请养犬登记表》。

（二）公安派出所收到《申请养犬登记表》7日内签署意见，报乡、镇人民政府审核批准。乡、镇人民政府在收到申请后10日内作出准养或者不准养犬的决定，并通知申请养犬人或者申请养犬单位。

（三）申请养犬人或者申请养犬单位接到准许养犬的通知后，携犬到畜牧兽医机构，由畜牧兽攻机构对犬进行健康检查，注射预防狂犬病疫苗。对经检查合格的，由畜牧兽医机构向申请养犬人或者申请养犬单位发放《犬类免疫证》。

（四）申请养犬人或者申请养犬单位持《犬类免疫证》到居住地或者单位所在地公安派出所交纳登记费，办理登记手续并领取《养犬许可证》和犬牌。

第五条 居住在本市行政区域内的外国人养犬，持护照向北京市公安局外国人管理出入境管理处提出申请，市公安局限性收到申请后10日内作出准养或者不准养犬的决定。经批准养犬的，参照本办法第二条的有关规定办理检疫、交费、登记手续。

第六条 重点限养区内养犬人因住址变化需变更养犬饲养地的，应当持《养犬许可证》《犬类免疫证》到迁入地公安派出所填写《养犬饲养地变更登记表》。公安派出所在7日内征求迁入地居民（家属）委会员的意见，报公安分、县局审核批准后，变更《养犬许可证》。经迁入地公安机关批准，养犬人可办理养犬饲养地从重点限养区迁移到一般限养区的变更登记手续；也可办理养犬饲养犬饲养地从重点限养区迁移到一般限养区的变更登记手续；还可办理养犬饲养地在一般限养区之间迁移的变更登记手续。

第七条 经批准养犬的单位，必须有专人负责管理犬类，未经市公安局批准不得擅自变更饲养场所。单身居住的养犬人因出差、旅游等特殊原因，无法喂养办证犬，需要异地寄养时，必须到寄养地公安派出所办理寄养批准手续，寄养期限为30天；期满可以续办寄养手续，续办的期限最长不得超过30天。一般限养区内的犬不得在重点限养区内寄养。

第八条 经批准养成犬的单位和个人，应当自领取《购犬许可证》后1个月内，办理购犬、免疫、登记手续。

第九条 每年5月1日到6月30日为《养犬许可证》年度注册时间。经批准养犬的单位和个人，逾期不办理年度注册的，《养犬许可证》失效。年度注册的程序如下：

（一）养犬人应在年度注册时间内携犬到畜牧兽医机构进行犬的健康检查，经检查合格，领取当年度的《犬类免疫证》。

（二）重点限养区内养犬的单位持《养犬许可证》和《犬类免疫证》到居住地公安派出所审验，填写《年度检验登记表》，持公安派出所出具的同意注册的通知，到公安分、县局办理当年犬类伤害他人责任保险，交纳年度注册费，办理年度注册手续。

（三）重点限养区内养犬单位持《养犬许可证》和《犬类免疫证》，到市公安局办理当年犬类伤害他人责任保险，交纳年度注册费，办理年度注册手续。

（四）一般限养区内的养犬人和养犬单位持《养犬许可证》和《犬类免疫证》，到居住地或者单位所在地公安派出所交纳年度注册费，办理年度注册手续。

（五）养犬的外国人持《养犬许可证》和《犬类免疫证》到市公安局外国人管理出入境管理处办理犬类伤害他人责任保险，交纳年度注册费，办理年度注册手续。

第十条 经批准饲养的小型观赏犬,实行一犬一牌一链。犬牌系戴在犬的颈部。携小型观赏犬出户时,携犬人必须随身携带《养犬许可证》以备查验。

第十一条 经批准饲养的犬死亡或者丢失的,养犬人应于30日内将《养犬许可证》和犬牌交回发放机关;如继续养犬,必须重新办理申请登记手续,不得以原有的《养犬许可证》和犬牌饲养新犬。《养犬许可证》或者犬牌丢失的,养犬人应于15日内到原登记机关申请补发新《养犬许可证》或者犬牌。登记机关经调查核实,应在接到申请之日起30日内予以补发。

第十二条 经批准饲养的犬繁殖幼犬的,养犬人应当在30日内将幼犬送犬类留检所或者自行处理。

第十三条 养犬人因违有关规定,被公安机关没收所养犬、吊销《养犬许可证》的,3年内不准重新申请养犬。

第十四条 本办法执行中的具体问题由市公安局负责解释。

第十五条 本办法自1995年5月1日起施行。

三、北京市养犬防疫管理办法

(1995年3月31日北京市人民政府批准,1995年3月31日北京市卫生局发布)

第一条 为了保障人体健康和人身安全,预防、控制狂犬病等人犬共患疾病,根据《北京市严格限制养犬规定》和国家有关法律、法规,制定本办法。

第二条 本市预防、控制狂犬病等人犬共患疾病,实行预防为主、防治结合、综合管理的原则,加强预防狂犬病知识的宣传教育,提高公民的自我保健能力。

第三条 本市行政区域内的人用狂犬病疫苗接种和被犬伤害者的诊治,由卫生部门负责。

第四条 犬伤害他人的(包括咬伤、抓伤、舔伤,下同),养犬人应当立即将被伤害者送至医疗卫生机构诊治。被无主犬、自养犬或者养犬者不明的犬伤害的,被伤害者本人应当立即到医疗卫生机构诊治;被伤害者是未成年人的,其监护人应当立即护送被伤害者到医疗卫生机构诊治。

第五条 医疗卫生机构必须严格按照卫生行政主管部门制定的有关规程和处理原则,对诊治的被犬伤害者进行伤口处理,注射人用狂犬病疫苗,根据伤情使用抗狂犬病血清,并按照国家有关规定进行疫情报告。

第六条 人用狂犬病疫苗、抗狂犬病血清必须按照国家有关规定由卫生防疫机构统一供应,其他任何单位和个人不得经营。

第七条 本办法执行中的具体问题,由市卫生局负责解释。

参考文献

[1] 秦豪荣,吉俊玲.宠物饲养[M].北京:中国农业大学出版社,2008.
[2] 杨久仙,刘建胜.宠物营养与食品[M].北京:中国农业出版社,2007.
[3] 张利敏.养狗一本通[M].呼和浩特:内蒙古人民出版社,2010.
[4] 秦豪荣,吉俊玲.宠物饲养[M].北京:中国农业大学出版社,2008.
[5] 布鲁斯.佛格(英),易小琳,宗会来.养猫指南[M].张莉,译.北京:中国农业出版社,1999.
[6] 张春光.宠物解剖[M].北京:中国农业大学出版社,2007.
[7] 郭世宁.最新实用养猫大全[M].北京:中国农业出版社,2002.
[8] 杨久仙,刘建胜.宠物营养与食品[M].北京:中国农业出版社,2007.
[9] (英)艾伦.爱德华兹.家庭养猫大全[M].唐姝瑶,译.哈尔滨:黑龙江科学技术出版社,2007.
[10] 尹祚华,莫玉忠,栗宝华.家庭观赏鸟饲养技术[M].北京:金盾出版社,1996.
[11] 占家智,等.观赏鸟驯养技法[M].合肥:安徽科学技术出版社,2005.
[12] 魏忠义,孙得发.最新实用养鸟大全[M].北京:中国农业出版社,2007.
[13] 徐先玲.新版养鸟指南[M].延吉:延边人民出版社,2008.
[14] 仇秉兴,李嗣娴.养鸟致富[M].北京:中国农业出版社,2002.
[15] 杨国华,等.养鱼新技术[M].上海:上海科学技术出版社,1985.
[16] 刘健康,等.中国淡水鱼类养殖学[M].北京:科学出版社,1992.
[17] 李德尚,等.水产养殖手册[M].北京:农业出版社,1993.
[18] 戈贤平.淡水养殖实用手册[M].北京:中国农业出版社,2000.
[19] 刘世禄.水产养殖苗种培育技术手册[M].北京:中国农业出版社,2000.
[20] 孙若雯.宠物美容师(初级、中级)[M].北京:中国劳动社会保障出版社,2006.
[21] 毕聪明,曹授俊.宠物养护与美容[M].北京:中国农业科学技术出版社,2008.
[22] 张江.宠物护理与美容[M].北京:中国农业出版社,2008.
[23] (美)J. R,张婉华,易白,等.犬美容师培训教程[M].陕西:陕西科学技术出版社,2007.
[24] 马金成,董佩朗.爱犬养护与训练大全[M].辽宁:辽宁科学技术出版社,2005.
[25] 郭世宁,陈卫红.最新实用养猫大全[M].北京:中国农业出版社,2002.
[26] (英)安吉拉杰.如何照顾你的猫咪[M].北京:科学普及出版社,2006.
[27] 陈慧文.猫典一箩筐[M].北京:百花文艺出版社,2006.